KB137937

개정판

관광외식 원가관리

강무근 · 조한용 · 우문호 · 권상일 · 김경환 공저

도서출판 효 일
www.hyoilbooks.com

머리말

최근 호텔과 외식업계의 급격한 변화와 아울러 서비스를 소비하는 고객의 취향도 급변하고 있는 시대에 즈음하여 경영분야에도 새로운 바람이 불고 있다. 따라서 성공한 서비스업의 공통분모 중 하나가 철저한 관리력인데, 바로 "겉으로 남고 속으로는 밑진다"는 말이다. 이제 호텔과 외식산업계에서 원가관리는 마케팅 능력에 못지않게 중요한 역할을 차지하고 있다.

지금까지 원가관리에 대한 저서들이 많이 출판되고 있으나 관광이나 서비스 또는 조리를 연구하는 학도들이나 실무에 종사하는 분들이 배워서 이를 활용할 수 있는 교과서의 역할을 할 수 있는 저서가 많지 않아 본 저자들은 실무에서 오랜 기간 동안 종사한 경험과 대학에서 10년 이상 강의한 이론적 배경을 바탕으로 알기 쉽고 바로 이해되어 그대로 활용 할 수 있도록 조목조목 열거하여 설명하고자 하였다. 특히 철저한 원가관리를 위해 꼭 필요한 식자재관리 즉 구매, 검수, 저장, 입고, 출고, 재고관리의 핵심과 기준, 세무상식용어, 재무관리의 용어해설을 통해 업계의 관리자들도 필수적으로 숙지해야 되는 운영상의 기법과 회계기준과 회계원칙이 수록되어 있으며 또한 본 저서에 기재된 표준수율가인 육류·해산물·채소류·과일 등의 표준수율은 업장에서 직접 계량하고 조사한 것으로 계절적인 차이는 있으나 그 수율에는 큰 차이가 없으므로 그대로 적용해도 무방하리라 본다. 물론 가격도 조사당시의 구매단가를 그대로 적용 한 것이지만 공부하는 학도들이 좀 더 이해하기 쉽도록 하기 위함이다.

앞으로 좀 더 조사하고 연구하여 미래를 위해 공부하려는 많은 분들을 위하여 본 저서가 조금이나마 그 일익을 담당 할 수 있는 기회가 된다면 큰 영광으로 알고 항상 격려하여 주시고 독려하여 주시길 진심으로 바랍니다. 탈고를 앞두고 많은 고민을 하였지만 부족한 것이 너무 많은 것 같아 다시 한 번 정리와 수정을 거듭하면서 앞선 연구자들에게도 고개 숙여 인사드립니다. 아울러 현장에서 표준수율을 계량하고 조사하여 주신 업장의 책임자와 조리사분들께 심심한 감사의 뜻을 전하면서 무더운 날씨에 편집하느라 휴가도 제대로 가지 못한 도서출판 효일의 김홍용 대표이사님을 비롯한 편집부담당자와 임직원 여러분들에게 감사의 뜻을 전합니다.

저자 일동

차례

1 원가관리의 기초

1. 원가관리의 의의

원가라 함은 통상적으로 제품을 생산하기 위하여 투입한 재료비의 합계를 의미하며 좀더 상세히 설명하면 특정 제품의 제조 판매 및 서비스의 제공을 위하여 소비된 총 경제가치라 정의할 수 있다.

기업은 상품을 판매하는 과정에서 얻은 이윤으로 기업 활동을 하는데 원가의 효율적 관리는 기업이윤과 밀접한 관계를 갖는 만큼 매우 중요하다.

판매가에 비해 원가가 너무 높을 경우에는 목표이익의 감소를 초래하여 경영수지에 압박을 주며 반대로 너무 낮을 경우에는 단기적으로는 목표이익이 증가하겠지만 상품의 질적 저하로 고객이 감소한다면 매출이 감소되어 결과적으로 이익도 감소 될 것이다. 이러한 원가의 개념은 모든 기업의 상품생산에 공통된 개념으로 똑같이 적용되는 부분이다.

그러나 호텔이나 식당에서 특히 조리의 식음료 부문의 원가산출과 계산, 관리방법 등의 일반적인 원가관리 그것과는 다른 점이 있다. 따라서 일반적인 원가의 요소와 원가의 구성에 대해 설명하고 특히, 조리사들이 직접 원가계산을 할 수 있도록 호텔 및 식당의 식음료 원가관리 시스템에 대하여 기술하도록 하겠다.

1-1. 원가관리의 개념

(1) 원가란?

· 기업경영의 중요한 목적이 되는 재화나 용역을 생산·판매하기 위하여 정상적으로 소비되었거나 소비될 것으로 기대되는 경제가치를 화폐금액으로 표시한 것.

· 한국공인 회계사

원가라 함은 경영에 있어서 일정한 급부에 관련하여 제공된 재화 또는 용역의 소비를 화폐가치로 표시한 것이다. 원가는 경영목적이외의 경제가치의 소비나 이상상태하의 경제가치의 감소를 포함하지 아니한다(원가기준 제3조 제1항 제2장).

(2) 원가와 비용

· 원가 : 급부생산을 위한 경제가치의 소비

· 비용 : 손익계산상 수익에 대응하는 개념으로서 기업자체의 유지활동을 위하여 이바지된 경제가치의 소비

(3) 원가와 지출

· 지출이 없는 원가 : 무상취득자산의 생산에의 소비
자가생산한 재화의 생산에의 소비
개인기업가의 보수

· 원가가 아닌 지출 : 공장용 토지의 취득, 영업을 위한 비용

1-2. 원가의 분류

(1) 형태별 분류(원가의 3요소)

· 재료비 : 물품 생산을 위해 투입된 물품의 소비에서 발생하는 원가(㉠ 원료, 재료 등)

· 노무비 : 물품제조를 위한 투입된 노동력의 소비에서 발생하는 원가(제조에 관련있는 사람의 급여)

· 경비 : 물품 및 노동력 이외의 재화나 용역의 소비에서 발생하는 원가 (예 수도, 광열비, 교통비 등)

(2) 제품과의 관련성에 의한 분류

· 직접비 : 특정제품의 제조에만 소비되어 그 원가를 직접 부가되는 원가 (예 가구제조업에서의 목재)

· 간접비 : 여러 제품에서 공통적으로 발생하는 원가
인위적으로 적절한 배분기준에 의하여 각 제품원가에 배분(예 감가상각비 등)

※ 동일한 원가요소라도 원가대상이 달라짐에 따라 직접비가 되기도 하고 간접비가 되기도 한다.

1-3. 원가의 구성도

				판매마진	판매가격
			판매비와 일반관리비	총원가	
		제조비 간접	제조원가		
	직접경비	직접원가			
직접노무비 직접재료비	기초원가				

1-4. 제품원가와 기간원가

· 제품원가 : 일정한 제품에 집계되어 재고자산으로 계산할 수 있는 원가

· 기간원가 : 제품생산과 직접적인 관련이 없고, 미래이익의 실현과의 관계가 불확실하며 자산으로 계산하지 않고 당기비용으로 처리되는 원가

1-5. 원가계산의 전제

(1) 원가계산기간- 일반적으로 1개월

· 일정기간동안 발생된 원가를 계산하고 집계할 경우 동기간을 의미한다.

(2) 원가계산단위(costing unit)

· 상자, Kg, ℓ , 개(個), 대(臺), 타(打) 등이 적용된다.

1-6. 원가계산의 목적

① 판매가격을 결정한다.
② 원가관리를 한다.
③ 예산관리의 사전 자료를 만든다.
④ 설비투자, 인력계획의 기초 자료를 만든다.

1-7. 원가계산의 원칙(미국회계학회의 원가계산원칙)

① **진실성의 원칙** : 경영의사 결정에 대한 건전한 기초를 제공하기 위해서 원가계산은 되도록 진실을 반영하여야 한다.
② **객관성의 원칙** : 유익한 원가계산을 하기 위하여 객관성을 유지하여야 한다.
③ **일관성의 원칙** : 경영활동의 판정에 필요한 자료를 제공하기 위해서 원가계산은 비교 가능한 방법으로 행해져야 한다.
④ **직접부과의 원칙** : 특정대상을 위해 사용된 재화와 용역은 가능한 한 그 계산대상에 직접 부과하여야 한다.
⑤ **관련성의 원칙** : 가장 유용한 자료를 제공하기 위해서 원가계산은 관련된 당해 문제 또는 목적에 대해서 적절한 것이야 한다.
⑥ **중요성의 원칙** : 소요된 노력에서 얻어진 효과를 최대가 되도록 원가계산에서는 중요한 제자료가 모두 취급되어야 한다.

⑦ **예외관리의 원칙** : 경영자에 유용하도록 원가계산은 경영상의 업적표현과 비교하여 그 차이가 표시되도록 고안되어야 한다.

⑧ **원가보고의 원칙** : 원가숫자는 경영관리상의 책임구분에 따라서 작성, 보고되어야 한다.

⑨ **원가수익대응의 원칙** : 재무회계 목적을 위해서는 생산품 1단위에 든 원가액을 그 수익에 대응시키는 목적으로 그 원가숫자의 계산이 행해져야 한다.

⑩ **간접비 배분기준의 선택에 관한 원칙** : 재무회계 목적을 위해서는 간접비를 발생시킨 기본적 활동과 이론적으로 관련성을 지닌 것이 아니면 안된다.

1-8. 원가의 구성

가. 직접 원가

특정 제품의 생산을 위해 직접 투입된 비용으로 다음 3가지가 있다

① 직접 재료비: 각종 원재료의 구매를 위하여 직접 지출된 순수 재료비

② 직접 노무비: 통상 임금

③ 직접 경비 : 외주 가공비

나. 제조 원가

직접 원가에 간접비를 포함한 것으로 일반적으로 제품의 원가라 할 때에는 이 제조원가를 말한다.

① 간접 재료비: 보조 재료비

② 간접 노무비: 급료, 제수당 등

③ 간접 경비 : 감가 상각비, 보험료, 수도 광열비 등

다. 총 원가

제조 원가에 판매비용 및 일반 관리비를 포함한 원가

라. 판매가격

총 원가에 기업 이윤을 더한 가격

산업혁명과 더불어 급속한 발달을 이룩한 현대문명은 인간의 경제적, 문화적 욕구에 대한 시간적, 공간적 여유를 제공하였으며 이러한 경향은 필연적으로 인간의 한 단계 높은 욕구 충족의 서비스산업(환대산업 : Hospitality Industry)의 발전을 가져왔다.

그러면 서비스산업의 원가는 어떻게 구성되어 있을까?

물론 여러 가지 상품을 판매하는 서비스산업도 있지만, 일반적으로 무형의 재화를 다룬다는 점에서 판매업과는 다르다. 그래서 원가의 내용도 당연히 서비스의 종류를 개발하는데 관계하는 사람, 개발된 서비스를 판매하는 사람에게 투입되는 비용이 중심이 된다.

즉 인건비가 중요한 원가가 되는 것이다. "서비스산업은 사람이 자본"이라는 말도 있듯이 서비스산업에서는 사람에 대한 투자가 중요한 영업전략이라는 것을 나타내는 말이다.

여기서 현대에 들어와 호텔과 식당 산업의 비약적인 발전은 당연하였으며 이러한 서비스산업이 대기업화되면서 수입과 지출에 대한 체계적이고 과학적인 통제와 관리방법의 필요성이 더욱 더 증가하게 되었다.

다시 말해서, 서비스산업도 일반기업과 같이 경제원칙에 따른 각종 생산수단을 동원하여 경제적 가치인 재화(음식)나 용역(서비스)을 창출하고 이것을 고객에게 공급하는 과정에서 이윤을 얻으며 성장·발전을 도모하였으며 이와 같이 재화나 용역을 창출하기 위하여 소비되는 경제적 가치가 원가인 것이다.

따라서 서비스산업의 경영진은 효율적이고 생산성이 높은 원가관리를 위하여 회계원칙에 입각한 식음료 원가관리제도의 확립과 이 제도의 지속적인 발전을 요구하게 되었다.

2. 원가관리의 목적

식음료 재료의 관리 상태를 측정하는 것으로 식음료 재료비의 구매, 검수, 입고, 출고, 조리계획, 기초 조리활동, 요리제품의 생산, 제품인 메뉴 단위당의 규격과 분량관리, 그 외 판매가격 책정, 서비스를 통한 판매, 그리고 생산 후 발생된 잔여 식자재 또는 요리의 효율적 활용 등으로 이어진 일련의 순차적이고 체계화된 식당 경영을 위한 업무수행 결과에 대한 효율 측정의 지표가 된다.

식음료 재료비는 식당영업에 있어서 최대의 단일 지출 항목이며 음식물의 특성으로 인한 관리상의 Loss 및 손실발생의 가능성이 대단히 큰 운영 측면을 내포하고 있는 관계로 그의 효과적 관리는 더욱 복잡하다. 그러므로 식당운영의 성공과 실패는 흔히 식음료 원가를 효과적으로 관리하는 경영능력에 좌우된다.

식음료 원가 관리자는 다음 사항을 유의하여 업무를 수행할 필요가 있다.

① 식당의 고객이 어떤 요리(메뉴)를 요구할 것인가를 정확히 예측하고
② 이러한 예측을 기준으로 합당한 품질의 식자재 최적 수량 구입·확보하고
③ 과도한 원가를 피하기 위한 각기 요리별의 분량규격을 알맞게(표준·규격화) 배분·조절하고
④ 식자재가 매입되어 제조되고 고객에게 판매되어 매출로써 회수되기까지의 경영 과정상에서의 불필요한 낭비와 손실의 발생을 제거토록 노력해야 한다.

서비스산업의 원가관리는 식음료 경영에 있어서 정해진 표준(물량 및 원가표준)을 목표로 하여 이것에 실제의 식음료 관리활동이나 결과를 접근시키려고 노력하는 것이라는 점에서 일반 제조기업에서의 원가 절감 활동과는 구분되는 것이 특징이다.

최근의 우리나라의 식음료 원가율은 날로 상승하는 인건비의 부담폭에 대처할 목적으로 원자재 가격의 상승에도 불구하고 일정의 선을 유지 또는 저하되는 현상을 나타내고 있다.

3. F.B.C의 개념

호텔경영의 전문용어에 F.B.C라는 말이 있다. 이는 호텔의 Food and Beverage Control 또는 Cost Control 의 약어이다.

F.B.C는 호텔의 식음료 영업에 있어서의 요리 및 음료의 생산과 관련된 식음료 원자재의 원가관리 또는 원가통제를 중심으로 한 일련의 경영관리 기술을 뜻한다.

F.B.C의 기능은 "경영방침 또는 이익계획에 입각하여 결정된 상품으로써 요리와 음료의 품질과 분량에 합당한 식음 자재의 구매, 제조, 판매를 실행하여 가능한 최대의 이윤이 확보되도록 하기 위한 재료원가관리 System에 있다."

식당에서 요리를 제조 생산하는 장소인 호텔의 주방(Kitchen)은 생산회사에 있어서의 제조공장에 해당된다. 식당영업은 다품종 소량, 최단기 주문생산, 즉시 소비형태의 매우 특이한 생산인 관계로, 관리자의 능력이나 관리의 제도 및 운영절차에 의하여 식음료 영업의 성공과 실패를 좌우하게 되며 고도의 관리가 요구되는 부문인 것이다.

호텔경영을 위한 회계원칙이라 할 수 있는 "Uniform system of Account for Hotels"를 채택하고 있는 미국을 포함한 전 세계의 호텔에 있어서의 원가관리란 현재까지 요리와 음료의 제조에 관련된 식음료 원자재만의 관리를 의미할 뿐 그 외의 인건비 등이 특정의 요리 1인분 생산에 얼마만큼 소비되었는 가를 계산하거나 분석치 않는다.

이것이 일반 제조업의 원가계산과 구분되는 호텔의 식음료 원가계산 및 관리의 특성이며 이를 위한 제반의 계통적 관리를 통털어 F.B.C라 한다.

F.B.C는 단순히 식음료 원가율을 계산하는 일 자체가 목적이라기 보다는 원가율의 동향을 지표로 하여 영업의 내용을 기 결정된 경영방침에 접근할 수 있도록 컨트롤하는데 그의 목적이 있다.

4. 원가의 흐름(Flow of Cost)

식자재의 매입으로부터 판매에 이르기까지 식음료 원가의 이동과정을 각기의 기능에 기준하여 크게 몇 단계로 구분되며, 자재의 이동과 함께 움직이는 원가를 일컬어 원가의 흐름이라 한다.

식음료 원가를 최소화하려면 이러한 원가흐름의 단계마다 능률적인 원가관리가 이루어져야 한다.

효율적인 식음료 원가관리 제도는 다음의 기능에 의거 3단계로 구분한다.

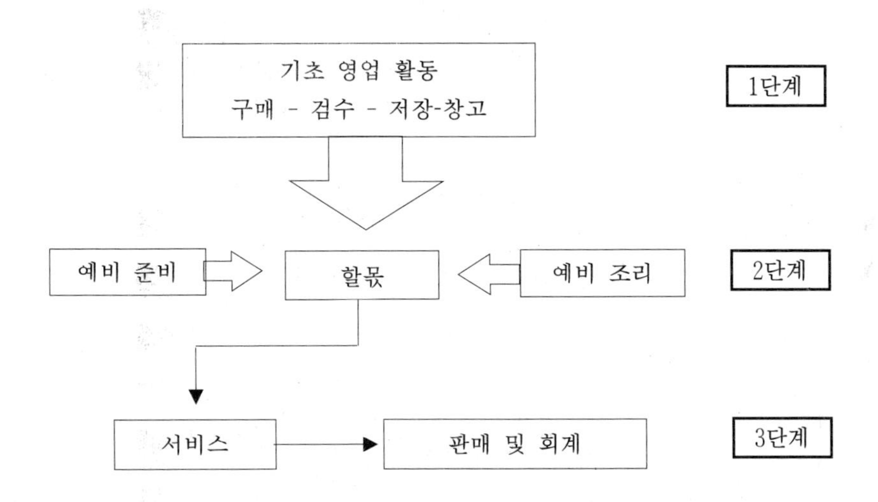

5. 식음료 과정관리의 목적

식음료 원가를 관리하기 위한 다양한 관리 기법들이 수 년간에 걸쳐 시도되었다. 그러나 그 목적만 같은 것이며 고객에게 제공되는 식음료의 질과 양을 희생시키지 않고 원가율을 최적의 선으로 유지시키려는 것이었다.

효과적인 식음료 원가관리는 다음의 목적을 달성하는데 도움이 될 것이다.

① 가격이 적정하면서도 많은 고객으로부터 인기를 갖을 수 있는 요리의 개발에 기여한다.

② 제품인 요리의 품질 개선에 이바지한다.

③ 수익적인 판매가격 결정에 도움이 된다.

원가의 흐름에 따른 과정상의 업무에 계획·실행·분석 및 시정조치로 이어지는 관리의 순환이 이루어질 수 있게끔 유용한 경영정보를 신속 정확히 모든 관리자에게 제공하여 시정이 요구되는 경우에 필요한 조치를 적시에 취할 수 있도록 해야 한다.

6. 식자재관리 절차의 필요성

6-1. 왜 관리 절차가 필요한가?

호텔과 레스토랑의 규모, 종류, 소유형태, 조직 등에 따라 생산방식, 상품(유형과 무형을 포함한 포괄적인 의미), 서비스방식 등이 레스토랑(호텔)마다 다양하다. 이러한 상황에서 식자재의 흐름(구매, 수납, 저장, 출고, 생산, 대체, 소비 … 등)을 통제하기 위한 한 가지 관리의 방법을 제시할 수 있을까?

이러한 질문에 대한 명쾌한 대답을 구하기에 어려움 따르기 때문에 많은 호텔과 식당에서는 복잡하고 까다로운 통제절차를 정착시키기를 거부하는 구실로 삼고 있다. 물론 새로운 통제절차를 정착시키는 데는 우선 소요되는 비용과 업무의 증가를 초래한다. 그러나 새로운 절차를 정착시키기 위해 소요되는 비용이 새로운 통제절차를 정착하기 전보다 높은 효익을 가져온다면 새로운 통제절차의 도입은 절대적으로 필요하다는 결론에 도달하게 된다.

우리는 이것을 원가일효익 접근법(cost-benefit approach)이라고 부르는데, 이는 여러 가지 통제방법이나 시스템들의 선택에 있어서 어떤 방법이 최소의 원가로 경영목표의 달성에 가장 많은 도움을 주는 가 하는 것이 주된 선택기준이다.

사실상, 이러한 원가와 효익의 측정은 그리 쉽지가 않다. 그러므로, 이런 분석법이 실용적이라기보다는 오히려 추상적인 이론이라고 생각할 지도 모른다. 그러나 원가일효익 접근법은 거의 모든 새로운 관리절차 문제를 분석하는데 출발점이 된다고 할 수 있다.

그렇다면 여기에서 새로운 통제절차의 도입 여부에 대한 의사결정을 내리는 데 출발점이 되는 효익은 단시일 내에 얻을 수 있는 그러한 수치가 아니기 때문에 새로운 관리기법의 도입을 더욱 어렵게 만든다. 그렇지만 현재의 관리절차와 방법에 만족하고 있는 호텔과 식당은 그리 많지 않으리라고 생각한다. 현재의 절차와 방법에 만족하지 못한다는 것은, 환언하면 현재의 관리절차와 방법에 어떠한 문제가 있다는 것을 말한다. 만약 있다면 그 문제들이 무엇인가를 신속히 파악해야 한다. 그리고 그 문제들을 해결하기 위해서는 그 문제들의 근원을 찾아내어야 한다.

이러한 과정을 거쳐 현재의 관리제도를 개선할 새로운 대안을 선택하는 의사결정의 단계에 이른다. 예로써, 특정한 관리제도나 방법이 A라는 회사에는 적합할 수 있으나 B라는 회사에는 부적합할 수 있다. 무엇보다도 A와 B는 여러 면에서 다르기 때문이다. 따라서 원가일효익 분석법에 있어서 '이 식음원가관리 절차와 기법은 다른 절차나 기법보다 훨씬 개선된 것이고, 따라서 모든 호텔과 식당에 무척 필요하다'라는 포괄적인 일반론은 있을 수 없다. '절차나 방법의 선택은 본질적으로 특정상황에 달려있다' 어떤 특정한 식음료원가의 관리절차나 방법이 본질적으로 다른 절차나 방법보다 우월하다고 말할 수는 없다. 중요한 것은 인적 요소이다. 한 조직에서 훌륭하게 운영되던 방법이나 절차도 다른 조직에서는 그렇지 못한 수가 있다. 그 이유는 총체적인 구성원의 개성이나 전통이 각기 다르기 때문이다.

많은 호텔들이 보다 새로운 과학적인 관리절차와 방법의 필요성을 인식해야 하는 이유를 다음과 같이 정리할 수 있다.

(1) 원가의 구성비가 높다.

호텔과 레스토랑의 식음료원가는 총매출액의 30~50%를 차지한다. 업장에 따라 약간의 차이가 있다고 할지라도 매출액의 50%까지를 원가가 차지한다면 보다 합리적인 원가의 관리는 필연적이다. 이렇게 중요한 원가의 관리는 레스토랑의 영업활동 전반에 대한 보다 구체적이고 과학적인 관리 절차와 방법에 의해서만 가능하다.

(2) 각 지점에서의 통제가 안된다

잘못된 식자재 관리는 업장의 운영을 복잡하게 하고, 비용도 많이 들게 만든다. 영업활동의 흐름을 보면 시작도 끝도 없는 순환의 형태를 유지하고 있다. 예를 들어, 구매 → 수납 → 저장 → 출고 → 생산 → 저장(일반 제조업과는 달리 반제품의 상태, 또는 완제품의 상태로 저장하는 품목은 극히 제한되어 있다. 예를 들어 소스를 만들기 위한 stocks, 비수기를 대비한 제한된 품목의 야채와 해산물, 또는 예약된 행사에 대비한 mise en place… 등) → 판매 → 분석 → 구매의 과정을 반복하는 순환을 계속하고 있다.

식자재가 업장에 도착하여 판매되기까지는 몇 시간에서부터 몇 달에 이르기까지 다양한데 이러한 기간을 유출기간이라 한다. 유출기간이 길면 길수록 식자재의 관리는 어려워지고, 그 결과 관리 유지에 많은 비용이 든다. 이러한 비용의 상승은 원가의 상승으로 이어지고 원가의 상승은 이윤의 감소를 의미한다.

결과적으로 식음료 원가관리는 식음료 자재의 흐름을 따라 계속적으로 관리되어야만 소정의 목표를 달성할 수 있다.

(3) 구성원의 정성

인간의 본성은 끊임없이 현상을 개혁하여 생산성을 높이려고 하는 의욕과 행동수행에 있으며, 그 결과 인간사회는 오늘과 같은 발전을 보고, 기업의 성장발전의 원동력도 사람들의 현상타파의 의욕과 행동에 있다. 그러나 그 반면에 업무가 세분화되고 표준화가 진척되고, 업무의 능률화와 규격화가 추진되면 그 본래의 개선의욕과 행동을 잃고, 현상유지에 만족하며, 혹은 현상의 변경개선에 저항하는 현상이 나타난다. 그리고 이것이 원가절감을 방해하고 코스트의 상승의 원인이 되어 있는 일이 많다.

우리나라 호텔과 식당의 경우 경험을 중시하는 연고서열을 우선한다. 물론 연고서열에는 장점도 있다. 그러나 경험이 장점이 되기 위해서는 반드시 자기가 몸담고 있는 조직이 세월과 함께 진보적으로, 그리고 합리적으로 발전하였을 때에만 그 경험은 장점으로 나타날 수 있는 것이다. 그와 반대의 경우는 현상유지에 만족하며, 아부와 권위로 현상을 유지하며, 합리적인 절차와 기법을 묵살하고 거부하여 경험의 축적으로 평가받을 수가 없다.

경험을 제일로 하는 연고서열 조직 속에서 새로운 식음료원가관리 기법의 도입은 필연적이다.

(4) 백분율로 제시된 원가율

우리는 원가율이 30% 혹은 40%라는 말을 많이 듣는다. 그리고 한국의 거의 모든 호텔과 식당의 원가율은 대동소이하다. 대형호텔의 고급 레스토랑도, 또는 소형호텔의 저급 레스토랑의 원가도 큰 변화가 없다. 반면 두 호텔 레스토랑 상품의 차이는 확연한데, 왜 그럴까?

이윤까지도 포함할 수 있어야 하는데 특정 업장의 특성을 고려하지 않고 타사와의 비교해서 관리하기 때문이다. 특정한 업장에 부합되는 원가율이 설득력 있게 설정되어 관리되어야지 타사와의 비교에 의한 원가의 관리는 아무런 의미도 없다.

(5) 새로운 원가관리 절차의 효과

효율적인 원가관리 제도는 식자재의 흐름을 원활히 할 수 있다. 그리고 각 지점에서의 통제를 합리적으로 할 수 있으며, 과다한 재고보유를 줄여 재고유지에 드는 비용을 최소화할 수 있으며, 원가를 절감하여 경쟁력을 키울 수 있어 미래지향적인 경영을 할 수 있다.

그런데 이 효과는 단기간에 수치로 제시되는 것이 아니기 때문에 부정적인 선입견이 새로운 원가관리 절차를 정착시키기도 전에 그만 두게 할 수도 있다.

6-2. 원가관리의 절차

식자재를 구매하여 상품화하고 그리고 상품화된 식료와 음료가 고객에게 판매되어 분석의 과정을 거쳐 다시 상품화하기 위한 식자재를 구매하는 전 과정을 관리하기 위한 표준화된 절차가 필요하다.

(1) 관리의 정의

관리에 대한 정의는 수없이 많다. 관리는 일반적으로 계획과 구별된다. 원가회계에서 사용되는 관리란 ① 계획을 실행하는 행동과 ② 그 결과에 대한 피드백 정보를 제공하는 업적평가로 이루어져 있다.

식음료원가관리에 쓰이는 "Control"이란 개념은 ① 확인하는 행위로 어느 시점에서 어떤 내용을 면밀히 확인하는 것이다. 식자재의 수령시 식자재의 질, 수량 등을 표준구매 명세서, 구매발주서, … 등과 정확하게 대조·확인하는 행위를 뜻하며 ② 레스토랑 경영에 요구되는 모든 업무의 내용을 통제하여 최고경영자의 목표를 보다 잘 달성할 수 있는 경영의사 결정의 집합으로 요약될 수 있다.

또 다른 정의는 식음 업장의 운영에 있어서 수입과 지출에 관계되는 모든 항목에 대한 통제를 말한다.

그러나 계획이 없는 통제란 있을 수 없다. 계획이란 목표를 설정하고, 그 목표를 달성시킬 수 있는 여러 대안의 결과를 예측하고, 어떻게 하면 이상적인 결과를 어떻게 얻을 것인 가에 대한 의사결정을 하는 것이라고 정의한다.

계획과 통제는 서로 연관이 많으므로 이 두 가지 과정을 분리시켜 생각한다는 것은 별 의미가 없다. 관리는 계획과 통제를 모두 포함하는 넓은 개념으로 사용한다.

이러한 점을 고려할 때 식음료원가의 관리는 종사원을 구속하거나 단속하기 위한 목적으로 설계되어서는 안되고 영업활동의 전반적인 내용을 계속적으로 모니터하여 비효율성을 지적하고 보다 효율적인 식음료원가관리를 하기 위한 필요한 조치를 내릴 수 있도록 통제되어져야 한다. 즉 정보를 수집하고, 기록하고, 분석하여 최고경영자에게 보고함과 동시에 적절한 조치를 권고하는 방향으로 유도되어야 한다.

(2) 물자관리와 운영관리

앞서 언급했던 "Control"의 개념을 보다 구체화하기 위해서는 이 개념들을 정보처리의 개념과 결부시켜야 한다. 스토어룸에 입·출고되는 식자재 전표의 합, 일일 매출액(량), 매일 구입되는 식자재의 수량과 가격 … 등이 여기에서 말하는 정보들이다. 정보 없이는 통제도 있을 수 없다고 말할 만큼 식음료원가관리에 있어서 정보의 중요성은 어느 누구도 부인할 수는 없다. 정보처리는 다음과 같은 내용들을 계속적으로 관리하는 것이라고 광의적으로 정의할 수 있다.

① 정보의 포착

예 식자재 인수증의 정리는 정보포착의 일례이다.

② 정보의 수집

예 일정기간 스토어룸에서 출고된 식자재의 전표를 종합하여 식음 Controller에게 전달하는 것을 정보수집의 일례이다.

③ 정보의 처리

예 스토어룸에서 출고된 식자재 가치의 합, 또는 스토어룸에서 출고된 식자재 중 직접 주방에서 소비한 양을 금액으로 계산하는 것은 협의의 정보처리이다.

④ 정보의 작성과 배포

예 식자재 원가책임자와 주방책임자에 의한 보고서의 작성은 정보작성의 일례이며, 이러한 보고서를 관련부서에 배포하는 것은 정보배포의 일례이다.

관리의 첫 번째 목적은 식자재의 구매에서부터 소비에 이르기까지의 철저하고 계속적인 확인과정이다. 환언하면 식자재의 이동을 계속 확인하는 정보의 포착을 말한다. 이러한 정보의 수집과정에서 식자재 자체의 이동을 바탕으로 정보의 첫 단계의 흐름을 창출한다.

이 가정은 식자재를 직접 취급하는 식자재의 구매, 검수, 스토아룸(저장), 출고, 주방(생산), 레스토랑(판매) … 등의 관계자들의 업무에 의해서만 실행할 수 있다. 우리는 이것을 첫 번째 관리인 물자의 관리라 칭한다.

관리의 두 번째 목적은 소비된 식자재에 의한 원가율의 결정과 이 원가율을 미리 설정된 목표와 비교하는 것이다.

결과적으로 식자재의 이동을 분석하는 것인데 이것은 식자재를 직·간접적으로 관리하는 관계자들이 제공하는 정보에 의해서만 가능하게 된다. 즉, 주어진 정보을 처리하는 것이다.

이러한 과정을 거쳐 더욱더 구체화된 내용을 관리해 갈 두 번째의 정보를 창출한다. 이것을 우리는 두 번째 의미의 관리, 즉 운영의 관리라 칭한다.

결과적으로 정보의 수집과 처리는 식자재를 직·간접적으로 취급하는 과정에서 수집된 정보를 형식화하여 제출하는 구성원들과 제출된 정보를 이용하여 식자재의 이동상황을 관리하는 구성원들은 밀접한 관계를 유지해야만 가능하며, 물자관리, 또는 운영관리에만 존속되어 있어서는 원만한 관리를 기대하기란 어려운 것이다.

상기에 언급한 두 개념의 통제를 효율적으로 수행하기 위한 세 가지의 필연적인 기준을 다음과 같이 제시할 수 있다.

① 각 통제에 정해진 목적

② 정해진 목적을 달성하기 위한 구체적이고 체계적인 방법과 절차

③ 정해진 목적을 실행할 당사자의 참여 정도

(3) 식음료원가의 운영관리를 위한 조직

업장의 조직 속에서 식자재의 구매, 검수, 저장, 식음료 원가관리의 소속은 호텔의 크기, 소유형태 등에 따라 다양하다. 최근 조사내용을 보면 서울 소재 10개의 특1급 호텔의 원가관리는 경리부(재경부) 소속 심사과 혹은 원가관리과의 소속이 5개 호텔, 영업관리부 원가관리과 소속이 2개 호텔, 기획실 심사과 소속이 1개 호텔, 식음료부 심사과 소속이 1개 호텔 그리고 독립부서로서 원가조정팀 소

속이 1개 호텔로 나타났다.

식음료원가관리의 이상적인 조직과 소속은 조직의 특성에 따라 결정하여야 한다고 생각한다. 중요한 것은 조직과 소속이 아니고 그 조직이 원가계산이 아닌 원가관리의 본래의 목적을 효율적으로 수행할 수 있느냐 하는 것이다.

(4) 이상적인 F & B Controller

누구라도 식음료의 원가를 관리할 수 있는 컨트롤러가 될 수 있는 것은 아니다. 컨트롤러가 되기 위해서는 무엇보다도 회계에 대한 기초지식이 있어야 하고, 천성적으로 호기심이 많은 사람이어야 하고, 그리고 순간적인 판단력이 예리한 사람, 설득력과 완고함을 겸비한 사람, 식음료와 주방에 대한 지식이 풍부한 사람, 그리고 어려운 환경 속에서도 열심히 일할 수 있는 능력이 있는 사람이면 컨트롤러로서 자격이 있다고 말할 수 있다.

훌륭한 컨트롤러가 있다는 것은 호텔의 입장에서 보면 큰 재산이 된다. 그러나 상기에 언급한 조건은 이상적인 컨트롤러의 기준으로 이러한 기준을 만족시킬 수 있는 컨트롤러가 그렇게 흔치 않다.

하루 종일 책상 앞에 앉아 수치적으로 원가를 계산하는 컨트롤러는 있어도 그만 없어도 그만이며, 정말 능력 있는 컨트롤러는 식음료자재의 흐름을 따라 같이 뛰면서 확인하고, 원인을 찾고, 개선책을 논할 수 있는 그러한 컨트롤러이다. 군림하는 자세를 보이지 않고 식음료관리에 직·간접으로 관계되는 모든 사람들을 식음원가 절감이라는 틀 속으로 유도하여 함께 개선책을 찾는 동반자로서 또는 조언자로서 또는 보조자로서 업무를 행하는 그러한 컨트롤러가 민주적이고 능력있는 컨트롤러로서, 새로운 식음료원가 관리절차와 방법을 정착시킬 수 있는 컨트롤러이다.

컨트롤러 혼자서는 원가절감에 아무런 기여도 하지 못한다. 원가절감이란 식음료 영업활동에 관계되는 모든 사람들이 원가절감이란 같은 방향으로 음질일 때에만 가능하기 때문이다.

(5) 물자관리

원가관리의 기본은 물자의 흐름을 사전에 설정된 절차와 방법대로 관리하는 것이다. 그렇지만 사전에 설정된 절차와 방법이 절대적인 것이 되어서는 안된다. 상황에 따라 융통성이 필요할 때도 있다는 것을 알아야 한다.

만약 물자의 흐름을 정확하게 포착할 수만 있다면 원가의 관리는 완전하다고 말할 수 있다. 즉, 물자를 직·간접으로 취급하는 각 지점에서의 물자의 통제와 분석을 말하는데 각 업장의 개념 정립, 표준 구매 명세서 작성, 메뉴계획, 세부적인 생산방법, 식자재 흐름의 통제 방법과 절차 … 등을 구체화하는 사전관리와 식자재의 구매관리, 검수관리, 저장관리, 입출관리, 생산지역의 철저한 관리… 등을 포함하는 실행관리, 그리고 판매분석, 메뉴분석, 원가분석과 재고분석 등에서 얻어지는 정보를 다음 의사결정에 적용하는 사후의 관리로 나누어 볼 수가 있다.

이와 같이 입·출고와 생산과 저장지점에서도 관리는 실행된다. 흔히들 식자재의 구매, 검수, 출고지점에서만 통제되면 이론적으로 식자재의 관리는 완전하다고 하고 생산 또는 저장지점의 통제는 소홀히 한다. 그러나 현실적으로 완전한 통제란 상시 영업활동의 전 과정을 포괄적으로 관리하는 것을 말한다.

(6) 물자의 통제절차와 양식

식음료자재의 흐름을 통제하기 위해서는 사전에 설정된 절차와 그 절차를 구체화하기 위한 양식이 있어야 하는데 호텔에 따라 다양하다.

앞서 우리는 통제절차와 방법은 설정한 목표에 달려 있고 그 목표는 호텔이나 레스토랑의 규모, 유형 등에 따라 다양하게 설계할 수 있다고 말했다. 환언하면 여러 가지의 통제절차와 방법이 이용될 수 있으나 선택기준의 가장 이상적인 방법은 특정 호텔이나 레스토랑의 현실에 적합한 방식을 택하되 원가일효익이란 측면에서 최종 의사결정이 이뤄져야 한다고 말했다.

불행하게도 우리 나라의 경우는 특정 호텔의 현실적인 구조는 고려하지 않고 어느 선도그룹의 절차와 방법을 오픈멤버라고 하는 사람들이 모방하여 무분별하게 받아들여 이용하고 있는 실정이다. 특정 호텔의 훌륭한 시스템도 다른 호텔에는 적합하지 않을 수도 있다고 말했다.

실질적으로 필요하지도 않은 복잡한 절차에서 초래된 과다한 양식, 관리인원의 증가, 융통성과 신속성의 결여, 부서간의 불화 등이 원가일효익이란 관점에서 볼 때에 의사결정을 공염불에 불과하게 만든다. 그 결과 원가관리에 가장 중요한 역할을 하는 조직구성원들의 원가에 대한 관심이 결여되어 적당주의와 수치적인 원가관리에 의존하게 되어 원래의 목적과는 먼 거리에서 유지되는 원가의 결과가 백분율로 나타나고, 이 결과는 원가절감이란 경영방침에 아무런 도움을 주지도 못하는 정보만을 제공하고 있을 뿐이다.

원가관리 제도의 원리와 조직 2

1. 원가관리 제도의 원리

관리과정의 계획과 제도화에 있어서 지켜져야 할 중요한 여러 가지의 원리들이 있다. 이러한 원리들의 가장 중요한 목표는 거기에 연관된 일련의 제도적 절차를 만들어 내는데 있다.

이러한 절차 즉, 체계적인 과정은 원가에 관하여 책임을 지고 있는 모든 관련자에게 실질적인 도움이 될 수 있어야 한다. 단순히 과거의 사실적 기록에 불과한 수치 자료나 영업기간이 종료된 이후에 너무 늦게 경영자에게 도착된 경영자료는 최신 경영의 도구로써의 그것이 의도한 목적에 공헌할 수 없기 때문이다.

유효한 관리의 절차는 곧 시스템을 형성한다.

관리 System은 원가 책임자들에게는 "경영의 수단"인 것이다.

기업은 장기·중기·단기 경영계획을 세운다 .요즘에는 장기를 5년, 중기를 3년에서 5년, 단기를 1년으로 잡는데, 기술혁신의 전진과 수요구조가 급격히 변하는 시대에는 비록 단기 경영계획이라고 해도 장기 경영계획에서 세워야 할 '경영구조의 변혁'을 도입하기도 한다.

경영구조의 혁신은 경영활동의 모든 분야, 즉 생산·판매·재무 등 각 영역에 걸쳐 도입된다. 여기서는 목표이익을 실현하기 위해서 필요한 재화와 용역을 조합하여 매출을 정하고 그에 따른 비용을 예측한다.

비용을 예측할 때는 연구개발비나 판매촉진비와 같이 정책적으로 필요한 비용과 관리부분의 고정비뿐만 아니라, 설비투자에 대한 고정비 증감예측까지도 병행해서 검토해야 한다. 이들 고정비 외에 당연히 설비의 현대화에 따른 재료비 절감도 검토한다. 이처럼 비용의 증감을 매출액의 증감과 비교해서 검토하는 것이 단기경영계획의 핵심이다.

2. 식음료 관리의 제요건

2-1. 인적관리(Control Through People)

식음료 계획과 조정 시스템의 가치는 경영에 얼마나 효율적인 것인가에 달려, 그 이용은 시스템의 원리, 목적, 기본요소를 얼마나 잘 이해하고 있느냐에 좌우되는 것이다. 즉, 원가관리에 책임이 있고 또 그것과 관련되어 있는 모든 사람들은 이러한 이해를 갖추고 있어야 한다. 그것은 곧 원가를 관리하고 개선하는 모든 방법을 적용하기 위해서는 결국 사람을 필요로 하기 때문이다.

그러므로 아무리 훌륭한 기획 및 관리과정과 제도조차도 하나의 "경영의 도구"에 불과하며 모든 경영자는 다음 요건을 갖추어야 한다.

① 경영자는 기획과 관리기법에 관한 상당한 능력을 갖추어야 한다.
② 경영자는 관련 책임자들의 이해 증진을 위하여 부단히 노력하여야 한다.

조직의 목적인 일(과업)은 사람을 통하여 달성된다는 경영 이론이 그대로 식음료 제도의 효율적인 운영에도 그대로 적용되어야 할 것이다.

2-2. 관리의 순환(Cycle of Control)

식음료 원가를 효율적으로 관리 운영하는데 있어서는 계획, 비교 및 수정, 개선과 같이 일련의 관계가 있는데, 이는 상호보완적이며 유기적인 통합으로 이해될 수 있겠으며 이러한 4단계의 활동을 관리의 순환도(Cycle of Control)로서 나타낼 수가 있다.

이러한 과정을 식음료 관리의 절차로 채택하고 표준원가 계산제도의 원리를 제과정에 도입함으로써 식당운영의 통계기준으로 업적표준을 설정하고 실적으로서의 실제원가와 상호 비교하여 차이 및 비능률의 발생 여부를 검토하고 그 원인을 규명함으로써 이에 대한 개괄적인 개선방안을 모색하고자 한다.

관리 순환도(Cycle Control)의 4단계의 활동을 간단히 알아보기로 한다.

[그림 1-1]
관리의 순환도

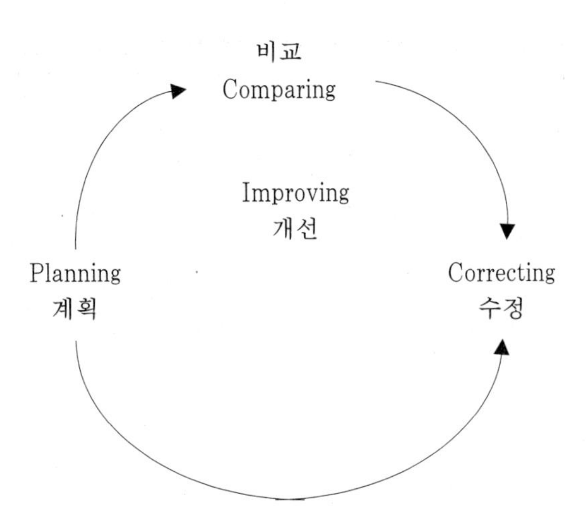

(1) 계획단계(Planning)

이 단계는 식음료 경영자들의 시간과 노력이 대부분을 쓰게 하며, 부실한 계획은 없는 것보다 낫다고 일반적으로 말할 수 있겠지만 계획 시행 전에 이 단계에서 그 부실한 계획들을 개선해야 한다는 것이 가장 타당하다고 생각되는 것이다.

(2) 비교단계(Comparing)

이 단계는 식음료의 경영자들이 계속적으로 항상 비교 검토하여야 하며, 표준원가는 실질 원가와 일치되도록 하여야 하고 이렇게 계속적으로 비교 검토하게 되면 회계 년도말 전에 해결하기 쉬운 문제점들을 쉽게 발견해 낼 수가 있는 것이다.

(3) 수정단계(Correcting)

식음료 관리 제도 단점중의 하나는 여러 가지 파생의 문제점들을 해결하는 방법을 제시하지 못하는 것이다. 이 단계에서 곤란한 상황을 해결하는 방법을 결정하여야 하는 것이다. 예를 든다면 만약에 식음료 원가가 터무니없이 높아 이에 대한 상승의 원인을 의심한다면 경영자는 어떻게 할 것인가? 경영자는 이러한 어려운 상황을 처리하는 방법은 이를 해결할 유능한 지배인 영업여부에 달려있다.

(4) 개선단계(Improving)

관리순환의 모든 단계가 상호 관련되는 단계가 이 개선 단계 것이다. 개선단계는 영업운영자체 뿐만 아니라 관리 절차의 모든 단계를 개선시키는 연구를 계속한다는 것이다.

이와 같이 식음료 원가의 관리 제도는 계획, 비교, 수정, 개선의 절차에서 끝이 없는 과정으로 생각할 수가 있으며 이 과정을 관리의 순환이라고 말할 수 있는 것이다.

2-3. 표준의 사용(Use of Standards)

식음료 원가관리 시스템의 또 다른 특성은 여러 가지 형태의 표준을 사용하는데 있다. 표준구매명세서(Standard Purchase Specification), 표준조리지시서(Standard Recipe), 표준요리규격(Standard Portion Size), 표준산출수율

(Standard Yield) 등 재료의 수량・종업원의 작업 내용을 엄격히 표준화한다.

이는 실제의 업무 또는 실적을 비교 가능하도록 기준으로서의 대표적인 표준화 대상이 된다.

이러한 표준 설정의 목적은 2가지로 분류된다.

① 표준화를 실시함으로써 영업의 내용에 합리화・효율화를 도모하고

② 식음료 원가를 계산함에 있어서 표준 원가 산정을 가능케 하는 기초 작업 과정의 표준을 설정하는데 있다.

2-4. 단순성과 신축성(Simplicity and Flexibility)

식음료 관리 시스템은 관리의 효과를 희생시키지 않는 가능한 단순 명료해야 한다.

어떠한 관리의 시스템을 구상하고 설치하는 목적은 그 시스템의 근본 목적에 맞게 절차를 간소화하려는 것이다. 이렇듯 절차를 간소화하려는 목적은 원가 계산을 위한 특별조사 활동이나 기획에 필요한 시간을 될 수 있는 대로 많이 확보하기 위한 것이다.

관리 시스템은 신축성이 있어야 한다.

그의 근본원리 및 과정은 어떠한 규모의 식음료 운영에도 부합될 수 있는 것이어야 하며, 시스템 자체의 약간의 수정으로 어떠한 규모・형태 또는 상황변동에 대하여도 적용 가능한 것이라야 한다,

2-5. 경제성(Economization)

관리는 경제성에도 합치되어야 하며 목적이 경영 성과로서 목표달성을 위한 것이라면 경영자가 비용 의식을 갖고서 업무를 수행하지 않으면 안될 것이다.

아무리 훌륭한 이론상의 관리제도라 할지라도 그것을 위해서 관리가 가져다 주는 능률에 의한 이익효과 보다도 많은 관리비용이 소요된다면 그것은 훌륭한 관리제도라고 말할 수 없는 것이다.

3. F.B.C의 조직과 직무

3-1. 식음료 원가관리의 조직

식음료를 판매하는 식당(호텔, 레스토랑)을 운영하는데 있어서 규모와 형태에 관계없이 이에 알맞은 식음료 원가를 관리하는 조직이 필요한 것이다. 소규모 식음료를 경영하는데는 이에 알맞은 관리가 요구될 것이며 대규모의 조직을 관리하는데는 이에 대한 직무와 조직이 있게 마련인 것이다.

일반적으로 대규모로 식음료를 판매하는 식당을 운영하는데 있어서는 식음료만을 따로 관리하는 특별한 직무를 두어야 하며, 이 기능을 위하여 개인적인 책임을 부여하여 관리하는 사람을 식음료 관리자(Food and Beverage Control)라고 하며 식음료 지배인은 식음료 원가를 근본적으로 책임을 지는 것이지 관리를 위한 관리자는 아닌 것이다.

(1) 식음료 원가관리의 소규모 조직도

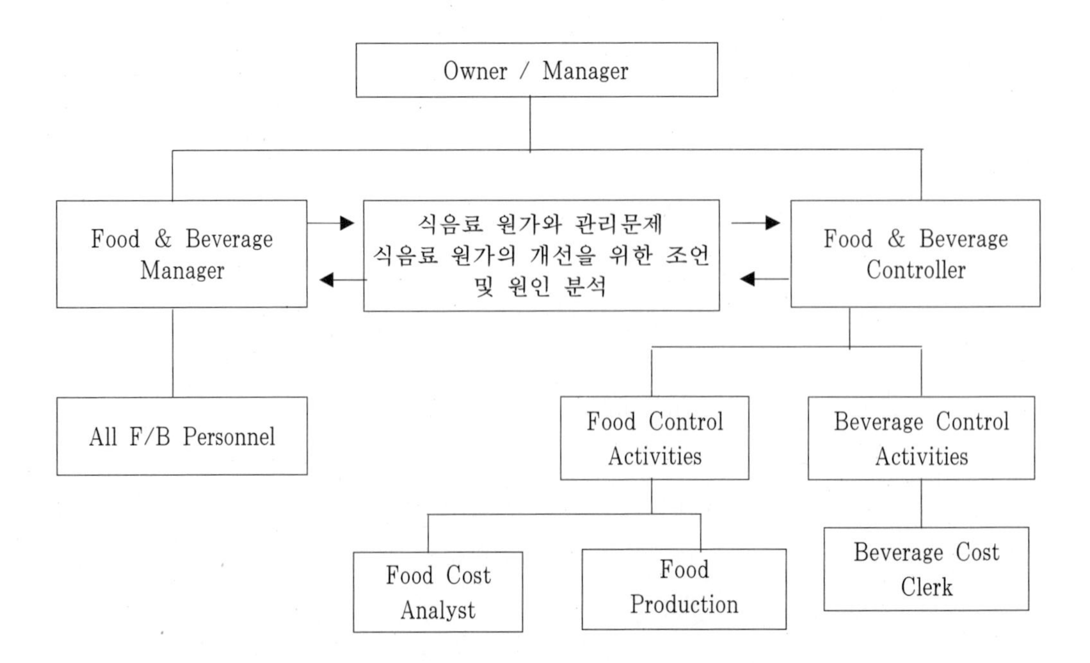

(2) 식음료 원가관리의 대규모 조직도

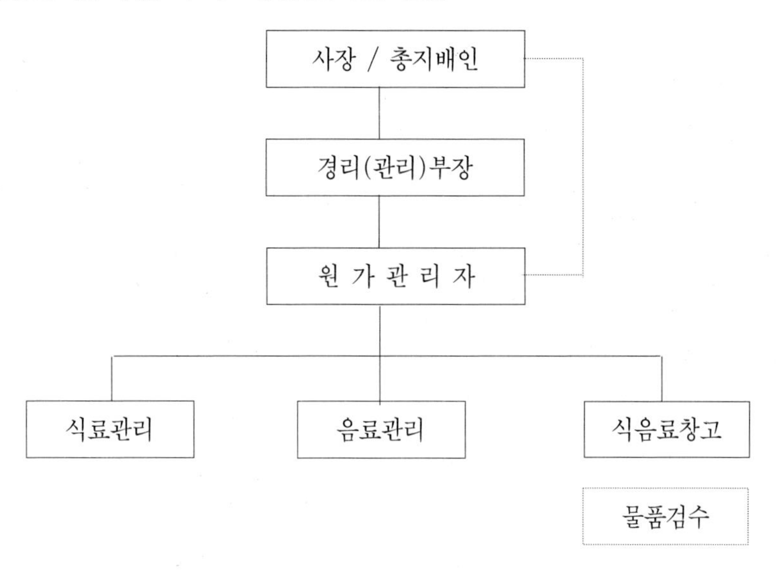

3-2. 식음료부 원가 관리자의 직무

(1) 식음료 원가 관리자의 업무

기본적인 책임은 월말 식음료 판매 금액에 대한 원가율 계산과 제반 업무를 기록하여 식음료 원가 조정표(Reconciliation of Food & Beverage Costs)을 작성하고 식음료부문 영업에 필요한 유익한 원가 자료를 경영진과 연관 부서에 제공하여 주는 것이다.

이들 업무도 여러 가지로 나열할 수가 있다.

① 식음료 매상액의 상세한 기록 및 비교 · 분석

② 식음료 자재의 입 · 출고 통제 및 관리

③ 식음료 추정 매출 원가의 월간 산정 및 보고

④ 일일 식음료 원가 집계표 작성 및 배포

⑤ 기간 말일에 식음료 자재창고, 각 업장별 주방 및 Bar의 재고조사 실시

⑥ 식음료 자재 납품서의 심사와 대금 지불 부서로 송부
⑦ 식음료 추정원가를 실제원가로 조정 및 월말 결산·보고
⑧ 식음료 표준 매출원가의 산출
⑨ 종업원 식사 및 기타 판매 목적 이외에 소비된 식음료 원가의 산정 및 보고
⑩ 식음료자재의 산출량 측정, 판매 단위당의 분량 규격, 조리 지시서 및 판매 절차에 관한 분석과 표준화 작업
⑪ 각 영업장에서의 수입금 Bill과 주문 Bill을 대조하여 차이에 대한 원인분석
⑫ 표준양목표(Recipe Card)작성
⑬ Bar 업장에 대한 합성주(Mixed Drink)조정 기준 설정
⑭ 경쟁업체에 대한 메뉴 가격 조사 분석
⑮ 월말 원가 보고서의 작성 및 배부

(2) 식음료 원가 관리자의 직무

① 부(과)장으로서 식음료 원가관리자는 식료 컨트롤러, 음료 컨트롤러, 프로덕션 컨트롤러, 기타 보조사원을 부하로 직접 관장한다.
② 본 업무 내규에 의거 직무를 충실히 수행할 책임을 회계 책임자로서 진다.
③ 식음료 원가 관리자의 충실한 직무 수행은 식음료 부문 통제, 관리뿐만 아니라 호텔의 경영 방침의 성공적 수행과 목표 이익의 달성에도 적극 기여하여야 되는 대단히 중요한 직무이다. 따라서 식음료 컨트롤러(Controller)는 식음료부문 업무와 그 책임자 및 단위 책임자와의 긴밀한 협조와 건설적인 직무 수행 태도가 요구된다.
④ 정규 업무 이외에 다음의 업무가 호텔이 정한 관리 내규에 의하여 제대로 수행되고 있는 지의 여부를 심사하고 보고할 의무를 가진다.

가. 구매업무(Purchasing)

구매가 회사의 기본 방침에 의하여 수행되고 있는 지의 여부를 주기적으로 심사하고 시장조사 또는 외부 가격 정보에 의거 식음료 자재 매입 가격의 적정 여부를 심사한다.

나. 검수업무(Receiving)

검수가 회사에서 정한 식음료 자재의 구매 및 검수 기준에 의거 정확한 검수 업무를 수행되고 있는지 검사, 보고하고 있는지의 심사

다. 입고 및 출고(Storing and Issuing)

식음료 자재의 관리가 회사에서 정한 방침에 따라 제대로 수행되고 있는 지의 여부를 정밀 심사한다.

라. 조리 및 공급(Cooking to Order)

생산 및 메뉴 조달 업무가 이행되고 있는 지의 여부와 식음료 자재의 수불 사항에 관하여 심사한다.

마. 판매 및 매상업무(Sales)

회사의 정해진 절차에 따라서 식당의 판매 및 요금의 수납 업무가 수입관리 절차에 의거 정확히 수행되는 지와 매상 기록 및 관리업무에 관하여 심사한다.

상기와 같이 식음료 원가관리자는 식음료 자재 원가에 관한 계수적 업무뿐만 아니라 식음료부문과의 연관 업무에 대해서 통제·조정·심사를 행한다. 아울러 호텔 식음료 상품인 메뉴에 관한 계획과 개발·품질관리·판매가격 책정 등을 항상 연구 분석하여 식음료 업무를 보좌할 태세를 갖추고 있어야 한다.

이와 같이 식음료 원가 관리자는 식음료 경영에 있어서 가능한 최대 수익 획득을 위하여 최대의 노력을 행할 책임이 있다.

그러므로 식음료 원가 관리자는 식음료에 관한 풍부한 지식은 물론이고 회계와 기업 경영 관리론에 대하여도 상당한 수준의 지식이 요구되는 것이다.

3 손익분기점

1. 손익분기점의 정의

손익분기점이란 간단히 설명을 하면 총수익과 총비용이 같아서 영업에 따른 이익이나 손실도 발생되지 않는 말 그대로 제로인 상태를 말한다. 그러므로 예를 들어 레스토랑에서는 손익분기점을 맞추기 이해서 고객 한 사람이라도 더 유치하여 음식을 판매하여 손익분기점에 도달하기 위해서 노력을 하고 있는 것이다. 이 때 바로 음식을 하나라도 더 판매하여 손익분기점을 넘어 가게 되면 이익이 되는 것이고, 이와 반대로 손익분기점보다 낮게 되면 손실, 즉 이익이 발생되지 않는 것은 물론, 영업에 따른 손실이 발생하게 된다. 일반적으로 전문용어로 손익분기점에 대해서 설명을 하면 손익분기점을 일명 CVP 분석이라고도 일컫는다. 이 때 C는 바로 비용(cost), V는 조업도(volume), P는 이익(profit)을 의미한다.

손익분기점을 산출해 내는 것은 어느 기업에서나 필요한 것이며, 이는 바로 그 기업에 대한 채산성과 깊은 관계가 있으며, 특히 영업에 따른 이익과 손실을 바로 한눈에 파악이 가능하므로 기업에서는 상당히 중요시하고 있다. 손익분기점분석은 목표이익에 대한 매출액을 산정하는데 유용한 것이며, 손익분기점분석표라고 하여 그래프로 그려보면 〔그림 3-1〕과 같다.

〔그림 3-1〕
손익분기점분석표 그래프

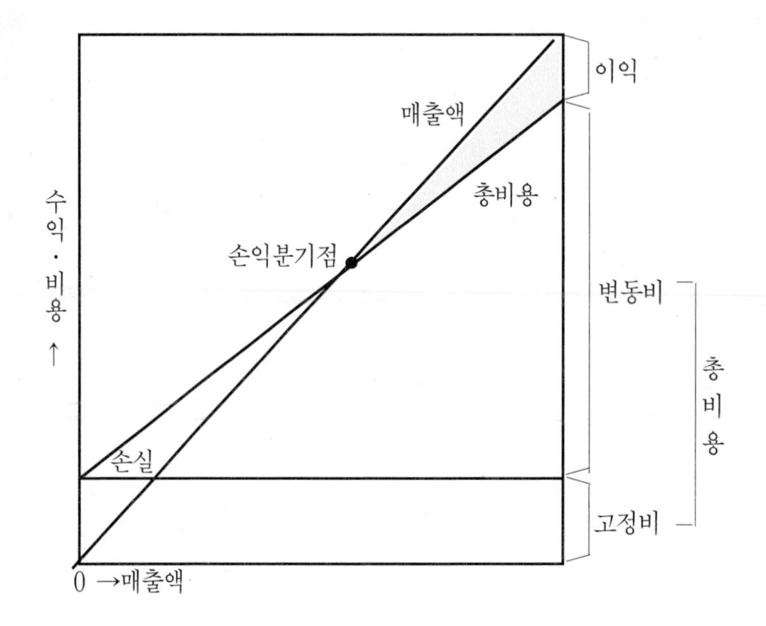

2. 손익분기점분석이 필요한 이유

비용과 매출액의 증감을 예측하기 위해 이용하는 방법이 손익분기점 분석이다. 또한 원가·매출액·이익분석, 혹은 한계이익 분석이라고 한다. '손익분기점'이란 지금까지는 이익이 발생하지 않았지만 이후에는 이익이 발생할 것이라는 시점, 즉 갈림점을 말한다.

손익분기점 분석에서 중심이 되는 개념은 '한계이익'이다. 이것은 매출액(혹은 판매단가)에서 변동비(혹은 단위당 변동비)만을 뺀 것이다. 즉 고정비를 공제하지 않고, 그 기간에 발생한 고정비 총액을 기간비용으로 매출액에 대응시킨다. 이것은 직접원가계산방식과 일치하는데, 한계이익이 조달한 고정비 이상이 되면 이익이 발생하는 경계선인 손익분기점을 활용하여 원가관리의 목적을 달성할 수 있게 된다.

3. 손익분기점 산출

손익분기점분석을 하기 위해서는 우선 공식에서 제시하는 각종 비용에 대한 지식을 알고 있어야 한다. 이는 바로 손익분기점분석에서 필수적인 항목이며, 비용의 증감에 따라 손익분기점분석이 달라지므로 공식에 따른 비용, 즉 변동비와 고정비에 대해서 알고 있어야 한다.

손익분기점분석에서는 매출액 · 총비용 · 변동비 · 고정비 등에 따라서 손익분기점에서 수익과 손실이 발생된다. 그러면 여기서 변동비와 고정비가 무엇인지에 대해서 살펴보기로 하자.

(1) 변동비

변동비라고 하는 것은 영업이 잘 되어 고객이 많이 오면 올수록 그비용이 보다 많이 발생하는 비용이다. 일반제조업에서는 매출에 정비례하여 증감하기도 하고, 매출에 반비례하여 감소하기도 하는 비용이다. 일반적으로 제조업체에서의 변동비항목이라고 한다면 상품을 만드는 데 소요되는 재료비, 만약 외부업체에 물품의 일정부문에 대해서 외주를 발주하였다면 외주가공비 · 소모품비 · 연료비등을 들 수가 있다. 상품의 매출원가인 변동비에는 매입이 대표적이라고 할 수 있으며, 판매비 · 일반관리비 · 운임 · 포장비 · 판매수수료 등이 바로 변동비의 항목에 포함되는 비용이다. 외식사업에서도 일반제조업과 마찬가지로 변동비라고 하면 재료비나 소모품비 및 음식을 만드는 데 소요되는 연료비 등을 변동비라고 할 수 있다.

(2) 고정비

고정비라고 하는 것은 매출에 관계없이 언제나 일정하게 발생되는 비용을 말한다. 따라서 고정비에 대한 비용이 과다하게 되면 기업에서는 고정비를 줄여 손익분기점을 맞추기 위해서 온갖 노력을 다한다. 제조업체에서는 제조원가 고정비에는 기계사용에 따른 기계마모의 감가상각비, 고정적으로 지출되는 보험료, 건물임대 등에 따라 발생되는 임대료 등은 대표적으로 고정비항목에 포함되는 비용이다. 레스토랑에서는 종업원에 대한 급료, 임대료, 주방설비기구의 감가상각비용 등이 고정비항목에 포함되는 비용이다.

(3) 변동비와 고정비의 중간항목

비용항목 중에서는 일부 항목은 고정비도 되지만 변동비항목으로도 포함되는 비용이 있다. 이는 영업에 따라서 발생되는 비용항목 중에서 일정한 기간동안에는 고객의 매출과 관계없이 일정한 기본요금을 지불하는데, 이는 또한 고객이 많이 오거나 제조업인 경우에 거래처에서 문의전화나 기타 거래처 상대로 전화를 많이 사용하게 되면 이에 따라서 발생되는 비용이 커질 수가 있다. 이 때는 바로 변동비항목에 포함될 수도 있고, 일정하게 기본요금만 지불하게 되면 고정비항목에 포함될 수도 있다.

(4) 공헌이익률

손익분기점분석을 위해서는 무엇보다도 공헌이익률에 대해서 알고 있어야 한다. 공헌이익률이라고 하는 것은 매출액에서 변동비를 제외한 것을 말하며, 일명 공헌이익이라고도 한다. 쉽게 설명을 하면 제조업에서 상품을 만들에서 소비자에게 물품을 판매하게 되는데, 이 때 상품을 소비자에게 판매할 때마다 늘어나는 이익이다. 따라서 일반제조업체에서는 공헌이익률을 높이기 위해서 각종 방법을 다 동원하여 공헌이익률을 높이고 있다. 만약 다른 업체에서 생산하여 만들어진 상품을 매입해서 일반소비자에게 판매하는 업체인 경우에는 상품에 따른 매입가격은 대부분 동일하기 때문에 판매에 따른 포장비와 같은 변동비가 공헌이익에 크게 영향을 미친다고 볼 수 있다. 최근에는 생산방법의 자동화라든가 기타 여러가지 방법에 의해서 상품에 대한 원가가 달라지기 때문에 상품의 제조원가 자체가 공헌이익에 막대한 영향을 미친다고 할 수 있다.

$$\text{공헌이익} = \text{매출액} - \text{변동비}$$

$$\text{변동비율} = \frac{\text{변동비}}{\text{매출액}}$$

$$\text{공헌이익률} = \frac{\text{공헌이익}}{\text{매출액}}$$

(5) 손익분기점 산출공식

손익분기점 계산을 위해서는 몇 가지 공식이 필요한데, 이는 바로 손익분기점 표에서 숫자를 가지고서 공식에 따라 계산이 이루어져야 하기 때문이다.

$$\text{손익분기점 매출액} = \frac{\text{고정비}}{\text{공헌이익률}}$$

$$\text{영업이익} = \text{공헌이익} - \text{고정비}$$

위의 공식을 이용하여 손익분기점 공식에서 우선 일정기간의 예상 매출액을 S, 이에 따른 변동비를 V, 고정비를 F로 표시한다. 공식에 의하면 손익분기점은 매출액에서 변동비를 뺀 것, 즉 고정비가 되는 매출액을 일컫는다. 손익분기점에 도달하기 위한 매출액을 X라 한다면 X는 다음과 같은 식으로 구해낼 수가 있다.

$$X = \frac{\text{고정비(F)}}{\text{변동비(V)}} = \frac{\text{고정비}}{1-\text{변동비율}} = \frac{\text{고정비}}{\text{한계이익률}}$$

$$1 - \frac{\text{변동비(V)}}{\text{매출액(S)}} \qquad \left(1 - \frac{V}{S}\right)$$

바로 위의 공식을 손익분기점 공식이라고 일컫는다. 여기에서 분모는 매출액 단위당 한계이익을 나타내고, 한계이익률이라고 말한다. 한계이익률에서 고정비 총액을 나누게 되면 고정비 총액이 총 한계이익과 같아지는 매출액인데, 이것으로 손익분기점을 구할 수가 있다.

[그림 3-2]
손익분기점 공식에 따른 도표

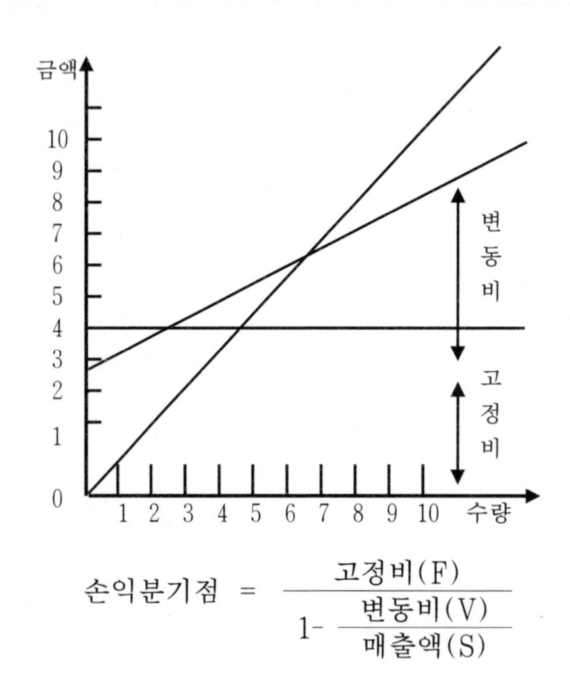

(6) 사례를 통한 손익분기점 계산

실제 외식업소의 영업에서 발생된 비용항목을 조사하여 손익분기점에 대한 계산을 해보기로 하자. 우선 외식업소에서는 한 달간 음식을 판매하여 발생된 매출액을 집계하고 매출에 따른 각종 비용이 발생하게 되는데, 실제 영업에서 발생된 비용을 근거로 하여 손익분기점 계산을 하여보자. 그러면 예를 들어 A 커피전문점의 월매출액과 각종 비용항목을 조사하면 다음과 같다.

[고정비항목]

월세 40만원

보증금과 권리금 5,000만원에 대한 이자금액(은행이율 연 13% 적용) 54만원

감가상각비(간판, 인테리어, 주방설비 및 기기) 187만원

관리비 15만원

수도·전기·광열비 30만원

제세공과금 10만원

인건비 100만원

가맹비, 오픈행사비 20만원(24개월 분할상환)

합계 456만원

[변동비항목]

원두커피 등 재료비 300만원

설탕·프림·냅킨 등 소모품비 60만원

합계 360만원

우선 A커피전문점에서 발생된 고정비용과 변동비용에 대한 항목을 위와 같이 정리를 하여 놓고 난 뒤에 이들에 대한 설명을 해 보기로 하겠다. 고정비에는 매월 정기적으로 지출되지 않는 비용이 있는가 하면, 정기적으로 지출이 되는 비용도 있다. 예를 들어 월세나 관리비 등은 영업의 매출과는 무관하게 발생되는 고정비 항목이다. 그러나 이와는 반대로 보증금・권리금・시설투자비 등은 일시에 한꺼번에 지불이 되어지기 때문에 매월 발생되는 비용항목에서 제외를 시킬 수가 있다. 그러나 손익분기점 계산을 위해서는 이들, 즉 매월 발생되는 비용항목이 아니고 일시에 한꺼번에 지불이 되는 경우 과연 이들에 대하여 어떻게 처리할 것인지가 손익분기점을 계산하기 위해서 필요한데, 손익분기점 계산을 위해서는 이들 항목도 1년 단위로 나누어 매월 발생되는 비용으로 분할하여 계산을 하여야만 한다. 또한 처음 외식업소를 운영하는 사람이 초기투자단계에서 지불하는 보증금이나 권리금 같은 경우에는 자신이 계약한 기간동안에는 건물주로부터 인출이 불가능한 금액이므로 이 역시 은행금리를 반영하여 손익분기점 계산에 삽입을 하여야

한다. 왜냐하면 이자가 발생된다고 볼 수 있기 때문이다. 자본에 대한 이자금액은 비용으로 생각을 해야 하기 때문이다. 만약에 이들 비용을 은행에서 대출을 받은 경우에는 은행의 이자율을 적용하고, 사채업자에게 끌어서 사용한 경우에는 사채에 해당하는 이자가 발생되어야 한다. 다음으로는 감가상각비 항목인데, 이는 외식업소에서 처음 개업할 당시와 몇 년간에 걸쳐서 영업이 이루어진 경우에는 시설에 대한 노후화를 생각하지 않을 수가 없다. 만약에 점포를 건물주로부터 2년간 임대하여 사용하는 경우에는 총비용을 24개월로 나누어서 감가상각비를 계산하면 된다.

그러면 여기서 위의 항목을 기준으로 해서 손익분기점을 계산해 보도록 하자.

우선 A 커피전문점에서는 2년간 계약으로 보증금 2,000만원에 월세40만원, 권리금 3,000만원을 주고 15평의 점포를 임대하여 커피전문점을 개점하였다고 보자. 가맹비 300만원, 간판 및 인테리어 비용 2,300만원, 주방설비 및 기기비 1,200만원, 오픈준비 행사비용 480만원 등이 개업자금으로 소요되었다. 인건비로 100만원이 지출이 되고, 관리비 15만원, 수도・전기・광열비 30만원, 제세공과금 10만원이 지출되고, 월평균 매출액은 900만원이며, 매출이익은 60%다.

그러면 A 커피전문점에 대해서 어떻게 손익분기점을 구해 낼 것인 가를 계산하여 보기로 하자. 우선 비용항목에 대해서 크게 변동비와 고정비로 구분을 한 다음 계산하여 보기로 하자.

손익분기점 = 456 ÷{1-(360만원÷900만원)} = 760만원

(해설)

456만원 : 고정비 항목
360만원 : 변동비 항목
900만원 : 월평균 매출액

(공식)

$$\text{손익분기점} = \frac{\text{고정비}}{\text{변동비}} = \frac{\text{고정비}}{1 - \text{변동비율}}$$

따라서 A 커피전문점에서는 매출액이 760만원 이상이 되면서부터 이익이 발생하기 시작한다. 이 때 손익분기점이후 발생되는 초과매출액 전부를 이익으로 보아서는 안된다. 이익은 손익분기점 초과매출액 중 변동비를 빼거나 총매출액에서 고정비와 변동비의 합산금액을 뺀 나머지 부분이 된다. 그리고 손익분기점을 초과하는 매출액에 대해 일정비율로 이익이 발생하게 되는데, 이것을 한계이익률이라고 한다.

$$\text{한계이익률} = 1 - \frac{V}{S}$$

라는 공식에서

$$1 - \frac{360(\text{변동비})}{900(\text{매출액})} = 0.6$$

이 나온다. 이 때 월평균매출액 900만원에서 손익분기점 매출액인 760만원을 빼게 되면 140만원이 남는다. 이 때 140만원은 모두 이익이 남는 것이 아니고 한계이익률에서 나온 0.6, 즉 60%를 곱하게 되면 A 커피전문점의 경우 140만원의 이익이 발생하였다고 할 수 있다.

4. 외식산업에서의 매출예측

외식사업에서의 매출예측은 쉬운 일이 아니다. 그러나 사업을 원활히 수행해 나가기 위해서는 매출에 대한 사전예측은 상당히 중요하다. 외식사업을 하면서 매출이 늘어나게 되면 당연히 이에 따른 이익도 늘어나기 마련이다. 그러나 이와 반대로 매출이 늘어나도 이익이 나지 않는 경우가 있다. 이는 바로 너무 가격을 낮추었기 때문이다.

부연해서 설명을 하면 외식사업에서 실제 판매를 예측한다는 것은 쉽지 않으면서, 한편으로는 간단하게 처리할 수도 있다. 규모가 제법 큰 외식업소에서는 경제동향·물가동향·인구이동 등 여러 가지 요인을 분석하여 매출을 예측하지만, 규모가 작은 외식업소에서는 과거의 영업실적을 월별·분기별·연도별로 작성한 데이터를 근거로 판매예측을 한다. 외식사업에서 판매예측은 두 번 강조해도 지나치지 않을 정도로 상당히 중요한데, 이는 바로 종업원의 규모, 원재료 구입, 판매비와 관리비등 비용을 산출하는데 있어서도 중요하기 때문에 매출예측을 하는 것이다.

(1) 목표이익에 의한 산출방법

목표이익에 의한 산출방법이라고 하는 것은 매출예측에서 가장 많이 선호하고 있는 방법 중의 하나로서 목표이익액을 사전에 정하고 예상비용과 예상매출 총이익률을 고려하여 매출예측을 하는 방법이며, 간단한 수치를 이용해서 알아보기로 하자.

예상목표이익 : 2,000만원
예상매출 총이익률 : 20%
부대비용예상액 : 1,000만원
예상목표매출액 × 예상매출총이익률 - 부대비용예상액 = 예상목표이익

그러므로 예상되는 목표매출액은 다음과 같다.

예상목표매출액 = (2,000만원 + 1,000만원)/20% = 1억 5천만원

예상목표이익 2,000만원을 얻기 위해서는 1억 5천만원의 매출을 올려야 한다. 그러나 여기서 생각해야 될 것은 예상목표이익을 세울 때 자신이 운영하고 있는

업종의 취급메뉴의 가격이나 상권 등에 따라 신중하게 예상목표이익을 세워야 된다는 것이다.

(2) 잠재구매력에 의한 산출방법

잠재구매력에 의한 예상매출 집계방법은 상당히 쉽게 매출에 대해서 예측을 할 수 있으나, 정확도면에서 다소 문제가 있다. 매년 통계청이나 기타 정부산하연구소 등에서는 소비자에 대한 지출조사를 하는데, 이를 두고 전문용어로는 가계소비조사라고 한다. 여기에서는 1세대당 또는 개인이 지출하는 금액이 매년 발표되는데, 바로 이 지표를 이용해서 산출하는 것이다. 그러나 소비자에 대한 소비조사 연구는 취급하는 항목이 상당히 많고, 범위가 넓기 때문에 해당지역에서는 예상매출을 집계하는데 있어서는 정확도의 면에서 문제가 발생할 수 있다는 것이다. 그러나 만약에 해당지역에 대한 소비조사가 제대로만 이루어진다면 이것보다 더 정확한 수치는 없을 정도로 신뢰성의 면에서 믿음이 가는 수치라고 할 수 있다.

공식은 다음과 같다.

상권내 잠재구매력 = 상권내 세대수 × 취급상품에 대한 1세대(1인)당 연간평균지출액

(3) 종업원 1인당 매출액에 의한 산출방법

외식사업을 운영하려면 종업원을 고용해서 음식을 만들고 서비스를 제공하여야 한다. 이 때 일일매출액을 집계하여 종업원수로 나누게 되면 종업원 1인당 매출액을 얻어낼 수가 있다. 이를 두고 종업원당 매출액이 높은 경우 종업원에 대한 생산성이 높다고 한다. 특히 외식체인업체에서는 모든 매뉴얼이 표준화되어 있기 때문에 쉽게 종업원1인당 매출액을 얻어낼 수가 있다. 바로 예상매출액을 집계하는 데 있어서 종업원에 근거하여서도 매출액을 예상할 수 있다.

공식은 다음과 같다.

예상매출액 = 종업원의 수 × 종업원 1인당 평균매출액

(4) 업장면적의 평당 면적에 의한 방법

아무리 규모가 크고 면적이 넓다고 하여도 매출액과는 별개일 수가 있다. 즉 이 말은 업장의 면적과 매출액은 비례할 수도 있고, 그렇지 않을 수도 있다는 것이다. 이 때 바로 업장의 평당 면적을 기준으로 해서 매출액을 산정할 수 있다. 즉 하루 전체매출액을 업장면적이 차지하는 평수로 나누게 되면 평당 매출액을 얻어낼 수 있다. 이 방법은 메뉴의 종류가 유사한 업체가 많이 들어서 있고 메뉴가격이 유사한 외식업체군이 집단으로 밀집되어 있는 곳에서 업장의 평당 면적에 의거하여 예상매출액을 얻어낼 수 있다.

공식은 다음과 같다.

예상매출액 = 매장평수 × 평당 매출액

(5) 해당외식업소의 잠재구매력에 의한 방법

해당외식업소에서는 그 지역에서의 잠재구매력을 고려하여 예상 점유율을 확인한 뒤 유사업종과 비교하여 매출을 예상하는 방식이다. 그러나 처음부터 잠재구매력을 예측하기란 매우 어려운 일이기 때문에 새로이 시작하는 업소라면 일단 자신이 운영하고 있는 외식업소의 전체매장면적을 확인한 뒤 전체점유율에서 차지하는 예상비율을 감안하여 계산할 수 있다. 이 경우에도 마찬가지로 매장면적이 해당 지역의 유사업종과 비교하여 유사한 면적의 외식업소에 맞추어 매출을 예상하면 된다.

공식은 다음과 같다.

해당지역내 상권에 대한 예상매출액 = 상권내 세대수의 합 × 1인당 외식비

(6) 고객수에 의한 산출방법

외식업소에서는 일단 매장면적에 고객이 앉을 수 있는 좌석수와 좌석당 하루 평균회전율이 얼마나 되는 지의 여부와 해당 외식업소의 하루 평균이용고객의 이용률을 근거로 하여 계산을 한다. 예를 들면, 좌석수 50개의 이용률이 20%이고, 좌석당 회전율이 3회전이라고 한다면 50×0.2×3=30명이 된다. 즉 하루 30명의 고객이 하루에 다녀간다는 사실과 같다. 그러나 이 때 좌석수는 테이블과 온돌 등 다양한 것들이 있기 때문에 해당 외식업소에서는 좌석수를 몇 실로 정할 것인지를 생각하여야 한다. 온돌방인 경우 5인이 착석할 수도 있고, 때로는 의자의 형태에 따라서 7인이 앉을 수도 있다.

(7) 고객단가에 의한 산출방법

외식산업을 운영하면서 가장 먼저 생각해야 될 것이 있다면 우선 고객 1인당 객단가가 얼마나 되는 지를 계산하는 일이다. 매출이 많이 올라도 실제 매출과 객단가는 별개일 수가 있기 때문이다. 예를 들면, 김밥을 전문으로 판매하는 외식업소와 스테이크를 전문으로 판매하는 외식업소에서는 상호 매출액이 하루동안 같다고 하더라도 각각의 업소에서는 객단가는 분명히 다르다는 사실이다. 김밥을 전문으로 판매하는 업소에서는 1인당 객단가는 상대적으로 스테이크를 판매하는 업소보다는 낮다고 할 수 있다. 따라서 예상매출액을 집계할 때도 해당지역의 외식업소를 찾는 고객의 1인당 예상메뉴가격을 예측한다면 쉽게 고객단가에 의해서도 예상매출액을 집계할 수 있다. 참고적으로 외식업소에서는 예상매출액을 집계하는 공식은 다음과 같다.

(월)예상매출액 = 고객수×고객단가×(영업일수=30일)

공식에서 고객수는 다시 다음과 같이 산출해서 얻어낼 수가 있다.

고객수=업장 내의 좌석수의 합(온돌, 입식좌석 등)×이용률 ×회전율

(8) ABC 분석표에 의한 매출예측

외식업체를 운영하는 사람들을 만나서 '지난 달의 매출액'이 얼마인지 물어보면 정확하게 얼마라고 답변을 하나, 지난 1개월동안 지출액이 얼마냐고 물으면 답변을 못하는 경우가 허다하다. 단지 과거의 경험이나 추측으로 매출액을 집계하는 것은 대단히 위험스러우며, 실제 판매된 데이터를 가지고 어떤 메뉴가 가장 많이 팔렸는지, 월단위, 주단위, 일일단위로 매출액을 파악해야 한다. 외식업체에서의 매출액은 1년 중 계절, 요일, 날씨 등에 따라 고객들의 메뉴선호도가 달라진다는 사실을 알아야 한다. 따라서 외식업체를 운영하는 사람이라면 메뉴의 선호시기를 적절하게 골라서 영업을 해야 한다. 그러면 여기서 효과적으로 메뉴의 시기별 매출을 점검할 수 있는 방법인 일일매출집계표에 대해서 표로 설명하면 〔표 3-1〕과 같다.

〔표 3-1〕
메뉴품목별 일일집계표

(2003. 1. 1~1. 31)

요일 / 메뉴종류	1/1	1/2	1/3	1/4	1/5	…	1/31	합계	단가	매출액
돈 까 스	15									
비후까스	19									
스테이크	12									
사 라 다	20									
샌드위치	21									
훈제연어	12									
콘 칩	10									

〔표 3-1〕에서 보는 바와 같이 1월 한 달간의 메뉴별 품목을 날짜별로 기록하여 월말에 집계, 각각의 메뉴단가와 매출액을 확인하면 된다. 1월 한 달간의 판매된 메뉴별 집계와 매출액을 계산해 보면 한 달간 많이 팔린 메뉴와 팔리지 않은 메뉴를 누구나 쉽게 알 수 있다. 이런 방식으로 매월별 통계를 내어 보면 분기별, 계절별, 요일별로 전체평균을 낼 수가 있는데, 이는 레스토랑의 메뉴개발에 커다란 영

향을 미친다. 또한 전체메뉴에 대한 개별통계는 시기에 따라 메뉴의 선호도가 달라진다는 사실도 알 수 있다. 따라서 메뉴통계만 가지고서도 식자재의 구입을 적절하게 할 수 있으며, 그만큼 재료구입시 재고량을 줄일 수 있기 때문에 언제든지 신선한 메뉴를 제공할 수 있다는 장점을 가지게 된다.

대부분의 외식업체를 운영하는 사람들은 수치를 읽고 쓰는 일을 귀찮게 생각하여 무시하는 경향이 있으나, 꼭 데이트를 기록하는 습관을 길러야 한다. 직접 데이터를 3~4개월 작성해 보면 전체매출상태가 직접 수치로 작성되고 외식업체의 주방업무도 쉽게 파악할 수 있게 된다. 요일별, 월별, 시즌별 평균 데이터를 갖고 있어야 함은 물론 정확한 수치를 항상 기록하고 있어야 한다.

그러면 여기서 ABC 분석에 대해서 알아보기로 하자.

'ABC 분석표'란 판매량이 많은 순서대로 순위를 매겨 잘 팔리는(매출액구성비 누계로 75%까지) 품목군을 A그룹, 보통으로 팔리는(매출액구성비 누계로 76~95%까지 품목군을 B그룹, 그 밖의 것(매출액구성비의 나머지 96~100% 사이)를 C그룹으로 나누어 메뉴의 관리방법을 달리하는 방식이다.

메뉴가 판매된 표를 이용하면 쉽게 이해가 되리라 본다.

〔표 3-2〕는 지난해 1월 한 달간 메뉴별 판매된 수를 집계한 A 외식업체의 메뉴별 ABC 분석표이다. 이 표를 보고 A 외식업체의 ABC 분석표를 설명하면, 먼저 A 외식업체에서 가장 잘 팔리고 있는 메뉴인 비후까스는 No. 1의 항목에 기입한다. 두 번째 잘 팔리는 돈까스를 No. 2의 항목에 기입하고, 매출액이 많은 항목부터 순서대로 기입한 것처럼 매출액이 가장 적은 메뉴를 No의 마지막에 기입한다. 그 다음 각 항목의 메뉴가 전체매출에서 몇 %를 차지하는지 계산하여 퍼센트 항목에 기입하고 그것들을 순서대로 더해서 누계를 기입한다. 똑같은 방법으로 계속해서 항목별로 계산하면 100%가 되는데, 이 누계는 ABC 분석에서 제외할 수 없는 항목이다.

〔표 3-2〕
A 외식업체의 메뉴 ABC 분석표

No	메 뉴 명	수 량	단 가	매 출 액	%	누 계
1	비후까스	217	7,000	1,519,000	11.4	11.4
2	돈 까 스	188	4,000	752,000	5.6	17.0
3	햄 샌 드	187	3,000	561,000	6.0	23.0
:	:					
:	:					
:	:					
:						75.0 A 그룹
:						
:						
:						
:						95.0 B 그룹
:						
:						
29	티몬스테이크	15	30,000	450,000	0.5	99.9
30	스포크새면	10	28,000	280,000	0.1	100 C 그룹

※ 비후까스 매출액 = 수량(217)×단가(7,000) = 1,519,000

이렇게 계산한 결과의 누계가 75%까지를 A그룹, 76%에서 95%까지를 B그룹, 96%에서 100%까지를 C그룹이라고 한다. 그러면 〔표 3-2〕에 나와 있는 수치를 가지고 설명을 하면 우선 ABC 분석표상에 나와있는 그룹 중 A그룹은 절대로 품절되지 않아야 하는데, 이유는 고객에게 인기가 있는 메뉴이기 때문이다. 그러나 C그룹의 메뉴라고 해서 무조건 인기가 없다 하여 관리를 하지 않는 것은 자칫 A 외식업체의 이미지에 손상될 수도 있다. 문제는 A 외식업체에서 C그룹에 속해 있는 메뉴가 어떤 문제로 고객에게 인기가 없는 지를 철저하게 분석하는 것도 중요하다. 역으로 A그룹에 속하는 메뉴 역시 마찬가지로 무엇 때문에 인기가 있는 지를 철저하게 분석하여 나중에는 A 외식업체의 메뉴를 대표할 수 있는 특화메뉴 설정에 많은 도움을 줄 수가 있다. 무조건 고객에게 판매할 목적으로 백화점식 나열의 메뉴는 고객에게 인기를 잃어버리기가 쉽다. 역으로 A 외식업체에서는 ABC 분석을 제대로 파악한 후 특화된 메뉴를 개발한다면 오히려 고객에게 큰 매력이 될 수 있다는 점을 감안할 때 ABC 분석은 상당히 중요하다고 할 수 있다.

메뉴와 원가관리

1. Menu의 개요

차림표 또는 식단의 뜻으로 쓰이는 Menu는 오늘날 전세계적으로 통용되는 용어로, 원래 불어의 "Minute"에서 유래된 말로서, 그 뜻은 작은 목록이라고 한다. 메뉴가 사용되기 시작한 것은 1498년경 프랑스 어느 귀족의 착안이라 전해지고 있다. 그후 1540년 프랑스에서 "그링위그" 라고 하는 후작이 요리에 관한 내용, 순서를 메모하여 자기 식탁위에 놓고 차례로 나오는 요리를 즐기고 있었는데 이것이 초대되어온 손님의 눈에 들어 좋은 착안점이라는 평판이 돌아 이때부터 귀족간에 연회에 유행하게 됨에 따라 차츰 구라파 각국에 전파되어 정식 식사의 메뉴로 사용하게 되었다. 오늘날 세계적으로 메뉴를 불어로 표기하는 경향이 많은데 앞서 말한 바와같이 프랑스요리가 세계적으로 유명하고 메뉴의 유래가 프랑스에서 시작되었기 때문이라고 본다.

종래적 의미의 식당관리에 있어서는 메뉴가 단순히 식료의 종류를 기록, 나열하는 기능을 수행한 것에 불과했던 때도 있었으나, 현대의 식당경영에 있어서는 판매와 관련하여 가장 중요한 상품화의 수단으로 그 역할이 증진되어 왔다. 따라서, 식당경영의 목표달성을 위하여 관리되어야 할 가장 중요한 한 분야가 되었다.

메뉴는 경영자와 수요자인 고객을 연결해 주는 역할을 수행함으로써 수익성의 전제요건이 된다.

그러므로 성공적인 메뉴란 이윤을 창출시킬 수 있도록 고객의 욕구를 충족시킬 내용과 외양을 갖춘 것이라고 할 수 있다.

성공적인 메뉴를 위해서는

① 적절한 가격수준

② 데코레이션 기술

③ 설비 및 시설배치 · 조화

④ 상품의 공급능력 등에 의하여 결정되고 있는데 이러한 제 요소를 고객들의 욕구충족과 호텔의 수익성을 추구하는 양측면에서 고려하여 그 결과를 하나의 메뉴에 집합시킴으로써 비로서 훌륭한 메뉴가 계획될 수 있는 것이다.

가격수준이나 데코레이션 내용의 결정은 시장정보에 기초하고 메뉴 품목 또한 그 식음료를 생산하고 서비스하는 데 소요되는 기술인력이나 노동력에 의해 좌우된다.

생산설비 및 배치문제는 전문가의 전문적 지식이나 조언으로 해결이 가능하나 이것은 제공 가능한 메뉴의 계획 후에 논의되는 것이 유리하다. 왜냐하면 메뉴가 일정 목표 하에 계획된 것이라면 주방은 메뉴가 요구하는 내용에 따라 그것만을 생산하여야 하기 때문이다. 계절적 요소나 시기적 요소는 시장정보나 재료여건에 따라 이를 고찰하여 결정될 수 있다.

식음료의 계속적인 공급 가능성 문제는 식음료의 생산에 필요한 자본이나 메뉴 가격 등외에 재료의 공급여건을 동시에 고찰하지 않으면 안되는 요소이다.

수익성 있는 식음료 서비스업이란 종업원, 자본, 입지여건, 전문적인 지식이나 경영능력, 시장 및 공급현황에 대한 정보 등 여건의 종합적 개념으로 파악될 수 있는 데 그 중에도 정보기능은 특히 점차 강조된다.

2. Menu의 종류

2-1. Table D, hote Menu(Full Course Menu)

정식 차림표는 한끼분의 식사로 구성되며 미각. 영양. 분량의 균형을 참작하여야 하고 요금도 한끼분으로 표기되어 있으므로 고객은 이 차림표와 가격을 용이하게 구분하여 이용하게 되면 저렴한 가격으로 다양한 요리를 맛볼 수 있는 장점이 있다. 일반적으로 Banquet 연회시 사용하며 Delux Restaurant에서도 사용한다.

요리의 일반적인 순서는 다음과 같다.

① 전채(Hot, Cold Appetizer; Hors D,oeuver Froid)
② 수프(Soup ; Potage)
③ 생선요리(Fish ; Poisson)
④ 샐러드(Salad ; Salade)
⑤ 주요리(Main Dish ; Plat Principaux)
⑥ 후식(Dessert ; Entremet)
⑦ 커피 또는 차(Coffee or Tea ; Cafe, ou The)

이러한 요리순서는 연회의 성격과 주최측의 사정에 따라 코스가 줄기도 하며 추가될 수도 있다.

예를 들면, 옛 프랑스 궁중에서 사용하던 메뉴에는 50 가지의 코스가 있는 경우도 있었다.

하지만 현재 프랑스의 일반식당에서 사용하는 메뉴는 기본적으로 Entrees, Plats Principaux, Dessert등 3단계로 구분하여 판매하고 있다.

여기서 Entree라 함은 주요리의 개념이 아닌 식사의 첫코스를 의미한다.

2-2. A la Carte Menu

일명 일품요리라고 하며 식당에서 판매되는 모든 요리는 위에서 언급한

Appetizer, Soup, Salad, Fish, Meat, Dessert, Coffee 등으로 구분하여 매 코스마다 수종의 요리를 준비하여 고객이 원하는 코스만 선택하여 먹을 수 있는 식당의 표준차림표라고 할 수 있다.

2-3. Daily Menu(Plats Du Jour)

식당의 전략메뉴라 할 수 있는 이 식단은 매일 시장에서 나오는 특별재료를 구입하여 조리사의 기술을 최대한 발휘하여 고객의 식욕을 자극할 수 있는 메뉴다. 양질의 재료를 적정가에 구입하여 계절 감각을 돋을 수 있으므로 고객의 기호를 만족시킬 수 있다.

이러한 Daily Menu를 이용하면 다음과 같은 식당 운영상의 장점이 있다.

① Ready Dish로 빠른 서비스를 할 수 있다.

② 재료 사용상 재고품을 판매함으로서 재고 경비를 줄 일수 있다.

③ 고객에게 매일매일 새 상품을 제공함으로 호기심을 자극할 수 있다.

④ 매상의 증진 효과를 노릴 수 있다.

2-4. 기타 메뉴의 종류

(1) All Year Round Menu(Menu de Toute L,annee.)

대부분의 일품요리 메뉴로서 한번 작성되면 연중 내내 사용되는 메뉴를 말한다.

(2) Seasonal Menu(Menu de Saison)

한 계절에 맞게 작성된 차림표로서 그 계절의 대표적인 식재료를 이용한 요리를 중심으로 구성된다.

계절에 따른 대표적인 식재료를 보면 다음과 같다.

* Fish and Seafood

Oysters(Huitres) : 굴 9~3월

Mussel(Moules) : 홍합 9 ~3월

Salmon(Saumon) : 연어 3~9월

River Trout(Truite) : 송어 4~9월

Sole(Sole) : 혀가자미 1~12월

Cod Fish(Cabillaud) : 대구 1~12월

Haddock(Aigrefin) : 대구의 일종 1~12월

Halibut(Flentan) : 광어 1~12월

Turbot(Turbot) : 가자미 1~12월

* Poultry(Volaille) : 가금류 1~12월 특히 Goose는 12월이 가장 좋다.

* Game (Gibier) : 엽조류

Snipe(Becasse) : 도요새 10~3월

Wild Duck(Canard Sauvage) : 물오리 10~2월

Quail(Caille) : 메추리 9~2월

Pheasant(Faisan) : 꿩 10~2월

* Meat(Beef, Pork, Lamb, Veal) : 육류는 일반적으로 연중 어느 때나 좋으나 Pork는 여름에 기피하고, Lamb은 가을에 많이 먹는다.

(3) 뷔페메뉴(Buffet Menu)

일정한 금액을 지불하고 이미 세팅되어 있는 음식을 고객의 기호에 따라 먹을 수 있는 셀프서비스의 형태이다.

(4) 기타 식사의 목적에 따른 메뉴로는

Supper, Banquet, Breakfast, Ball Menu등이 있다.

3. Menu 기획

메뉴의 기획시 고객에게 최대의 만족을 주기 위해서는 대상 고객의 선정, 고객의 경제적 능력, 구입가능한 식자재, 업소의 형태 및 시설의 수용능력, 원가의 수익성, 음식의 다양성 등을 철저히 분석하여 결정하여야 한다.

3-1. 대상고객의 선정 및 경제적 능력

메뉴 작성시 대상 고객이 누구인 가를 결정하고 그들의 경제적 능력에 맞는 메뉴를 준비하여야 한다.

3-2. 구입가능한 식자재

메뉴 기획자는 식품에 대한 충분한 지식이 있어야 하며, 시장조사를 철저히 하여 식자료의 계절적 출하 상황, 재배작황, 가격 등을 충분히 고려하여 계절적으로 조화를 이루는 메뉴를 작성하여야 하고 산지 답사 등의 필요성도 검토하여야 한다.

업소의 형태 및 시설의 수용능력 따라 메뉴의 성격이 달라져야 하며, 주방의 인력 등 수용능력을 고려하여 작성하여야 한다.

3-3. 원가의 수익성 검토

Menu는 음식의 원가(Cost)에 따라 기획되어야 하고, 이 원가비율을 유지하기 위해서는 표준화된 조리법(Standard Recipe)을 적용시키고 물가의 변동에 민감하게 반응해야 한다.

3-4. 메뉴의 다양성

Menu 작성시 영양의 조화, 맛의 변화를 위하여 음식의 중복을 피하여야 한다.

㉻ Cocktail Shrimp 다음에 Fish Soup가 계속해서 나온다면 고객에게 맛의 변화를 줄 수 없다.

4. 메뉴가격 결정

4-1. 가격결정의 목적

① 업장의 매출목표 달성과 수익성 확보
② 이익 극대화를 위한 객 단가 결정
③ 고객별 점유율 유지
④ 주방과 식당 경영의 합리화 방안 모색

4-2. 가격결정의 요소

① 수요의 탄력 : 메뉴에 제공되는 아이템, 가격, 품질
② 고객이 인지한 가치
③ 경쟁 : 가장 큰 영향을 주는 변수
④ 정부의 규제
⑤ 위치
⑥ 서비스 형태
⑦ 품질과 맛
⑧ 매출액(량)
⑨ 제비용
⑩ 식재료 원가
⑪ 생산방식
⑫ 가격정책
⑬ 원하는 수익률
⑭ 가격수준과 가격 폭
⑮ 식재료의 공급시장

4-3. 가격결정의 절차

(1) 수요예측

① 기대 가격

② 상이한 가격에 의한 판매추정

(2) 경쟁업소의 반응정도

(3) 목표시장 점유율 설정

(4) 시장표적 가격전략의 설정

① 상층 흡수가격 전략(고가전략)

② 침투가격 전략

(5) 업장 경영정책의 고려

(6) 최종적인 가격의 결정

4-4. 유형별 가격결정 방법

1) 비구조적인 방법

(1) 모방

모방이라 함은 수준이 같거나 동종의 다른 식당의 메뉴와 가격을 그대로 도입하거나 약간의 수정을 거쳐 그대로 도입하는 것을 말한다. 식당경영의 경험이 부족하거나 새로 시작하는 경우에 이러한 모방이 나타난다. 이러한 방법은 원가에 대한 정확한 분석없이 판매가가 결정되기 때문에 바람직하지 못한 방법이다.

(2) 수요중심의 가격결정

① 단수 가격 : 하나의 음식에 하나의 가격으로 하는 방식

② 가격 단계 설정법 : 가격점에서는 수요가 탄력적이지만 가격점 사이에서는 비탄력적이라는 원칙을 이용

③ 유인 가격 설정법 : 백화점, 연쇄점에서 특정 상품을 싸게 함으로서 다른 상품의 구매를 유도

(3) 경쟁 중심의 가격결정

① 가격 선도제 : 선도기업이 가격을 결정하면 나머지 기업들은 이에 따라서 가격을 결정

② 관습적 가격 설정법 : 기업들이 사회관습에 의해 관행적으로 결정하는 가격

③ 시장 점유율 확보가격 설정법 : 침투가격은 자사의 상품을 처음 판매하는 경우에 시도되고 자사가 제시하는 가격이 소비자들이 기존 사용하던 상표를 포기하고 자사 상품을 구입 할 것이라는 전제하에 시도하는 가격설정법이다. 이때 자사가 제시하는 가격은 침투가격이다.

2) 구조적인 방법

양적인 방법 또는 합리적인 방법이라 할 수 있는 것으로 주로 수치를 이용하여 원가를 계산한 후 기타의 변수를 고려하여 판매가를 결정하는 방식이다. 상당히 객관적이라고 할 수 있는 가격결정방법으로 다음과 같은 방식들이 있다.

(1) 팩토(Factor)를 이용한 판매가 결정 방식

호텔경영을 위한 회계원칙인 "Uniform system of Account for Hotel"를 채택하고 있는 미국을 포함한 전세계의 여러 국가의 호텔에서 이용하는 F, B, C와 맞물려 식음료의 원가산정에 있어서 식음료 원자재의 원가를 산정하고 그 외의 인건비 등 제반 비용은 별도로 계산하는 방법이다.

이 방식은 승수(Multiplier) 또는 원가에 가산되는 금액(Mark-up) 방식이라 하기도 한다.

※ 판매가의 산정 공식

판매가격 = 식료 원가 × 팩토

여기에서 식음료 원가는 Item별 Standard Recipe가 만들어지고 원가가 계산된 것을 전제로 한다.

표준양 목표상에 계산된 어떤 품목에 대한 원가가 5,000원이라고 하였을 때 판매가는 원가 5,000원 × 3배 = 15,000원이 판매가가 된다.

판매가격 15,000 = 식음료원가 5,000원 × 3

순수 식음료 원가의 2,5배~3배로 판매가를 결정하는데는 지금까지 축적된 메뉴분석에서 얻어진 것으로 판매가15,000원에서 식음료 원가 5,000원을 감하면 10,000원이 남게된다.

이 10,000원은 식음료 원가를 제외한 모든 비용을 제하고 일정액의 이윤을 남겨야 하기 때문이다.

일반적으로 업체에서 적용하는 각종 비용의 Percentage는 다음과 같다.

총매출	:	100%
식음료 원가율	:	33%
노무비	:	28%
수도광열비	:	8%
재세 공과금	:	10%
홍보선전비	:	5%
기타비용	:	6%
이윤	:	10%

총매출 100% - 식음료원가 33% = 67%-(각종비용 + 이윤)

이상과 같은 경영분석에서 얻어진 결과를 토대로 하여 식음료 원가만을 가지고 판매가를 결정할 때는 식음료 원가율이 33%를 넘어서게 되면 결과적으로 이윤이 그 만큼 줄어든다는 것이다.

상기에 제시한 원가의 구성 Percentage는 한 특급호텔의 원가구성 비율을 예로 든 것이지 이것이 표본이 될 수 없으며 영업의 형태에 따라 그 구성 비율이 달라 질 수 있으며 또한 단체급식업소라든지 또는 일정액이상 판매가격을 조정할 수 없는 경우에는 음식물의 생산원가가 높아질 수 있다. 때문에 식음료 원가가 높은 경우에는 다른 비용을 줄이는 방법을 강구해야만 이윤을 창출할 수가 있는 것이다.

또한 판매가의 결정에 있어서 일률적으로 한가지 방법만 그대로 적용할 수는 없는 것이다.

각종 변수가 많기 때문이다. 상기에서 제시한 식음료 원가율 25~30%의 적용 또한 전체적인 Total Cost를 의미하는 것이지 전체 Item에 적용되는 것은 아니다.

정책적으로 내놓는 높은 원가의 품목도 있을 수 있으나 그 구조상 아주 낮은 Cost로 높은 가격을 형성하고 있는 품목도 있다.

예를 들어 Coffee 한잔의 생산원가는 판매가의 15% 이내로 아주 낮은 Cost로 다른 높은 원가의 품목을 커버해 주는 효자 품목이라 할 수 있는 것들도 있기 때문에 매월 결산을 통하여 Total Cost를 분석하여 보고 지나치게 Cost가 높을 경우에는 원인을 찾아 이를 조정하여야 한다.

(2) 프라임코스트(prime-cost)에서의 판매가 결정 방식

프라임코스트란 팩토에서의 식음료 원가를 기준으로 판매가를 결정하는 방식에 직접 인건비를 더해서 판매가를 결정하는 방식이다.

식자재원가 + 직접 인건비

여기에서 포함되는 인건비는 어떤 Item을 생산하는데 직접적으로 요구되는 인건비을 말한다.

식당의 형태, 생산시스템, 조리의 형태에 따라 요구되는 인건비는 각각 다를 수가 있다.

그래서 전체 노무비의 약 ⅓을 직접인건비로 간주하여 식자재의 원가에 추가하여 프라임 코스트를 설정한다.

예를 들어 전체 식음료 원가율이 33%, 그리고 전체 노무비율이 27% 어떤 Item을 생산하는데 들어가는 생산원가가 5,000원 직접인건비가 2,000원 이라는 조건하에서 판매가는 다음과 같은 공식과 절차에 의해서 계산된다.

예	
식료 원가율	33%
전체 인건비율	27%
표준양 목표상의 식료원가	5,000원
직접 인건비	2,000원

① 프라임 코스트 : 식료원가(5,000원) + 직접 인건비(2,000원)=7,000원

② 프라임 코스트율 : 식료원가율(33%) + 직접 인건비율 (9% + 27%⅓) + 42%

③ 팩토 : 매가(100%) - 프라임코스트율(42%) = 마진(58%) 팩토는(100% / 58% = 1.72)

④ 판매가를 결산 : 7,000 × 1.72(① × ③) = 12,040원

⑤ 판매가결정 : +α를 고려하여 결정

(3) 식재료원가를 제외한 모든 비용과 이윤을 이용한 방식

① 식재료 원가를 제외한 제비용과 이윤 결정 (전년도의 데이터, 예측된 데이터를 이용)

② 식재료원가가 차지하는 비율을 계산(판매가를 100%로 보고 식료원가를 제외한 제비용, 이윤 100%에서 감한다.)

③ 팩토를 계산(100을 식료원가율로 나눈다)

④ 판매가 계산(식재료원가를 계산된 팩토로 곱한다)

⑤ 판매가 결정(+α를 고려)

판매가 100%
- 제비용 57%
- 이윤 10%

= 식료원가 33%

팩토 = 100/33% = 3

판매가 = 식료원가 × 3

(4) 실제 원가를 이용한 방식

생산 및 운영에 소요되는 제비용과 원하는 이윤까지를 포함하여 판매가를 계산하는 방식이다.

식음료 원가, 노무비, 변동비율, 고정비율, 그리고 이윤을 바탕으로 다음과 같은 공식으로 판매가가 계산된다.

판매가(100%) = 식재료원가 + 총인건비 + {총매출액에 대한 변동비(%) + 총매출액에 대한 고정비(%) + 총매출액에 대한 이윤(%) 판매가)}

① 판매가 계산에 요구되는 정보수집
(판매가에서 고정비 변동비 이윤이 차지하는 비율을 계산)

② 특정 아이템에 대한 식재료원가와 인건비를 금액으로 표시

식재료원가 (5,000원)	총인건비 (2,000원)
변 동 비 (매출액)의 10%	고 정 비 (매출액)의 15%
이 윤 (매출액)의 10%	

③ 판매가는 항상 100%가 된다

④ 식료원가와 인건비가 매가(100%)에서 차지하는 비율 계산
변동비(10%) + 고정비(15%) + 이윤(10%) - 100%
= 식재료원가와 인건비 비율(65%)

⑤ 판매가 계산
5,000원 + 2,000원 + {(0.10 + 0.15 + 0.10)판매가 = 판매가(100%)
7,000원 + 0.35 판매가 = 판매가(1)
7,000원 = 0.65 판매가

판매가 = 7,000원 / 0.65

판매가 = 10,769원

⑥ 판매가 결정(+α고려)

(5) 매출 총 이익(Gross-profit)을 이용하는 방식

일정기간동안의 총매출액에서 식음료원가를 감하면 매출 총이익이 된다.

그리고 매출 총이익을 그 기간 동안의 고객의 수로 나누면 객당 평균 매출 총 이익이 된다

여기서 얻어진 총 이익은 식음료 원가만을 제외한 나머지로 모든 비용과 이윤까지를 충당해야 한다.

예를 들어 어떤 식당의 1년 동안의 영업활동 결과를 정리한 손익 계산서상에 식음료의 총 매출이 1,200,000,000원이고 식음료 원가가 330,000,000원이었으며 고객의 수가 300,000명이었다면 이를 아래와 같이 계산하여 보면 객당 매출 총 이익은 2,900원이 된다.

총 매출액		1,200,000,000원
- 식료 원가	-	330,000,000원
= 매출 총이익	=	870,000,000원
÷ 고객의 수	÷	300,000원
= 객당 매출 총 이익	=	2,900원

이러한 과정을 거쳐서 계산된 2,900원의 객당 매출 총이익을 Recipe상에 나타나는 품목의 원가에 추가로 부과하여 판매가를 계산하는 방식이다.

그렇다면 어떠한 Menu가 고객에게 서비스되기 위하여 부수적으로 제공되는 Item이 있다면 이것들은 별도로 원가가 계산되어 판매가 결정시에 포함되어져야 한다.

예를 들어 경양식 레스토랑에서 메인을 주문하면 수프와 샐러드, 빵과 커피가 제공된다고 한다면 이들의 원가를 산출하여 판매가에 추가시켜야 하는 것이다.

① 제공되는 다른 Item의 생산 원가

수 프	800원
샐러드	650원
빵	300원
+ 커 피	500원
=	2,250원

② Main Item들의 생산 원가

Main Item A	3,500원
Main Item B	6,000원
Main Item C	8,500원
Main Item D	12,500원

③ 메인 아이템들의 판매가를 계산

A	B	C	D	E
Main Item A	3,500원	2,250원	2,900원	8,650원
Main Item B	6,000원	2,250원	2,900원	11,150원
Main Item C	8,500원	2,250원	2,900원	13,650원
Main Item D	12,500원	2,250원	2,900원	17,650원
A : Item 명	B: 생산원가	C : 다른 아이템의 생산 원가	D : GP	E : 판매가

④ 판매가결정(+α고려)

(6) 평균 객 단가를 이용하는 방식

고객(시장)의 수준에 따라 판매가를 계산하는 방식으로 예측된 평균 객 단가의 범위 내에서 제비용과 이윤을 고려한 뒤 식료원가를 산정하여 이 범위 내에서 적절한 아이템을 찾는 역 방향의 계산방식이다.

평균 객 단가를 이용한 판매가 계산

① 고객의 수준(평균 객 단가) 6,000원(100%)
② - 식료원가를 제외한 제비용 2,000원(50%)
③ - 원하는 이윤 1,000원(17%)
④ = 식료원가(예상판매가 - 제비용과 이윤) 3,000원(33%)
⑤ = 아이템 선정(3,000원에 해당하는 식 자재)

평균 객 단가 계산

투자액	20,000,000원	원하는 ROI	12%
은행대출	50,000,000원	금리	10%
이자를 제외한 고정비	10,000,000원	세율	30%
변동비	50,000,000원	식료원가율	40%
좌석수	100	좌석회전수	2회
영업일수	313		

① 원하는 ROI계산 : 20,000,000원 × 0.12 = 2,400,000원
② 세금을 포함한 이윤계산 : 순수익/(1-세율) = 2,400,000/1-0.3
= 2,400,000/0.7 = 3,428,571원
③ 이자계산 : 50,000,000원 × 0.1 × 1=5,000,000원
④ 고정비계산(이자제외) 10,000,000원
⑤ 변동비 : 50,000,000원
⑥ 식료수입 : (②+③+④+⑤) / (1-원하는 원가율)
= 68,428,571/1-0.4 = 68,428,571/0.6
= 114,047,618원
⑦ 매출 량(서빙 될 고객 수) : 영업일수 × 좌석 수 × 좌석회전율
= 313 × 100 × 2 = 62,600.
⑧ 평균 객 단가 : 총 식료 수입 / 예측된 고객 수(커버)
= 114,047,618 / 62,600 = 1,822원

점심, 저녁의 객 단가

총 식료 수입 중	점심	45%	저녁	55%
	좌석회전수	1.25회	좌석회전수	0.75회

① 식료 총 수입 : 점심 = 114,047,618 × 0.45 = 51.321.428원
저녁 = 114,047,618 × 0.55 = 62,726,190원
② 고객 커버 수 : 점심 = 313 × 100 × 1.25 = 39,125
저녁 = 313 × 100 × 0.75 = 23,475
③ 평균 객 단가 : 점심 = 51,321,428 / 39,125 = 1,312원
저녁 = 62,726,190원 / 23,475 = 2,672원

* 결론적으로 모든 레스토랑 또는 식음료업장에서의 판매가 결정은 상기와 같은 방식들 중에서 한가지 방법만 고려해서는 택할 수는 없는 것이다.

판매 전략에의 한 품목, 경쟁사와의 가격비교, 입지에 대한 조건, 판매우위전략 등등 여러 가지 변수가 많기 때문에 여러 가지 방식을 채택하여 판매가를 결정하고 있다고 보아야 할 것이다.

판매가의 결정은 과학이 아니고 하나의 전략이라고 보아야 한다. 또한 판매가는 계산에서 나오는 것이 아니고 경영자나 관리자에 의해서 결정하는 것이다. 판매가의 결정의 궁극적인 목표는 이익의 극대화인 것이다.

기업의 입장에서 보면 가격은 이익의 원천으로 총수익에 큰 영향을 주며, 목표이익을 달성하기 위한 기본요건이 되는 동시에 판매량에도 영향을 주기 때문에 복합적으로 여러 가지 변수를 분석하고 고려하여 판매가를 결정하는 것이 바람직하다고 본다.

5. 메뉴분석과 메뉴엔지니어링

5-1. 메뉴분석

레스토랑의 관리자는 종업원, 예산, 시설, 상품구매 등의 관리를 효율적으로 하고 고객의 욕구를 충족시킬 의무가 있다.

메뉴는 레스토랑의 실제적인 얼굴이 되는 것으로 단순히 판매도구의 기능이라기보다는 사업의 성패를 좌우하는 중요한 매체라고 할 수 있다. 메뉴의 가격을 결정하기 위해서는 기존의 레스토랑 메뉴를 철저히 분석하고 메뉴의 생명을 얼마 정도로 잡을 것인 지 고려하여 살아있는 관리가 되도록 해야 한다. 특히 기존 메뉴의 분석은 합리적인 가격결정의 정보를 얻는 지름길이 될 뿐만 아니라 고객의 취향을 분석하는 대안이 된다.

물론 메뉴 분석은 레스토랑의 특성과 메뉴 그룹별로 세분화되어 분석되어져야 한다.

그러면, 메뉴의 판매량과 원가비교법 및 메뉴의 수익기여도, 분석법 등을 소개하고자 한다.

메뉴는 수익성 및 고객 욕구 충족의 측면에서 연구 검토되어야 한다.

메뉴는 커뮤니케이션의 한 방안으로도 볼 수 있으며, 그러므로, 현재나 미래의 고객과 환경을 면밀히 분석해야 할 필요성이 있다.

이것은 가격수준의 결정이나 식료품목의 선정, 메뉴 말의 표현방법 등을 그들 집단에 맞추어 나아가는데 기여하게 될 것이다.

또한 동시에 고려되어야 할 요인으로는 소요 노동력의 확보 가능성 여부다. 따라서 메뉴의 분석을 위한 대상요소에 대하여 살펴보면 다음과 같다.

① 일반적인 메뉴의 특성
② 가격수준
③ 고객의 형태
④ 서비스의 형태
⑤ 장식(Decorations)

⑥ 필요한 기술
⑦ 설비배치에 대한 검토
⑧ 공급원(Supply Sources)
⑨ 시각적인 효과
⑩ 메뉴에 수록된 식료군별 조화(食料群別調和)
⑪ 계절적인 요소
⑫ 메뉴마케팅
⑬ 다양성

메뉴는 식음료 경영에 있어서 그 레스토랑의 얼굴과 같이 작용되어야 하므로 이상의 요소에 대한 충분한 분석과 검토 후 결정해야 한다.

5-2 메뉴의 판매량과 원가비교법

메뉴의 내용에 의해서 물품의 구매, 저장, 식료의 조리, 급료, 재료, 서비스나 작업계획 등 여러 가지 형태의 식료관리 내용이 영향을 받게 되며, 결과적으로 식료원가에 커다란 영향을 미치게 된다.

다시 말해서 메뉴는 구매로서 시작되고 구매는 또한 메뉴와 관련하여 구체화될 수 있다.

그러므로, 장기간의 재료소요에 충당될 자재의 대량구매는 장기적인 메뉴계획에 의한 것이어야 한다.

뿐만 아니라 메뉴에 따라서 소요되는 주방의 설비형태와 규모가 결정되고 소요되는 노동력이나 노동의 품질이 달라지며 식료 원재료의 종류나 품질내용 및 상품이 상이해질 것이므로 식음료 사업에 있어서 이러한 제요소를 충분히 고려하여 편성함으로써 수익성 있는 경영성과를 기대할 것인가가 바로 메뉴관리의 과제인 것이다.

더구나 메뉴는 시장여건에 부합되는 것이어야 하며 그 내용과 성격에 조화되는 분위기를 조성할 수 있도록 장식되지 않으면 안 된다.

그러기 위해서는 고객의 자세나 소비성향에 대한 분석을 거쳐 그 형태가 결정되어야 할 것이다. 또한, 여기에 게재되는 다양화의 정도는 원가와 관련하여 적정선으로 채택되어야 한다.

메뉴의 판매속성분석표

메뉴의 판매특성	메뉴명	분석내용	결과
① 판매량이 높고 원가가 높다.		인기도 높고, 수익성이 없다.	가격조정 필요
② 판매량이 높고 원가가 낮다.		인기도 높고, 수익성이 있다.	양호
③ 판매량이 낮고 원가가 높다.		인기도 낮고, 수익성이 없다.	메뉴개선 필요
④ 판매량이 낮고 원가가 낮다.		인기도 낮고, 수익성이 있다.	메뉴개선 필요

그러나, 그때그때 주문에 의해 요리를 제도화하여 판매하는데 있어서 메뉴의 다양화는 오히려 원가관리 목적에 반하게 되므로 점차 메뉴를 표준화함으로써 이 문제를 해결하려는 경향이 있으나, 업체의 전체적인 이미지나 품격, 또는 기호성향, 지방색 등을 고려할 때 이러한 요소에 대해 손상을 주지 않도록 의사결정이 이루어져야 할 것이다. 그밖에도 메뉴는 각 품목별 가격, 평균매출수량, 영업장의 좌석 회전율, 고객의 형태(type)나 행위, 전체의 사업규모나 소요자본 등에 대한 영향을 일정단위기간동안에 판매된 모든 메뉴의 원가와 판매량을 전체 메뉴 판매량에 대한 비율을 산정 하여 다음과 같은 그룹별로 분류하여 분석하는 방식이다.

따라서 위와 같이 판매량이 높고 원가가 낮은 ②항의 메뉴를 최적의 상품으로 보는 것이 적절하며 아래와 같이 메뉴분석 메트릭스는 다음과 같다.

메뉴분석의 메트릭스 구조

Plowhorse 고인기성, 저수익성	Star 고인기성, 고수익성
Dog 저인기성, 저수익성	Puzzle 저인기성, 고수익성

5-3 메뉴의 수익 기여도 분석방법

메뉴의 수익기여도 분석방법은 판매가격에서 직접 원가를 뺀 결과 수치와 판매량이 많은 메뉴를 최적의 메뉴로 결정하는 방법으로 모든 경우에 적합한 방법이라고 할 수는 없지만 기존 메뉴의 분석으로 몇 가지 정보는 얻을 수 있다. 이 분석방법은 다음과 같은 11단계로 구성된다.

Menu Engineering Worksheet

메뉴명	판매된 수량	총 판매수량에 대한 메뉴단위판매비율(%)	원가(식재료비)	각 품목의 판매가
A	450	41 %(450/1100)	1.5	4
B	370	34 %(370/1100)	2.5	6
C	190	17 %(190/1100)	4.0	9
D	90	8 %(90/1100)	2.5	5
총판매된 품목	1,100	100 %		

① 메뉴북에 있는 메뉴명을 A, B, C, D와 같이 나열한다.

② 일정기간(예 1개월) 동안에 판매된 수량을 기록한다.

③ 판매된 메뉴를 전체 메뉴수와 비교하여 백분율(percentage)로 표기한다. (각 메뉴 판매수량/총판매수량 × 100%)

④ 임의로 설정된 Percentage(70%)숫자를 이용하여 평균값을 ③항의 백분율과 비교하여 평균값 보다 크면 H(High), 작으면 L(Low)로 한다.

메 뉴 명	총판매수량에 대한 메뉴의 단위판매비율(MM)	MM(%)과의 비교	인 기 도
A	41%	41% 〉 17.5%	HIGH
B	34%	34% 〉 17.5%	HIGH
C	17%	17% 〈 17.5%	LOW
D	8%	8% 〈 17.5%	LOW

평균값의 계산 방법은 메뉴숫자에 따라 다르지만 모든 메뉴가 동등하게 팔릴 수 있다는 가정을 하고 동등한 확률의 판매가능 기회의 수(1/전체 메뉴 수)와 임의로 설정된 백분율(70%)을 곱하여 계산한다. 여기서는 메뉴수가 4종류이고 임의로 설정된 백분율을 70%로 본다면〔1/4 × 0.70 = 0.175, 즉, 17.5%〕 평균값은 17.5%가 된다.

⑤ 표준원가(식재료비)를 기록한다.
⑥ 각 품목의 판매가격을 기록한다.
※ **백분율(70%)기준은 저자 경험에 의한 일반화된 수치라 할 수 있다.**

⑥ 공헌이익(판매가 - 표준원가)를 계산하여 표기한다.

메뉴명	판매가	원 가	공헌이익(CM)
A	4	1.5	2.5
B	6	2.5	3.5
C	9	4.0	5.0
D	6	2.5	3.5

⑦ 전체 메뉴에 대한 메뉴별 공헌이익을 계산한다.
(단위 메뉴당 판매수익×단위 메뉴당 판매량)하여 표기한다.

메뉴명	단위메뉴당 판매수익	판매량	단위 메뉴당 총 판매수익
A	2.5	450	1.125
B	3.5	370	1.295
C	5.0	190	950
D	3.5	90	315
총판매 수익			공헌이익 3.685

⑧ 각 메뉴의 판매수익이 총판매수익에서 차지하는 비율을 계산한다.

메뉴명	단위메뉴별 판매수익	단위메뉴의 총판매수익에 대한 비율(%)
A	1.125	1.125/3.685 = 30.5%
B	1.295	1.295/3.685 = 35.1%
C	950	950/3.685 = 25.8%
D	315	315/3.685 = 8.6%
총판매수익		100%

⑨ 단위 메뉴 당 공헌이익인 ⑦을 기준으로 평균판매수익의 기여도보다 높은 수치는 『High』로 표기하고 낮은 수치는 『Low』로 표기한다.

평균 공헌이익은 전체 공헌이익(3.685)을 팔린 전체 품목의 수로 나누어서 얻는다.

(3.685 / 1.100 = 3.35)

메뉴명	단위메뉴당 공헌이익 비교	결과
A	2.5 〈 3.35	Low
B	3.5 〉 3.35	High
C	5.0 〉 3.35	High
D	2.5 〈 3.35	Low

⑩ 각 메뉴를 기준에 따라 평가한다.

메뉴명	인기도	수익 기여율	결과
A	HIGH	LOW	PLOWHORSE
B	HIGH	HIGH	STAR
C	LOW	HIGH	PUZZLE
D	LOW	LOW	DOG

⑪ 각 메뉴를 하나하나 검토·분석하여 메뉴 조정시에 활용한다. 즉 인기도와 수익 기여율의 결과가 서로 상치되는 것을 조정하는 것이다.

메뉴명	⑩항의 결과	정보 분석 후 조정 내용
A	PLOWHORSE	가격의 재조정
B	STAR	그대로 유지
C	PUZZLE	메뉴상의 위치변경
D	DOG	다른 품목으로 교체

이상과 같은 분석은 메뉴그룹별로 수익성에 대한 상관성조사와 서비스시간대별, 형태별로 분류하며 수익성도 장 · 단기적인 분석을 해야 한다. 이밖에 식료의 가격결정문제는 영업과는 직접 무관하지만 노무비, 광고비, 유지관리비, 감가상각비 등의 합리적으로 적용하는 문제는 그리 간단한 것은 아니다. 이러한 원가를 토대로 가격산정을 하는 문제는 계층적이고 시스템적 분석방법을 통하여 해결하는 것이 바람직할 것이다.

판매믹스 문제

아직까지 서술되지 않는 표준비용 퍼센트로부터 비용과의 편차의 원인이 될 수 있는 한가지의 품목이 있다. 그것이 판매믹스인데, 이는 어떤 특정기간동안(식사시간, 하루, 주 또는 한달) 판매되어져 있는 각각의 분리된 메뉴품목의 수량을 의미한다.

[표 4-1]
음식비용 퍼센트에 판매믹스 효과의 설명

경우 A

항목	항목비용	항목판매비용	판매된 양	총 비용	총 매출	음식비용 퍼센트
1	$2.00	$5.00	100	$200.00	$ 500	40.0%
2	$3.00	$6.00	200	$600.00	$1,200	50.0%
총계			300	$800.00	$1,700	47.1%

경우 B

항목	항목비용	항목판매비용	판매된 양	총 비용	총 매출	음식비용 퍼센트
1	$2.00	$5.00	200	$400.00	$1,000	40.0%
2	$3.00	$6.00	100	$300.00	$600	50.0%
총계			300	$700.00	$1,600	43.8%

sales mix의 변화는 원가율에 상당한 원인이 될 수 있다. 그리고 그 다양한 요인은 경영자나 지배인에게 매우 제한적으로 관리되어오고 있다. 고객의 선택권을 매시간 변화한다. 그리고 메뉴품목은 때때로 계절적 원인이나 좀 더 다른 이유로 인해서 변화되었다. 역사적으로 판매믹스의 유형이 표준비용 퍼센트로

계산되어질 때, 이때 판매믹스는 똑같이 남거나, 비교적 비슷하게 남게 된다. 그것이 실제상황에서 매우 있을 수 없는 일이라고 하더라도 가능하며, 판매믹스 안에 변화는 심지어 없을 수도 있고, 만약 그렇지 않으면 보다 더 작은 영향을 미치게 될 것이다.

판매믹스 변화의 설명

우리는 〔표 4-1〕 판매믹스내의 변화에서, 단지 두 개의 메뉴품목에서 음식비용 퍼센트에 어떻게 영향을 주는지 알 수 있다. A의 경우 전체 음식비용은 47.1%이다. B의 경우에서는 판매믹스에 변화가 있는데(아직까지 팔리고 있는 300개의 품목에서 소비자의 숫자에 변화가 없는 상태에서), 43.8%까지 음식비용을 감소했다.

이러한 이유로 우리는 지금 품목 두 개보다는 비용 백분율이 더 낮은 품목 한가지를 판매하려고 한다. 판매믹스의 이러한 변화는 비용 백분율의 감소를 이끌어 미래에 바람직한 일일 수도 있다.

(1) 퍼센트의 감소는 총이익에 영향이 없다.

이것은 전적으로 그 작용의 순이익에 차이를 주지 않는다.(모든 다른 비용이 일정하게 남아 있는 한) 두가지의 경우에서 총수익은 $900이다. Sales mix에 대한 총수익의 중요성은 다음 장에서 더 탐구하게 될 것이다.

〔표 4-2〕
인기지수

품 목	판매량	퍼센트
연어 스테이크	58	36%
하프 치킨	14	9%
갈 비	41	25%
필레 미뇽	29	18%
뉴욕 스테이크	19	12%
총 계	161	100%

☮ Popularity Index(인기지수)

과거의 실적을 토대로 미래를 예상하는 유용한 기술은 인기지수를 만드는 것이다. 인기지수를 총정리한다는 것은 각 품목 메뉴 중 특히 많이 요구했던 메뉴들의 많은 양을 정리하는 것이다. 이전에 팔았던 각 메뉴 품목의 양은 모든 팔았던 메뉴 품목의 백분율로서 표현되어진다. 예를 들어 〔표 4-2〕의 연어 스테이크는 과거에 판매된 전체 품목의 36%로 나타났다. 이 퍼센트는 그 메뉴가 다시 제공되려고 할 때 미래에 전체 예상판매에 적용되어진다. 만일, 천체에서 B4항목들이 팔릴 것으로 예상한다면, 연어스테이크는 36%가 팔릴 것이고 또는 58인분이 팔리게 될 것이다. 비슷한 계산으로 그날에 제공되어졌던 각 메뉴 품목양과 persent가 만들어진다.

☮ The Production Forecast(생산성 예측)

이전비용방법의 장점 중에 하나는 예상하는 절차가 일정한 형태를 갖춘다는 것이다. 그리고 하루 음식 생산량 계획표에 판매와 생산을 촉진시킨다. 〔표 4-2〕가 그러한 계획표에 대한 설명이다. 이 계획표의 사본들은 상품을 구매하는데 긴요한 자료가 되어 질 수도 있다. 그래서 요청한 음식 품목들은 이용되어 질 것이다. 그리고 거기에 음식 생산량도 포함되어진다. 비록 계획표가 단지 주요 품목에 대한 일부 목록만 보여진다고 하더라도 그것은 감자, 다른 야채들, 샐러드, 또한 애피타이저와 후식과 같은 음식을 포함해서 확대되어 질 수 있다. 또한, 심지어 이 계획표를 통해서 하루나 또는 더 앞의 음식들을 준비할 수 있고, 꼭 같은 수만을 없을 것이다. 왜냐하면, 예상치 못한 요인들 때문이다. 만일 단체나 또한 각종 연회나 비슷한 목적에 제공된다면, 이것에 대한 상품 요구들이 또한 이런 방식으로 이루어질 수 있다.

☮ Calculation of Standard Cost(표준원가의 계산)

이전비용방법을 통해서, 두 가지 부분의 형태로 나눌 수 있다. 왼쪽은 표준비용 페센트이나 예상을 계산할 때 사용되곤 한다. 그리고 오른쪽 부분은 나중에 실제 판매 기록을 하는데 사용되고 개정된 표준비용퍼센트에 대한 계산을 할 때 사용된다. 〔표 4-3〕을 보라.

각 메뉴 품목에 대해서 팔려질 것이라 예상된 양은 예측량 칸에 기록되었고, 그런 다음 각각의 비용에 의해서 증가되어진다. 그리고 판매한 가격이 총 표준비용과 총 표준수입에 도달하게 된다. 그런 다음 표준비용퍼센트는 표에서 보인 것처럼 계산되어 질 수 있다. 전체 음식에 대해 비용을 예견할 수 있고, 그것은 음식비용 백분율이 되는 것이다. 그리고 sales mix의 분석이 정확해진다. 음식 시간이나 하루가 지난 후에 그 형식의 오른쪽 부분은 실제적으로 기록된 판매량에 사용되어진다.

[표 4-3]
표준 두 부분의 비용 분석 구성

날짜 2월 12일

품 목	품 목		품목 비용%	예상되는량	총 표 준		실제량	총 수정된 표준	
	비용	판매가			비용	수입		비용	수입
1	$0.75	$2.00	37.5%	42	$31.50	$84.00			
2	1.25	2.75	45.5	63	78.75	173.25			
3	4.00	6.5	61.5	27	108.00	175.50			
4	2.10	6.00	35.0	80	168.00	480.00			
5	1.5	5.50	27.0	42	63.00	231.00			
총 계				254	$449.25	$1,143.75			
비용 퍼센트				$\frac{\$449.25}{\$1,143.75} \times 100 = 39.3\%$					

[표 4-4]
일일 음식 생산 작업표

날짜 2월 8일

품 목	조리법#	예상판매량	1인분크기	요구된 량	팔린 것	초과 또는 부족 생산
연어ST	4	48	6 oz.	18 lb	46	+2
하프 치킨	16	12	반	6 홀	12	
갈 비	3	33	8 oz.	$16\frac{1}{2}$ lb	31	+2
필레 미뇽	32	24	8 oz.	24 인분	20	+4
뉴욕 ST	7	17	10 oz.	17 인분	20	-3

그 다음 두 비용의 백분율은 비교될 수 있다. 총 식사 예측이 잘못되었기 때문에 판매 믹스 예측이 맞지 않거나 이런 둘의 조합으로 차이가 있는 것은 당연할 것이다. 그 예로써 〔표 4-5〕을 살펴보면, 각 메뉴아이템에서 우리의 기준과 변경된 기준 백분율의 작은 편차로 인하여 실제량과 비교한 예측에서 약간의 편차가 있다. 각각의 날짜에 기준 백분율과 변경된 기준 백분율이 변화할 것에 주의하여야 한다. 이는 비록 메뉴 아이템 비용과 판매가격이 여전히 같더라도 그리고 총 식사 판매가 고정적일 지라도 판매믹스에 차이가 있을 수 있기 때문이다.

〔표 4-5〕
종합 비용 분석표

날짜 2월12일

항 목	항 목		항목비용 퍼센트	예상량	총 표 준		실제량	총 교정 표준	
	비 용	판매가			비 용	수 입		비 용	수 입
1	$0.75	$2.00	37.5%	42	$ 31.50	$ 84.00	45	$33.75	$90.00
2	1.25	2.75	45.5	63	78.75	173.25	60	75.00	165.00
3	4.00	6.50	61.5	27	108.00	175.50	28	112.00	182.00
4	2.10	6.00	35.0	80	168.00	480.00	86	180.60	516.00
5	1.50	5.50	27.3	42	63.00	231.00	44	66.00	242.00
총계				254	$449.25	$1.143.75	263	$467.35	$1.195.00
비용퍼센트					$\frac{\$449.25}{\$1,143.75}\times 100 = 39.3\%$			$\frac{\$467.35}{\$1,195.00}\times 100 = 39.1\%$	

비용예상 방법의 주요 이점 중 하나는 실제 판매량과 예상을 쉽게 비교할 수 있다는 것이다. 이는 미래에 대한 예상을 잘할 수 있을 뿐만 아니라 더불어 음식 구매와 생산성 절차의 효율성을 증진시킬 수 있기 때문이다.

㉮ 매일을 기초로 한 기준과 실제의 비교

비용예상방법으로 매일을 기초로 하여 변경된 기준 비용을 계산하고 있는데 실제비용과 변경된 기준비용을 비교하는 것이 가능할까?

달러와 백분율로서 매일의 실제 음식 비용에 대한 계산을 할 수 있다. 숫자의 두 집합은 비교되어진다. 하지만 〔표 4-1〕의 숫자는 가동되어지지 않은 숫자임을 지적할 필요가 있다. 그들은 열린 시장에서 날마다 재고품에서 조정되어지지는 않는다. 그러므로 매일을 기초로 하여 숫자를 조정함으로 도움이 될 수 있다. 구체적으로 말한다면 일정기간동안 실제 량 숫자가 요약되어 지는 것과 같은 기간 동안(재고품의 양이 조정되어지는) 실제 비용의 숫자와 비교해서 그 기간 동안의 종합적인 기준 비용이 계산되어 지는 것이다. 이것이 〔표 4-6〕에 나타난다. 만약 기준 비용의 백분율과 실제 비용의 백분율에 주된 차이점이 존재한다면, 우리는 판매믹스를 고려했기 때문에 그것이 판매믹스에 의한 것이 아니라는 것을 절대적으로 확신할 수 있으며 메뉴아이템 판매 가격의 변화가 원인이 아님을 알 수 있다. 이는 어떠한 판매 가격의 변화로 계산시 조정되어 졌기 때문이다. 만약 이 비용의 변화들이 주 요인이라면 메뉴아이템 비용 가격은 계산시 이 비용 변화를 상쇄하도록 조정되어 진다. 그러므로 요인의 하나 또는 그 이상이 원인이 되어 존재하는 어떠한 차이점은 적은 수취, 저축과 생산품 실행, 소모량과 이 장에 빠르게 목록 된다.

〔표 4-6〕

총괄표준비와 실제비의 비교

위크 엔딩					2월 17일
항목	항 목		판매된 실제양	총 표준	
	비 용	판매가격		비 용	수 입
1	$0.75	$2.00	143	$ 107.25	$ 286.00
2	1.25	2.75	219	278.75	602.25
3	4.00	6.50	95	380.00	617.50
4	2.10	6.00	305	640.50	1,830.00
5	1.50	5.50	142	313.00	781.00
				$3,249.00	$8,266.00
표준비용	$\frac{\$3,249.00}{\$8,266.00} \times 100 = 39.3\%$				
실제비용(조정값)	$\frac{\$3,275.00}{\$8,266.00} \times 100 = 39.6\%$				

만약 뛰어난 통제력 직원들이 올바른 처리를 해준다면 이러한 차이는 더 이상 1%의 반보다도 크지 않을 것이다. 다시 말해, 〔표 4-6〕에 관해서 우리의 기준비용은 특정 주에 39.3%이다. 실제 비용은 38.8%와 39.8%까지 일 수 있다. 일반적으로 일정하지 않는 것은 아니지만 비용은 기준 비용 위에 실제 비용이 있을 것을 예상할 수 있다. 기준 비용은 실제 메뉴 아이템 비용이 그들이 성립될 때 계산으로서 실제적으로 뒤집어 업을 것이라는 가정을 기초로 한다. 어떠한 안정적 요인의 초과로 인한 낭비와 다른 유사한 손실로 메뉴아이템 비용이 세워졌기 때문에 실제 비용은 기준 비용을 초과하는 경향을 보인다. 또한 지출되는 메뉴 아이템 속의 비용은 날마다 다양해지고 그것은 매일 기준메뉴비용을 조정하는데 실용적이지 못하다.

㉮ 고정메뉴의 운동

오늘날 많은 음식서비스산업은 단지 몇몇의 한정된 메뉴를 제공한다. 비록 때때로 매일 "스페셜"이 제공되지만 이런 메뉴들은 거의 변하지 않는다. 보통 이런 레스토랑은 비교적 사업의 고정비와 소비의 이전 줄임, 이전분할, 빈번한 고정 앙드레와 짧은 기간동안 덜 악화되는 경향이 있는 다른 제품을 가지고 있다. 일반적으로 매일 최고의 수요를 관리하기 위해 각 아이템을 충분히 옮길 것이고 어느 날 팔리지 않는 것을 간단하게 손실 없이 다음으로 이월시킬 것이다.

5-4. 메뉴엔지니어링

메뉴엔지니어링은 메뉴정책수립 및 계획과정에서 의사결정이 가능하도록 메뉴와 관련된 전반적인 사항들에 대해 계수적으로 분석하는 작업과정이다. 즉 메뉴엔지니어링은 의사결정을 위한 데이터의 수집과 계량적인 분석을 말한다. 메뉴의 종류, 품질, 가격 등은 식당의 성공과 실패를 좌우한다.

(1) 메뉴결정 시 고려할 요소

① 고객

주요 고객들의 성별, 연령별, 소득 수준별로 선호하는 음식이 다를 수 있다. 그러므로 대상 고객들을 만족시킬 수 있는 적정한 메뉴선정이 중요하다.

② 상권

영업장이 위치한 지역의 상권의 특성을 제대로 이해하고 그에 맞는 메뉴가 결정되어야 한다. 상권과 고객층은 상호 밀접한 상관관계가 있다.

③ 영업전략

메뉴의 수, 가격대, 운영방법 등은 영업장 또는 경영자의 영업전략에 따라 결정된다.

④ 조리수준

어느 정도 수준의 요리를 만들어 낼 수 있느냐, 얼마나 인력을 쓸 것이냐 등의 문제도 메뉴결정에 영향을 미친다.

⑤ 영업실적

과거의 영업실적은 새로운 메뉴구성 및 조정과정의 기준이 된다.

(2) 메뉴의 설계과정

1단계 : 전기메뉴의 실적분석 및 평가

업소에서는 일반적으로 6개월 혹은 1년 단위로 메뉴조정을 한다. 메뉴조정 시 새로운 단위기간의 메뉴를 결정하기 위해서는 과거의 영업실적을 분석하고 메뉴별로 기여한 정도를 평가하게 된다. 이 과정에서 메뉴실적과 평가를 하기 위한 도구로 메뉴엔지니어링기법을 많이 활용한다.

2단계 : 새로운 메뉴구상 및 개발

일반적으로 Grand manu제도를 운영하는 영업장에서는 전체메뉴의 30% 정도를 교체하는데, 새로운 메뉴구성을 위해서는 평상시에 고객의 기호변화, 상권, 해외동향 등의 정보를 수집해야 한다. 메뉴구상은 개발하여 상품화할 수의 5배 이상을 해야하며 고객만족과 수익성을 고려해야 한다.

3단계 : 고객욕구의 파악 및 정보수집

경쟁력 있는 메뉴를 만들기 위해서는 객관적인 데이터가 체계적으로 수집·관리되어져야 한다. 설문조사를 주기적으로 실시하여 통계적으로 분석·저장하고, 경쟁업소에 대한 벤치마킹도 사전준비를 철저히 하여 실시한다. 모든 자료는 기록으로 남겨져야 하며 가능하면 계수화된 자료가 좋다.

4단계 : 샘플메뉴 및 시뮬레이션

구상된 메뉴는 모두 출시(出市)시켜서는 안되며 어느 정도 객관적인 검증이 필요하다. 이 과정에서 고객만족 측면, 수익성 측면, 생산력 측면 등을 고려한 가상 테스트 실시하게 된다. 이 테스트를 통과한 메뉴는 시범조리하여 관능검사 후 상품화한다.

(3) 메뉴엔지니어링의 방법

가. 공헌도 비교 분석법

① 기본개념

공헌도 비교분석법은 매출비중 및 기여마진에 대한 메뉴별 공헌도를 비교·분석하는 방법으로 각 메뉴별 매출 수량과 개당 마진을 평균치(기준치)와 비교한 후 4분 면상에서 분석하는 방법이다. 결과는 star(매출, 마진 들 다 좋은 메뉴), plowhorse(매출은 좋으나 마진이 낮은 메뉴), puzzle(매출은 낮고 마진이 좋은 메뉴), dog(둘 다 낮은 메뉴)로 나타낸다.

② 분석과정

- 지난 기간의 영업실적에 따른 각 메뉴의 판매가격, 식재료 원가, 판매량 등 3가지 수치를 산출한다.
- 산출한 수치를 토대로 매출액, 총 원가, 총 마진 등을 계산한다.
- 각 메뉴별 매출비중(매출 수량 구성비)과 개당 기여마진을 계산한다.
- 비교 기준이 되는 매출수량구성비(manu mix) 기준과 기여마진(contributional margin)기준을 구한다.
- 각 메뉴의 실적과 기준치를 비교하여 high와 low로 표기한다.
- 4분 면 원칙에 따라 star, plowhorse, puzzle, dog로 나타낸다.
- 결과를 해석한다.

③ 특징

일반적이고 대표적인 메뉴엔지니어링기법이지만 인건비, 경향변화 등은 무시되어 버리는 치명적인 약점이 있다.

나. 순위비교 분석법

① 기본개념

식당영업에 있어서 각각의 메뉴가 실적에 어느 정도 기여했는가를 판단하는 기준으로 판매량 구성비와 기여마진 두 가지만을 사용하는데 문제가 있다. 순위 비교 분석법은 판매수량, 원가 율, 매출액, 기여이익, 노동강도 등 5가지를 판단 기준으로 사용한다. 위 기준에 대한 해당기간의 실적을 집계하고 순위를 부여한 후 각 기준별 순위를 합하여 종합순위를 구한다. 집계된 순위가 빠를수록 메뉴의 공헌도가 높은 것으로 판정한다. 보통, 독자적으로 사용하지 않고 다른 기법과 혼합하여 사용한다.

② 작성방법

각 메뉴에 대해 해당기간의 판매수량, 원가 율(cost), 매출액, 기여이익, 작업요구정도(노동강도)에 대한 실적을 집계한다. 작업 요구 정도는 메뉴간 조리하는데 필요한 인력 요구 정도를 비교하여 순위를 부여한다. 작업 요구 정도가 좋을수록 순위를 높게 하여 각 메뉴의 순위를 정한다. 판매수량, 매출액, 기여이익은 높을수록 우선 순위이고 원가 율과 노동강도는 낮을수록 우선 순위이다. 각 메뉴별로 전체 순위를 합하여 기록하고 낮을수록 우선 순위로 하여 각 메뉴의 총순 위를 정한다.

다. 종합법

① 기본개념

기여도 비교분석법의 단점보완을 위해 순위비교법과 결합시켜 보다 정밀한 분석법이라고 할수 있는데, 기여도비교분석법과 순위비교법의 결과를 연결하여 새로운 평가척도로 등급을 사용하여 기여도비교분석법의 척도인 4가지보다 정밀하고 현실적인 방법이라고 할 수 있다.

② 작성방법

기여도비교분석법 및 순위비교법을 이용하여 결과를 도출한 후 순위비교분석법의 총순위에 대해 상위부터 20%이내, 50%이내, 80%이내, 80%이외 중에 각각의 메뉴는 어디에 속하는지 평가한 후 종합판정기준표에 따라 각각의 메뉴에 대해 종합적으로 판정한다.

5-5. 메뉴관리의 절차 및 영향요인

메뉴계획 → 예상인원 → 식재료소모량 산출 → 구매 → 검수/저장/출고 → 생산(조리) → 서비스 → 평가 후 出市(**출시** : Launching)

이 시스템은 고객에게 고품질의 서비스 제공이 보상되고 업체의 매출목표를 달성하는 기초가 되므로 관리자들은 각 업소의 특별한 상황을 적용, 관리할 수 있을 것이다. 또한 메뉴관리의 단계들은 연속적이고 서로 밀접하게 관련되어 있다. 이러한 각 단계의 포인트를 익히는 것이 성공적인 메뉴관리의 필수 요건이라 할 수 있다. 메뉴관리 시스템을 실행하기 전에 개발에 미치는 영향을 미치는 요소들과 핵심적인 기초 정보를 정확하게 파악하고, 그것이 결과에 미칠 수 있는 영향을 미리 파악하는 것이 중요하다. 다음 사항들은 급식소의 기초 운영 정보로서 메뉴관리 시스템의 기초 자료이므로 반드시 문서화하여 기록 · 보관한다.

- 고객과의 계약 및 합의사항
- 고객의 기호
- 급식서비스 형태
- 저장, 조리, 배식 기구와 시설
- 직원의 능력
- 예산 및 기준단가(계약단가)
- 경영목적 및 운영방침

5-6. 메뉴의 원가계산

메뉴 작성자가 원가계산을 정확히 하는 것이 매우 중요하다. 이러한 능력은 총 메뉴 원가에 미치는 각 항목별 원가의 영향을 평가하고 총 이윤을 분석하여 결정할 수 있게 한다. 이를 위해서는 다음과 같은 사항이 기본이다.

① 식 재료비의 산정

식 재료비는 원가계산 기간 중의 초와 말의 재고 금액, 기간중의 구입금액(청구전표)을 구해서 순수 식 재료비(= 기초재고금액 + 기간 중의 지불 금액 - 기말재고 금액)를 산정 하여 원가계산의 기초자료로 한다.

② 가격의 파악

식단계획, 구입계획에 필요한 식품의 납품상태와 식 재료 가격의 실태를 파악한다. 예정식단과 가격비교, 식품 군별 15일간의 평균 가격, 주요 식품의 연간 가격 변동, 물가지수의 동향, 식품의 발주, 검수, 보관상의 문제점 등을 제대로 정리해서 메뉴관리의 자료로 사용한다. 이것이 식 재료비 검토의 기초자료가 된다.

③ 발주계획의 검토

가격의 실태를 파악하여 식 재료비 예산을 효율적으로 사용하는 것과 발주계획을 하는 방법을 검토한다. 사용할 원가계산 절차를 결정함에 있어서 메뉴품목에 가장 알맞은 방법을 시용하고 품목의 원가계산 이유를 생각한다. 아래 사항을 포함하는 자료를 이용하여 원가를 계산한다.

- 1인 분량의 음식, 인원, 재료 이름과 각 사용량 등을 보여주는 표준 레시피
- 표준 레시피 상의 1인당 메뉴 원가
- 전월 메뉴계획
- 지정 공급자의 식재 가격 리스트
- 재고 단위와 주문 검수 재고 조사 기록

(1) 메뉴의 평가 요소

가. 영양적 요소

메뉴를 제공하는 업소는 그 업장의 기준에 정해져 있는 권장량이 적정한 지를 각 식품별 영양소 분석자료를 통해 평가하게 된다. 메뉴계획 시 권장량에 맞도록 끼니별로 6가지 식품군을 교환단위로 정해놓는 것도 균형 있는 식단으로 관리할 수 있는 하나의 방법이다.

나. 경제적 요소

업소마다 정해진 1식의 단가는 식품 구입을 위한 식 재료비와 시설, 설비, 인건

비, 광열비, 보수유지비와 같은 간접비를 포함하게 되는데, 식 재료비의 관리를 얼마나 효율적으로 운영하는 가에 따라 메뉴의 구성과 질에 영향을 미친다.

다. 기호적 요소

각 업소는 메뉴의 변화와 고객의 성별, 연령 분포, 선호 음식의 파악 등이 필요하다. 고객의 선호도가 만족되었는 지를 평가하는 방법으로 제공된 음식의 섭취 정도를 파악하는 것도 있고, 제공된 식단을 고객이 얼마나 만족하였는지를 표현할 수 있도록 하는 방법도 있다. 요즘에는 고객이 직접 선택하도록 하는 선택제 실시가 많아지고 있다. 고객들의 요구를 파악하기 위해서는 정기적인 만족도 조사나 meal rounding을 하면서 고객과의 접촉을 증가시켜 고객의 긍정적인 반응을 유도하는 것도 좋은 방법이다.

라. 능률면

메뉴계획이 주방시설, 조리시간, 조리사의 효율성, 기물제공방법 등이 고려되었는 지 평가하여야 한다.

마. 검식

고객에게 식사를 제공하기 전에 조리상태, 맛, 온도, 프리젠테이션 등 전체적인 평가를 해야한다. 문제가 발생할 경우 일지에 기록하고 차후에 개선된 방법으로 적용해야할 것이다.

(2) 메뉴원가의 요소

가. 평균주간소비

양념류, 향신료, 데코레이션재료, 기름 등인데, 이 품목들은 메뉴 상에 나타나지도 않고, 각 품목 별도로 판매되지 않으며, 레시피의 주재료도 아니지만 메뉴준비와 서비스를 위해 꼭 필요한 품목들이다.

나. 종사원의 식대

얻어진 총 이윤과 매출, 원가를 계산하려면, 종사원들에게 제공되는 식사의 평균가격과 원가를 알아야한다. 종사원식대의 평균원가는 메뉴목표를 수립할 때 또한 실제원가를 계산할 때 반드시 필요하다.

다. 과잉생산과 손실

과잉생산과 조리생산과정에서 발생하는 손실은 메뉴계획과정에서 파악되어야 한다.

이 과잉 생산된 손실비용의 1인당 평균원가는 메뉴원가를 결정하고, 메뉴계획 목표를 설정할 때 사용한다. 조리생산과정에서 발생하는 과잉생산과 손실을 최소화하는 것은 어려울지라도 생산 관리의 효율성을 측정하고 원가를 예측하는 것은 가능하다.

5 체인업장의 원가관리

원가란 기업경영의 중요한 목적이 되는 재화나 용역을 생산, 판매하기 위하여 정상적으로 소비되었거나 소비된 것으로 기대되는 경제가치를 화폐금액으로 표시한 것인데 여기서는 시스템화된 대부분의 업체들에서 가장 많이 통용되고 있는 체인업장의 원가 및 관리메뉴얼의 이해를 돕기 위해 다국적 브랜드업체인 맥도날드 가이드라인프로그램을 소개하고자 한다.

1. 매뉴얼에 의한 원가관리

(1) 메뉴얼의 목적

· 개인적 경험의 일반화에 따른 지적 재산의 축적
· 업무처리의 표준화와 그것을 기초로 한 지속적 개선(과학화)
· 교육훈련, 지도의 속도와 수준의 향상
· 업무인수인계의 원활화와 정상화
· 사고, 실패의 미연에 방지

(2) 메뉴얼의 작성요령

· 일의 목적, 작업목표를 명확히 할 것

· 누구나 이해할 수 있는 쉬운 것으로 사용자에 따라서 도표나 일러스트 등을 사용할 것
· 이론에 그치지 않는 현재의 실무와 여러 조건에 따라서 구체화될 것
· 지속성을 가질 것
· 예측되는 조건을 모두 전제로 해서 작성될 것
· 능률원칙과 경제 동작원칙 등 합리적인 제 원칙을 반영할 것
· 가능한 세부적이고 구체적일 것
· 예외의 경우 누가 어떻게 처리하는 가를 명확히 할 것

2. 점장의 역할

점장의 대외적 역할은 보다 좋은 점포를 만드는 일로서 손님이 만족하고 종업원들이 즐겁게 일하며 그 결과 점포의 이익을 창출하여 회사가 만족하는 그런 점포를 만드는데 있다.

(1) 고객수의 예측

예측 고객수와 실제 고객수가 10% 이상 차이가 나지 않도록 한다. 고객수 예측이 100% 맞을 수는 없기 때문에 고객수의 예측이 차이가 나도 컨트롤 할 수 있어야 한다. 고객수의 예측은 전년도 데이터가 있어야 용이하다.

(2) 월간계획 및 훈련계획표

1) 연간계획

연간계획이란 경영계획을 말한다. 과거의 실적, 미래의 전망 그리고 기업이 회사의 수익성과 안정성 등을 고려하여 전략적 입장에서 결정한 수치 목표이다.

2) 월간계획

연간계획을 달성하기 위해서 점포에서 보다 구체적인 월간의 행동수준으로 계

획을 세운 것을 말한다.

3) 월간계획의 작성목적

· 첫째 코스트를 통하여 약속된 계획을 달성하기 위함이다. 즉, 점포의 원재료비, 인건비, 수도광열비, 비품, 소모품을 계획화(수치화)시켜 점장이 다음 달에 이 수치에 의해 운영해 나갈 수 있다.

· 둘째 이러한 구체적 숫자를 통하여 점장은 예측가능한 계획으로 점포의 전 직원이 합심해서 목표달성을 해 나갈 수 있다.

4) 월간계획의 작성

매월 20~25일에 전년실적을 근거하여 다음 달의 객수, 객단가, 매출액을 작성하여 언제, 어디서, 누가, 무엇을, 어떻게 하겠는지의 6하 원칙에 의거 작성한다.

(3) 워크 스케줄

매년 내점객수를 예측하여 객수에 필요한 인원가동 계획을 작업량과 종류를 기초로 하여 구체적으로 명시한 작업할당 계획서이다.

1) 워크스케줄의 기능

· 출퇴근 시간의 정확한 준수로 안정된 인원확보가 가능하고

· 서로간의 신뢰가 구축되어 즐겁게 일할 수 있다.

· 사전에 각 개인별 수준체크로 계획적인 교육훈련을 통해 수준향상을 도모하고, 고객의 기대에 부응하는 품질의 향상으로 더 많은 고객을 창출하기 위한 것이다.

· 점장이 관리해야 할 코스트 중에 가장 중요한 두 가지가 인건비와 원재료비이다. 그 중에서도 인건비 관리는 워크스케줄을 통해서 가능하다. 즉 워크스케줄은 노동시간을 관리하여 결과적으로 인건비를 계획성 있게 관리하기 위한 수단이다.

· 워크스케줄을 작성할 때 주의할 점은 고정시간과 변동시간의 적정한 배분과 종업원 각자에게 명확한 작업할당이 되어야 한다.

3. Q. S. C(Quality, Service, Cleanness)

이 시스템은 맥도날드사가 처음으로 도입하여 체인경영에 적용한 기법이다.

(1) 품질(Quality)

조리 매뉴얼대로 조리하고, 재료의 경우 구매에서부터 품질에 영향을 주지만 정온에서의 보관 및 선입선출과 같은 기본 원칙이 준수가 중요하다. 특히 냉장, 냉동고의 정온유지는 큰 노력없이도 품질을 잘 관리할 수 있는 지름길이다.

(2) 서비스(Service)

서비스는 무형의 재화로 사람이 사람에게 행하여진다는 특징이 있으며 상식과 상대방에 대한 배려에서부터 시작되므로, 고객을 배려하고 고객의 입장에서 접객을 한다면 모든 것이 해결되어 질 것이다.

(3) 청결(Cleanness)

고객에게 신뢰와 위생적인 안도감을 느끼게 할 수 있는 부분으로 고객에게 청결한 점포에서 식사를 하게하고, 각종 설비나 기기가 정상적인 상태로 가동 유지될 수 있도록 하는데 목적이 있다.

청결한 점포를 갖기 위한 행동지침

① 더러워지면 곧 닦는다.
② 쓰레기가 떨어지면 곧 줍는다.
③ 사용한 도구는 깨끗하게 해서 곧 정리한다.

4. 원가통제 필요성 및 대응 방법

① 매출액 관리 및 원가계획의 결여
② 제도적 관리부재 - 부문별 책임자 제도(예 구매매니저, 영업매니저 등)

③ 기물의 관리소홀

④ 음료 및 기타 자재의 과다사용 및 정량을 무시한 과다 서비스

- 일일 결산에 의한 신속한 판단으로 대응조치

● **원가관리시 점검사항**

① 메뉴품목의 간략한 설명서가 준비되어 있는가?

② 메뉴마다 일정량의 기준표가 세워져 있는가?

③ 조리표에 근거한 원가표가 가격변동에 맞게 제대로 변경되고 있는가?

④ 창고의 환기는 소홀하지 않는가?

⑤ 재고는 수시로 점검되고 있는가?

⑥ 구매는 합리적으로 정량이 지켜지고 있는가?

⑦ 고단가 재고품은 수시로 점검하고 잘 보관하는가?

1절. 이윤 관리

어떤 사업에서건 성공의 궁극적인 척도는 이윤 창출 여부이다. 자금은 사업에서 매출의 형태로 들어와서 비용의 형태로 나간다. 비용은 운영비 혹은 사업의 성장에 사용되는 원가다. 매출이 비용보다 커지면 그 사업은 수익성이 있는 것이고 반면 비용이 매출보다 커지면 수익성이 없어진다. 장기적으로 볼 때 수익이 없는 한 그 사업은 생존할 수 없다.

이윤 창출에 대한 기회는 현금을 다루거나 직원(crew)을 배치시키는 것을 포함하여 레스토랑의 모든 곳에 존재한다. 다음 3가지 주요 분야에서 수익을 최적화 시킬 수 있는 정책, 절차 및 방법들을 살펴보자.

*행정업무(Administrative tasks)

*On-the-floor operation

*재무제표(Financial statements)

상세한 절차와 가이드라인을 통해 오퍼레이션에 적절한 정보를 얻을 수 있고 즉각적인 주의가 요구되는 분야를 파악할 수 있다. 이와 더불어 과거의 정보를 수집하고 검토하여 향후의 오퍼레이션과 수익을 증진시킬 수 있는 전략도 개발할 수 있다.

이것은 매장에서 가장 큰 비중을 차지하는 비용인 Food 및 Labor cost 관리에 관한 것이다. 실제로는 매장 운영의 모든 분야에서 비용절감과 이윤 증대에 대해 다른 많은 아이디어가 나올 수 있다.

매장의 수익성 증대를 위한 방법에 대해서 배울 때는 비용관리에 초점을 맞추도록 한다. 그러나 이윤 증대를 위한 최상의 방법은 매출을 증대 시키는 것임을 명심해야 한다. 따라서 비용을 관리하기 위해 QSC&V를 희생시켜서는 안 된다.

2절. 현금 관리

매장에서는 매일 현금의 흐름(Cash Flows)이 있으며 이는 매니저와 Cashier가 담당하게 된다. 이 절에서는 현금관리정책의 강화와 Daily, Weekly, Monthly 매장 현금평가 보고서를 사용하여 현금을 효과적으로 관리할 수 있는 방안에 대해 알아보자.

매장에서 현금을 효과적으로 관리하는 것은 매우 중요하며 이를 통해 전체 이윤 감소를 야기하는 작은 손실들을 줄일 수 있다.

구체적인 현금관리정책을 통하여 팀이 현금거래를 적절하게 처리하고 관리할 수 있도록 교육을 한다. 현금관리자는 돈을 받는 정확한 절차 뿐 아니라 쿠폰과 상품권과 같은 특수 상황도 잘 알고 있어야 한다. 또한 매니지먼트 팀이 Overring이나 Refund 및 Skimming 방법도 잘 알고 있어야 한다. 이러한 업무에 대한 방침 및 절차는 현금의 밸런스를 유지하고 당일의 현금손실을 최소화하거나 예방하기 위하여 엄격히 시행되어야 한다.

(1) POS 레지스터 가이드라인

POS 레지스터를 사용하는 직원은 매장에서 받는 모든 돈을 다루는 책임을 위임받는 것이다. POS 레지스터의 작동상태가 양호해야 하며 매니지먼트 팀이 POS 레지스터 정책과 가이드라인을 이해하고 Cashier를 철저하게 교육시켜야 한다.

가. POS 레지스터

① 승인된 POS 레지스터 시스템을 사용한다.

② 카운터의 모든 고객들이 레지스터를 통해 얼마를 지불해야하고 잔돈이 얼마인지를 볼 수 있게 한다.

③ Off-line Sales를 막기 위해 모든 Off-line 레지스터를 프론트 카운터에서 없앤다. 작동하지 않는 레지스터는 즉각 사용을 중지한다.

④ 고장 난 레지스터를 포함하여 모든 Sales를 계산한다.

⑤ 전체 POS 시스템이 고장이 났을 때는 일련번호가 적힌 메뉴 티켓, 소형 계산기, 메뉴 가격표, 세금 계산서를 사용한다. POS 서비스 관련 부서 및 업체에 연락하여 고장 시 권고 절차를 따른다.

나. 매니지먼트팀의 임무

매장의 매니지먼트 팀은 다음에 소개되는 POS 레지스터 절차에 대한 책임을 진다.

① 매니저만이 레지스터 Drawer간의 현금 및 잔돈 교환을 할 수 있다.

② 특정 Cashier에게 배치된 캐쉬 Drawer는 매니저나 Crew가 Sales를 입금하거나 다른 거래 처리를 위해 사용하지 않는다.

③ 적어도 2시간 마다 레지스터에서 Skimming을 한다.

④ 현금 과다와 부족 패턴을 파악하기위해 Cashier에게 배정된 Drawer를 살펴본다. 레지스터를 임의로 체크하고 임의 체크시간과 횟수, 대상Drawer를 수시로 바꾼다.

⑤ Cashier가 Drawer 한쪽에 돈을 모으고 있지 않는지 지켜본다.

⑥ 드라이브 스루 레지스터를 면밀히 모니터한다. 이 구역은 레스토랑에서 가장 감독하기 어렵고 직원에 의한 절도와 강도에 취약한 곳이기도 하다.

⑦ 각 Cashier의 근무시간이 끝나면 그 Drawer를 정산한다.

⑧ Cashier는 근무시작 전에 레지스터 Drawer의 금액을 계산하고 확인한다.

⑨ 현금 과다와 부족에 관해 Tracking sheet를 사용하고 검토한다.
⑩ 완벽하게 처리한 Drawer에 대해 Cashier를 인정해 주고 시상한다.
⑪ POS가 고장이 났을 때에는 매니저가 프론트 카운터 & 드라이브 스루에서 수작업하는 것을 모니터한다.
⑫ 항상 On-the-floor상에서 근무하고 크루, 다른 매니저와 고객의 눈에 자신이 보이도록 한다.

다. Cashier의 책임

Cashier는 다음과 같은 POS 레지스터 책임을 진다.
① 현금을 적절히 다루고 잔돈을 정확하게 처리한다.
② 판매 시 고객으로부터 현금을 받는다.
③ 고객이 여행자 수표나 개인용 수표를 제시할 때는 두 개의 동일한 이름의 서명이 있는 두 개의 신분증을 확인한다.
④ 쿠폰과 상품권을 적절히 처리한다.

(2) 대금 수수와 잔돈 처리절차

레지스터를 사용하여 대금을 받고 잔돈을 처리하는 모든 직원은 다음의 절차를 준수해야 한다. 팁을 받거나 고객이 남긴 돈을 가지는 것은 엄격히 금지되어 있다.

1) 고객이 지불해야 할 금액을 크고 분명한 목소리로 말한다.
2) 고객에게 대금을 받은 후 받은 현금의 금액을 말한다.
3) 열려진 Drawer에 지폐를 뒤집어 놓는다.

열려진 Drawer 윗부분에 지폐를 뒤집어 놓는다.(지폐 앞면이 아래를 향하도록) 이렇게 하면 정확한 잔돈 계산을 할 수 있고 위조지폐를 체크 할 수 있는 시간을 벌 수 있다.

4) 거스름돈을 계산하고 꺼낸다.

거스름돈을 말없이 계산하면서 정확한 지폐와 동전을 꺼낸다.

5) 거스름돈의 금액을 말한 후, 계산하고 고객에게 드린다.

고객에게 거스름돈을 드릴 때는 거스름돈의 금액을 크게 말한다. 이렇게 두 번 체크하는 방법을 통해 적절하게 대금을 계산할 수 있다.

6) 지폐를 레지스터에 넣는다.

고객에게 거스름돈을 드리고 나서 레지스터에 대금을 바르게 넣는다. 미국의 경우 큰 금액 지폐인 20달러 지폐는 트레이 밑에 넣는다.

7) Drawer를 닫는다.

레지스터에 받은 돈을 넣고 난 후 Drawer를 닫는다.

(3) 이례적인 혹은 비 현금(Non-cash)거래 처리

가. 생일파티 Sales

생일파티에서의 Sales는 매니저가 즉시 입력을 해야 한다. 대금은 일상적인 경우와 마찬가지로 Drawer에 넣는다.

나. 신용판매(Credit Sales)

신용판매란 지불이 나중에 이루어지는 조직에 대한 신용거래이다. 거래가 이루어질 때 POS 레지스터에 신용판매를 입력한다. 청구서를 준비하고 고객에게 즉시 송부한다. 청구서에는 제품, 금액 및 지불날짜를 표시해야 한다. 지불이 이루어졌을 때는 기타금액(Other receipts)으로 입력하여 현금시트에 다른 영수증 밑에 미수금 계정 라인에 보고한다. 이렇게 함으로서 순 매출로 2번 계산되는 것을 막을 수 있다. 신용카드를 이용하는 경우는 신용카드 처리 절차를 따른다.

다. 고객 환불(Refunds)

Cashier는 환불 처리 시 매니저에게 문의해야 한다. 매니저는 주문이 늦어졌을 때 혹은 불만을 느끼는 고객에게 환불을 승인해줄 수 있다. 모든 경우에 매니저와 Cashier는 환불 용지를 2매 작성하고 서명한다.

라. 잊고 가져가지 않은 돈

고객이 거스름돈을 잊고 가져가지 않았을 때는 금고 안의 봉투에 돈을 넣어두고 일정기간 동안 이를 보관한다. 고객이 다시 돌아오지 않은 경우 기타금액(Other receipts)으로 입력 한다.

마. 상품권

사용되어진 또는 판매되지 않은 모든 상품권을 현금으로 처리한다. 모든 상품권은 금고 안에 보관하고 매일 재고 조사를 한다. Daily Cash Sheet에 변화된 사항을 반영한다. 컴퓨터 시스템을 사용하는 경우 모든 상품권을 트레킹하여 계산한다.

상품권을 사용하는 경우 위조 여부를 식별하기 위해 엎어 놓는다. 고유의 마크나 패턴이 상품권에 뚜렷하게 표시되어 있는지 확인한다. 계산이 고객으로부터 받은 상품권에 "무효"라고 적혀 있거나 스탬프로 찍힌 모든 사용된 상품권은 무효처리한다.

상품권은 Redemption Center(상환센터)에 보낼 때까지 금고에 보관한다. Redemption Center에 보낼 때 무효화된 상품권과 함께 작성된 상환 티켓을 같이 보낸다. 우송 상품권이 분실을 대비하여 항공 특급우편 및 우송 영수증 복사본을 보관해야 한다.

바. 기타금액(Other receipts)

기타금액(Other receipts)은 POS의 한 기능이며 Daily Cash Sheet에서 라인 아이템의 구실을 한다. 기타금액(Other receipts)은 다음과 같은 특별 판매에서 받은 금액을 처리하는데 사용된다.

* 잊고 가져가지 않은 돈
* 뇌물
* 의상판매에 대한 지불
* 자선 기부

매니저의 레지스터와 같이 기타금액(Other receipts)을 처리할 수 있는 레지스터를 하나 지정해 주는 것이 좋다. 판매가 기타금액(Other receipts) 혹은 독특한 상황인지 확실하지 않는 경우 Owner/operator나 본사 경리부서에 문의한다.

사. 오버링(Overring)

Overring은 주문이 부정확하게 입력되고 거래는 마감되었으나 Cashier가 현금을 받지 않았을 때 생긴다. 쉬프트 매니저는 거래 시 POS 레지스터에 Overring을 입력해야 한다. 그렇지 않은 경우 이는 현금 부족으로 간주된다. 모든 Overring 슬립은 매니저와 Overring을 발생시킨 Cashier가 서명해야 하며 Overring의 이유도 적어야 한다. Overring의 숫자와 금액은 현금 시트와 일치해야 한다.

아. 주문 취소(Reduction)

Total reduction(전체 취소) 혹은 부분 취소는 주문합계가 이루어졌으나 고객이 무엇인가를 취소 시켰을 때 발생하는 것이다. 예를 들어 고객이 햄버거 2개와 후라이 2개를 주문하고 전체 주문의 합계가 나온 후 고객이 후라이 중의 하나를 취소하였을 때 발생하는 것이다. 이렇게 하면 금액이 줄어들므로 이전의 총합계에서 금액을 빼야 한다.

모든 T-reds와 부분취소는 매일 트레킹한다.

평균 T-reds는 처리 당 제품 순 Sales의 1% 미만이어야 한다. 최대 T-reds 금액이 제품 순 Sales의 1%보다 많은 경우 보안에 문제가 있는 것이다. T-reds를 발생시킨 직원과 함께 레지스터 절차를 검토하고 상황에 대해 문서로 기록한다. 문제가 지속되면 적절한 시정조지를 취해야 한다.

(4) 일일 현금 보고(Daily Cash Reporting)

일일현금보고는 매장의 이윤 관리에 필수적이다. 왜냐하면 이를 통해 일일 현금 활동을 트레킹, 검토, 분석할 수 있기 때문이다. 모든 매출과 현금거래는 매일 기록되어야 한다. 일별현금보고에는 두 가지 양식을 사용한다. 바로 Daily Record과 Daily Cash Sheet이다. 매장마다 양식은 달라질 수 있지만 기본 기능과 계산은 동일해야 한다.

가. Daily Record

Daily Record은 캐쉬 시트와 봉투로 구성된다. 하루 중 Daily Record 양식을 사용하여 Skim과 레지스터 체크 및 기타 현금관리정보에 대한 기록을 한다. 레지스터 테이프(POS 프린터에서 나온 Report 키)를 봉투에 보관할 수도 있다.

Daily Record을 통해 매장의 Sales와 현금관리정보를 쉽게 기록하고 검토할 수 있다. 이 데이터는 매장에서의 Sales 및 현금관리 뿐 아니라 트렌드(Trend)를 파악하고 절도를 예방하는 데 중요한 자료이다.

나. Skims

하루 중 발생되는 Skims를 기록한다. 모든 Skims entry에는 Skims 시간, Drawer에서 빼낸 금액, Skim의 총합계 및 이를 담당한 매니저 이름을 기록해야 한다.

다. 레지스터 정산

사용한 Drawer는 Cashier의 근무가 끝날 때마다 정산되어야 한다. 철저한 레지스터 정산은 현금 과잉, 부족 혹은 취소된 판매, T-reds, 프로모션 금액 및 쿠폰의 확인, 레지스터를 담당한 사람의 이름, 그리고 레지스터 정산이 완료된 시간 등이 포함되어야 한다. 일관성 있는 기록을 통해 개인별 또는 시간대별로 부정적인 트렌드를 파악할 수 있다.

라. 금고 내 금액 확인

각 매니저는 금고의 관리를 맡을 때 그 내용을 확인해야 한다. 금고의 금액을 확인한 매니저의 이름과 확인 시감을 기록한다.

▶ 금고관리기록

이름	시간	금고	petty cash	상품권	총계
홍길동	17:47	1,600	100	420	2,120

금고 안에 petty cash 및 상품권을 Daily Record 양식에 적는다.

마. petty cash

petty cash 금액을 확인하고 기록한다. 지출결의서의 내용과 영수증의 금액이 일치해야 한다. petty cash 관리 대장의 차변과 대변의 합이 일치해야 한다.

바. 상품권

상품권을 확인하고 기록한다. 판매되지 않은 상품권의 금액과 이전의 합계를 비교한다. 그 날 판매한 상품권의 POS 리포트와 어떤 차이가 있는지 확인한다.

사. 입금 기록

입금 가방번호, 입금을 준비한 사람의 이름, 입금을 한 사람의 이름 및 입금금액을 포함하여 입금 관리 기록표를 기록한다. 정확하게 입금 기록을 하면 정확하게 입금 현금을 트래킹 할 수 있다.

▶ 입금관리기록

가방번호	준비한 사람	입금한 사람	금액
802	홍길동	홍길동	3,124,000

이와 같은 양식을 사용하여 입금에 대한 완전한 정보를 기록한다.

아. 기록의 누적

Sales, Labor, 현금과다 혹은 부족, Refund, Overring, 프로모션 금액, 취소된 판매 및 T-reds에 대한 로 누적한다.

	시간별 Sales	누적 Sales	크루 숫자	크루 시간당 Sales
7	128	128	6	21.33
8	183	311	7	26.14
9	223	534	7	31.85
10	197	731	7	28.14
11	183	914	9	20.33
12	417	1.331	12	34.42
1	608	1,939	14	43.42
2	457	2,396	13	35.15
3	385	2,781	12	32.08
4	233	3,014	11	21.09
5	245	3,259	13	18.84
6	396	3,655	12	33.00
7	288	3,943	10	28.80
8	356	4,299	9	39.55
9	316	4,615	8	39.50
10	263	4,878	6	43.83
11	144	5,022	5	28.80
12				
1				
2				
3				
4				
5				
6				
합계		5,022	161	31.19

시간별 Sales와 Fixed, Variable Hours를 매일 기록한다.

현금 과다/부족	
Daily	+ 150
Weekly 누적	1,160
Monthly 누적	-1,820

이 간단한 양식으로 Daily, Weekly 및 Monthly 과다/부족을 쉽게 트레킹할 수 있다.

크루 시간당 Sales (Sales Per Man Hour)	2,800
AC	3,500
TC	1,398
Weekly 누적 TC	2,507
Monthly 누적 TC	26,008

매일 여러분이 매장을 방문하는 고객이 숫자를 기록한다. Daily Record 양식을 사용하여 그 주 및 달의 합계를 기록한다.

프로모(promo)	
Daily	4,250
Weekly 누적	16,100
Monthly 누적	50,480

일별기록양식에 Daily, Weekly 및 Monthly 프로모 금액을 기록한다.

판매 취소(Canceled)

	#	금 액
Daily	2	10,000
Weekly 누적	2	10,000
Monthly 누적	40	117,000

일별기록양식에 이러한 정보를 기록하면 그 날, 주 및 달의 취소된 판매를 쉽게 검토할 수 있다.

T-REDS

	#	금 액
Daily	18	20,000
Weekly 누적	36	43,250
Monthly 누적	338	546,000

T-reds를 트래킹하는 것은 복잡하지 않다 간단한 양식을 통해 Daily, Weekly 및 Monthly 총계를 기록할 수 있다.

자. Labor Control

시간별 및 쉬프트별 Labor정보를 기입한다. Labor 트래킹을 위해 다른 양식을 사용하는 경우 Daily Record 양식에 이러한 정보를 포함시키지 않을 수도 있다.

Labor Control Record

	크루 시간	AVG.RATE	크루 금액	%	매니지 먼트
데이(Day)	43	2.300	98.900	15	
미들(Middle)	74	2.350	173.900	18	
나이트(Night)	57	2.500	142.500	18	
합계	174	2.430	422.820	17	
Weekly 누적	312	2.520	786.240	17	
Monthly 누적	3.543	2.300	8.148.900	17	

Labor를 더 잘 이해하기 위해서는 매일 상세한 기록을 한다.

차. 현금 및 수표보관과 입금

매장에서 현금관리를 위해서는 다름의 절차와 가이드라인을 사용한다.

(a) Skimming

적어도 2시간마다 하루 중 정기적으로 POS 레지스터에 과다금액을 Skim해야 한다. Skimming을 통해 레지스터에서 오퍼레이션에 필요한 금액만을 유지시켜 현금을 더 잘 관리할 수 있게 된다. Skimming은 또 강도 혹은 직원 절도로 인한 손실을 예방할 수 있다. 모든 Skim 내용은 Daily Record에 적는다.

다음에 나오는 절자는 Drawer를 Skim하는 방법에 관한 것이다. Skim한 현금의 보관을 위해 레지스터 번호가 표시된 빈 아코디언 스타일의 봉투를 사용한다. Skim하여 계산된 돈을 보관하기 위한 큰 봉투 혹은 빈 캐쉬 Drawer를 금고내에 준비한다.

① 레지스터 Drawer를 꺼낸다.

전체 Drawer를 꺼내어 바닥 혹은 카운터에 고객의 눈에 띄지 않게 둔다.

② Drawer에서 돈을 꺼낸다.

모든 지폐를 꺼내어 지정된 아코디언 봉투의 지정도니 칸에 놓는다. 오퍼레이션에 필요한 만큼의 금액만을 Drawer에 남긴다. Drawer를 레지스터로 다시 넣는다.

③ 현금을 계산하고 기록한다.

봉투의 현금을 계산하여 Daily Record에 각 레지스터 별로 그 내용을 기록한다.

④ 돈을 넣고 금고를 잠근다.

(b) Drawer 교체

다음에 나오는 절차는 Drawer 교체에 관한 것이다. 예를 들어 Cashier의 근무가 끝났을 때와 같이 더 이상 Drawer를 사용하지 않을 때 시행되는 것이다. 또 Cashier가 다른 업무를 수행하거나 Cashier를 바꾸어야 할 때 Drawer를 바꾼다.

① Drawer의 POS 키를 만든다.

Drawer 키는 POS에서 Drawer change 키를 누르며 나온다.

② Drawer를 꺼낸다.

플라스틱 칸만이 아니라 전체 Drawer를 꺼내어 바닥 혹은 카운터에 고객의 눈에 뛰지 않게 둔다.

③ 직접 눈으로 체크한다.

Drawer 뒤에 돈이나 영수증이 떨어져 있는지 캐쉬 홀더 안을 세밀하게 살펴본다.

④ POS 키를 빼낸다.

POS 프린터에서 POS Drawer change 키를 빼낸다.

⑤ 기본 금액으로 Drawer안에 남겨 둔다. 현금을 즉시 계산하지 않은 경우 Drawer와 POS 키를 금고에 넣고 잠근다.

⑥ 현금 및 비 현금 항목을 계산하고 기록한다.

남아있는 돈과 상품권, 쿠폰, 여행자 수표 및 다른 유사한 항목들을 계산한다. 이 정보를 Daily Record에 기록한다. 현금, 비현금 아이템과 POS 영수증을 Daily Record 봉투에 넣는다.

⑦ 모든 아이템을 금고에 넣는다.

Daily Record와 계산된 현금 및 비 현금 아이템을 금고에 넣는다. 금고를 잠근다.

(c) 현금 입금

매일 최소한 2번의 은행입금을 해야 한다. 한 번은 매장에 입금하고 한번은 은행에 입금한다. 이중 열쇠 잠근 장치 금고가 정착된 무장된 카 픽업 서비스를 사용하는 경우는 예외이다. 해가 지기 전에 입금을 한다. 은행 입금 시는 적절한 문서기록을 하고 입금 확인표를 첨부시켜야 한다. 보안 chapter에 은행입금절차 및 보안 가이드라인이 더 상세하게 소개되어 있다.

(d)현금 및 금고 관리

배장의 현금을 관리하는 대음의 가이드라인을 준수해야 한다.

① 백업 금액과 모든 사용하지 않는 레지스터 Drawer를 정산한다.
② 사용 중인 레지스터 Drawer의 기본금액을 더한다.
③ 백업에 있는 총 현금과 레지스터 Drawer의 기본금액이 쉬프트마다 혹은 날에 따라 달라지지 않도록 한다.
④ 차이가 있는지 확인한다.
⑤ 금고에서 부족분이 나타나면 그날의 입금에서 보충한다. 부족분을 매장의 회계시스템에 현금부족으로 기록한다.
⑥ Daily Record에 금액, 시간 및 개인의 이름을 기록한다.

다음은 매장의 금고사용에 대한 일반적인 가이드라인이다.

① 항상 금고를 잠근다. 금고는 잠금장치와 비밀번호 입력 장치 모두를 잠근다.
② O.C나 Owner/operator가 승인한 매니저에게만 금고에 대한 접근을 허용한다.
③ 매니저의 인사이동 또는 퇴사 시 금고번호를 바꾼다.
④ 적어도 분기마다 한 번씩 금고번호를 바꾼다.
⑤ 금고 안의 금고번호 수정방침을 바꾼다.
⑥ 금고 안의 금고번호 수정방침을 상기시키기 위하여 맥도날드의 금고 관리 스티커를 붙인다.
⑦ 각 쉬프트가 바뀔 때 하루에 최소한 3번 금고 내용을 살펴보고 기록한다.

이는 매장의 일일현금관리봉투에 적어야 한다.

⑧ 어떠한 상황에서도 금고 안에 크루나 매니저의 개인소지품(핸드백)을 보관해서는 안 된다.

(e) Petty Cash

Petty Cash는 매장에서 소액으로 발생할 수 있는 현금비용을 위해 임시로 보관하는 금액이다. 모든 Petty Cash는 금고에 넣어둔다. 금고내용을 계산할 때 이것도 함께 계산한다. Petty Cash의 모든 사용금액에는 영수증이 있어야 한다.

카. Daily Cash Sheet

Daily Cash Sheet는 매장에서 전체 매출에서 현금비용을 빼면 그날의 Sales에 대한 기록이다. 전체 Sales에서 현금비용을 빼면 그날 발생한 매장의 총 현금이 나온다. 현금 시트를 매일 정확하고 철저하게 작성한다. 이는 회계 상의 목적을 위해 필요한 중요한 기록이며 이윤에 직접적인 영향을 줄 수 있다.

Daily Cash Sheet에 기록된 정보를 통해 향후의 Sales과 TC를 예상할 수 있다. 정확한 예상은 오더링 및 스케쥴링에 필수적이다.

Daily Cash Sheet 양식은 매장마다 다르지만 기본적인 기증과 계산방법은 본장에 나온 대로 공통적인 것이다. 맥킴에서는 SMS를 이용한 Daily Cash Sheet를 사용하고 있다.

매장에 대한 기본적인 정보는 Daily Cash Sheet에 포함되어야 한다.

① 매장이름

② McOpCo 혹은 국가별 매장 번호

③ 날짜(일, 월, 년), 요일

④ 고객 수 혹은 TC(그 날의 AC를 파악하는 데 사용됨)

⑤ 날씨

⑥ 학교행사 혹은 로날드 맥도날드 행사와 같이 매출에 영향을 미칠 수 있는 그날의 행사에 대한 코멘트 등이 포함된 후, 향후 참고에 도움이 될 수 있는 다른 정보

다음의 정보를 기록하기 위해 용지에 한 부분을 할매 할 수 있다. Daily Cash Sheet 라인 아이템과 각 항목의 설명에 다음이 나와 있다.

① Non-product Sales
② Other Receipts
③ 신용 판매
④ 세금공제 판매
⑤ 범죄사고로 인한 손실
⑥ 입금액

Daily Cash Sheet에는 다음에 나오는 문서를 첨부하거나 봉투에 동봉해야 한다.

① Overring Slip, Refund Slip
② 은행입금표
③ 레지스터 리포트(POS 키)

다음에 나오는 도표는 Daily Cash Sheet에 나오는 라인 아이템에 대한 설명이다.

Daily Cash Sheet 라인 아이템 및 설명

라인 아이템	설명
Closing reading	매장 클로징 사의 최종 레지스터 리딩. 대부분의 POS 시스템에서는 Total daily summary 리딩이 프린트된다. 각 레지스터에서 리딩을 뽑아 현금 시트에 부착시킨다. 레지스터가 그날 사용되지 않더라도 이렇게 한다.
Previous reading	오프닝에서의 POS 레지스터 리딩. 이 합계는 전날 클로징 리eld과 동일해야 한다. 레지스터를 그날 사용하지 않았더라도 각 레지스터에서 리딩을 한다. 이를 현금 시트에 첨부한다.
Overring	그날 모든 레지스터에서 발생된 Overring의 총합계. 현금 시트에 이 라인에 Refunds도 포함시킨다. 이를 현금 시트에 첨부한다.

Daily Cash Sheet에 라인 아이템을 사용하여 당일의 Sales 및 현금 활동을 기록하고 다양한 현금 총합계를 계산한다.

도표 계속

Daily Cash Sheet 라인 아이템 및 설명

라인 아이템	설명
판매된 상품권	그날 판매된 상품권의 숫자. 대부분의 POS 시스템에서는 Restaurant-wide summary report에 이 금액이 나오게 되어 있다. 이를 현금 시트에 첨부한다. 이 보고서는 상품권 인벤토리와 매일 대조

	한다. 차이가 발생될 때는 실제 인벤토리로 정해진 금액을 사용한다. 이 차이는 현금과다 혹은 부족에 포함시킨다.
기타 금액	뇌물이나 고객이 잊고 간 돈과 같이 Sales의 일부가 아닌 현금 수입.
세금 감면 판매	미국에서 세금감면 혜택이 있는 조직에 판매된 것. 이 숫자는 세금을 부과하지 않고 판매할 수 있는 것이다. 현금 시트의 다른 부분에 고객의 이름, 세금감면번호, 판매금액, 조직의 이름과 주소 및 지불방법(현금 혹은 체크)을 적는다.
Sales Tax(세액)	Sales에 따른 세액
Non product net sales	Non product net sales로 돌아온 금액. Non product 항목은 해피밀 토이와 생일파티 금액과 같이 메뉴에 포함되지 않은 것을 의미한다. 이 수치는 Non product net sales 용지의 다른 곳에 각 항목의 이름과 받은 금액을 적는다.
신용 판매(Credit Sales)	나중에 대금을 지불하는 조직에 부과되는 세액을 포함하는 판매금액. 조직의 이름과 주소 및 판매금액을 용지의 다른 곳에 적는다. 대금을 받았을 때에는 영수증 아래에 이를 기록한다.
사용된 상품권	당일 고객이 사용한 상품권의 금액. POS 리딩에 기재된 금액이 사용된 상품권의 금액과 맞지 않을 때는
당일 현금 소계	모든 Drawer의 현금 소계
Pretty Cash	소액의 비용 지급 시 사용되는 현금. 금액은 모든 Pretty Cash 영수증의 총금액과 동일해야 한다. 지출결의서와 영수증의 금액을 일치해야 한다.
범죄사고로 인한 손실	강도 혹은 절도와 같은 범죄사고로 인한 손실 금액. 보험 청구번호, 경찰보고번호 및 금액을 현금 시트의 다른 곳에 기록한다.
당일 총 입금액	은행에 입금된 현금. 주간 및 야간 입금을 별도로 기록한다. 별도금액의 합계기 당일의 총 현금 입금과 일치해야 한다.

Drawer	일별합계
Closing reading	59,520,200
Previous reading	54,220,000
Variance	5,300,000
Overring 뺀 것	10,000
판매된 상품권 뺀 것	5,000
기타 금액 뺀 것	5,000
세금감면 판매 뺀 것	-
=Gross Sales	5,280,000
세액 뺀 것	480,000
Non product sales 뺀 것	90,000
세금감면판매 포함	-
=product net sales	4,710,000

Non product sales 포함	90,000
=net sales	4,800,000
세액 포함	480,000
현금 과/부족	-8,000
판매된 상품권 포함	5,000
신용 판매 뺀 것	-
사용된 상품권 뺀 것	8,000
기타 금액 포함	5,000
당일현금소계	5,274,000

3절. Sales 및 TC 예상

이전에 기록된 계절별 혹은 프로모션 활동과 같은 과거 데이터에 기초하여 향후의 Sales와 TC를 예상하는 것은 매우 중요하다. Food류를 주문할 때 예상 Sales를 활용하고, 매니지먼트 및 크루 스케쥴을 작성할 때 예상 Sales 혹은 TC를 활용한다. 계상에서 나오는 숫자는 Food cost 및 Labor cost와 같은 가장 큰 두 가지 비용에 직접 영향을 미치므로 정확한 예상을 하는 것이 중요하다.

이러한 활동은합당한 예상 타겟을 설정케 해주고 이윤 증가도 가능하게 해준다. 또한 예상 P&L 작성과 익월의 목표를 설정할 수 있다.

Tip

정확한 예상을 위한 기본적인 요소는 정확한 기록유지이다. Sales 및 Inventory 데이터를 정확하게 입력한다.

Sales의 예상은 특정 시간, 기간별로 이루어져야 한다.

① Monthly 및 연도별 Sales 예상(P&L 및 스케쥴링 시 사용)

② 시간별, Daily 및 Weekly Sales, TC 예상(스케쥴링 및 오더링 시 사용)

(1) Monthly 및 연도별 예상

Monthly 및 연도별 Sales, TC 예상은 P&L 예상을 위해 중요하다. 왜냐하면 이를 통해 목표 이윤을 수립할 수 있기 때문이다. 또한 과거의 Monthly 데이터는 매달 변하는 다양한 요소를 고려하게 해 줄 수 있게 때문에 스태핑 분석에도 활용될 수 있다.

가. Monthly Sales 및 TC 예상

Monthly Sales 및 TC 예상은 우선 P&L 작성 시 사용될 수 있으며, 또한 스태핑 needs를 정하는 데도 사용될 수 있다. Monthly Sales 및 TC는 지난해의 Sales 및 TC를 기초로 하여 현재의 Sales 트렌드와 프로모션을 통해 예상할 수 있다.

지난해의 데이터를 근거로 예상을 하면 날씨, 프로모션 및 다양한 경쟁업체와 같이 매달 변화될 수 있는 다양한 요소를 고려할 수 있다. 이러한 요소를 배달 정확하게 기록한다. 예상은 구체적인 사실을 참고로 할 때 더욱 쉬워진다.

나. Monthly Sales 예상시의 변수

다음 도표는 Monthly Sales 예상에서 다양한 변수를 어떻게 사용하는지를 설명해 주고 있다. 아래에 나와 있는 것과 유사한 양식을 사용할 수도 있고, 자체의 양식을 만들 수도 있다.

Sales Promotion Worksheet
Month Ending August 31, 1999

올해에는 발생되지 않을 수도 있는 모든 전년도 행사의 영향을 고려해야 한다.

조정 변수	조정
1. Monthly Sales 임팩트	-1.07%
2. QSC&V	+ 0.05%
3. 프로모션 (과거)	-3.50%
4. 프로모션 (전후)	+ 2.00%
5. 매장 Sales 트렌드	+ 2.00%

Sales Promotion Worksheet는 다양한 변수의 영향을 알 수 있게 해준다.

긍정적이거나 부정적인 변수가 있는지 체크해 보고 숫자는 항상 %로 표시한다.

(a) Monthly Sales 임팩트

Monthly Sales 임팩트는 Trade off days(트레이드 오프 일자)로도 알려져 있다. 이 변수는 지난해의 동일한 달과 현재의 달을 비교할 때 캘린더 일자수의 차이를 반영하기 위해서 그 Sales 볼륨을 조절하는데 사용된다.

예를 들어 토요일과 일요일은 그 주중에서 가장 바쁜 날이다. 평균적으로 Weekly Sales의 35%가 이 날 이루어진다. EK라서 여러분이 예상하는 달의 토요일, 일요일, 공휴일의 숫자가 그 전년의 동일한 달과 다를 경우 Trading day (트레이딩 데이) 차이를 고려해야 한다.

Tip

Monthly Sales **임팩트 요소는 연간 계획 캘린더**(Annual Planning calender)**에 나와 있다.**

(b) QSC&V

연구결과에 따르면 더 나은 QSC&V를 통한 Sales 증대를 목적으로 스태핑을 할 때 Sales도 증대된다. QSC&V와 Sales는 서로 상관관계가 있다. 이윤 증대의 최상의 방법은 Sales를 증대시키는 것이다. QSC&V에 긍정적인 영향을 줄 수 있는 프로그램을 시행하면 Sales이 늘어날 수 있다. 정확한 스태핑은 Sales 증대의 가장 중요한 부분 중의 하나이다. 변화를 시도하고 QSC&V를 향상시키고자 할 때 이를 사용하는 양식에 +%로 표시한다.

(c) 프로모션

지난해의 특정한 달에 이루어진 프로모션이 올해 반복되지 않는 경우 이를 반영해야 한다. 작년에 게임 프로모션을 하여 매출이 3.5% 증가되었는데 이 프로모션의 내용에 달려있다. 이 금액은 지난 프로모션과의 유사성을 바탕으로 마케팅 매니저와 상의를 하여 계산할 수 있다. 또 프로모션이 그 달 전체에 영향을 미치는지 혹은 일부에 영향을 미치는지도 고려해야만 한다.

앞으로 예상되는 프로모션은 Sales에 긍정적인 영향을 줄 수 있다. 예상되는 Sales 증대의 금액은 프로모션의 내용에 달려 있다. 이 금액은 지난 프로모션과의 유사성을 바탕으로 마케팅 매니저와 상의를 하여 계산할 수 있다. 또 프로모션이 그 달 전체에 영향을 미치는지 혹은 일부에 영향을 미치는지도 고려해야 한다.

(d) 매장 Sales trends

평균 Sales 증가 혹은 감소가 과거 몇 개월 동안 어떤 식으로 일어났는지 파악해야 한다. 동일한 경향이 지속될 것을 가정한다. 이 수치를 %로 환산하여 사용한다.

(e) 주요 재투자

Remodeling 혹은 kids room(어린이 놀이방)를 설치하는 등의 재투자를 하기 정에도 정진적인 Sales 증대를 예상해야 한다. 이러한 정보는 Owner/operator나 OC에게서 얻을 수 있다. 이 수치는 긍정적인 %이다.

예를 들어 매장이 kids room을 추가하면 10%의 Sales 증대를 예상할 수 있다. 또 kids room이 완료된 후 12개월 동안 Sales 예상에 10%를 더할 수 있다. 실제 kids room을 오픈한 후 12.5%의 Sales 증대 가 이루어지는 경우 나머지 달에 예상 수치를 12.5%로 조절한다.

kids room 개장 후 13개월째부터는 12.5%의 요소를 더 이상 반영하지 않는다.

(f) 신제품

신제품 판매 주요 재투자와 동일한 방법으로 반영한다. 마케팅 매니저나 Owner/operator에게 점진적인 매출 증가예상에 대해 문의한다.

(g) 새로운 경쟁업체

새로운 경쟁업체로 인한 영향은 대경쟁업체 전략을 통해 최소화시킬 수는 있지만 여전히 Sales 감소가 나타날 수 있다. 감소의 수준은 경쟁업체, 매장의 QSC&V 레벨 및 마케팅 플랜에 달려있다. 영향에 대한 문의는 마케팅 매니저나 오퍼레이션 부서에 할 수 있다.

(h) 지역 건축 공사

지역도로작업, 교량작업, 신축건물 혹은 기타 종류의 건축 공사도 Sales에 영향을 줄 수 있다. 공사의 유형에 따라 어떤 경우에는 공사로 인해 기존고객이 줄어들 수도 있다. 이러한 요소의 파악을 위해서는 유사한 경험을 한 사람에게 의견을 물어본 후에 예상을 한다.

(i) 날씨

날씨는 예상하기 힘들므로 지난해의 날씨 기록을 보고 긍정적인 혹은 부정적인 %를 정한다.

(j) 예상 Sales를 계산한다.

각 조정변수의 %를 결정한 후에 그 달의 예상 Sales를 계산한다. Sales Projection Worksheet를 사용한다. 각 요소의 조정 %를 파악한 후에는 해당 달의 예상 Sales를 계산한다. 이 경우 Sales Projection Worksheet를 사용한다.

다. 필요한 자료

(a) Total 조정 %

총 예상변수를 알아내기 위해 모든 % 금액을 함께 더한다.

(b) 지난 해 동일한 달의 Product net sales를 입력한다.

지난해의 기록을 근거로 하여 해당 달의 실제 Product net sales를 입력한다.

(c) Product net sales와 예상증가 혹은 감소를 더한다.

작년의 Product net sales와 예상 증가 혹은 감소를 더한다. 이렇게 하면 해당 달의예상 Sales가 나오게 된다.

Sales Promotion Worksheet
Month Ending August 31, 1999

올해에는 발생되지 않을 수도 있는 모든 전년도 행사의 영향을 고려해야 한다.

조정 변수	조정
1. Monthly Sales 임팩트	-1.07%
2. QSC&V	+ 0.05%
3. 프로모션 (과거)	-3.50%
4. 프로모션 (전후)	+ 2.00%
5. 매장 Sales trends	+ 2.00%
6. 주요 재투자(과거 및 향후)	0%
7. 신제품	0%
8. 새로운 경쟁 업체	0%
9. 지역 건축 공사	0%
10. 날씨	0%
Total 조정 %	-0.07%
(A) 지난 해의 Product net sales	121,350,000
(B) 예상되는 증가/감소	-84,000
예상 Sales (A+B)	121,266,000
(A)에는 예상하는 달의 지난해 매출을 입력한다.	

Monthly Sheet를 다양한 변수와 지나 해 실제 Sales를 고려해 예상한다.

라. 연도별 Sales 및 TC 예상

연도별 Sales 예상은 트렌드와 Market 트렌드를 모두 고려하여 해당 달에 대한 예상 Sales를 모두 더하여 계산한다. 예상치를 과거 3년의 실제 Sales와 비교하여 예상한 Sales 수치가 정확하고 할당한지 살펴본다. 합당하지 않다고 느끼는 경우 Monthly 예상 Sales를 각각 검토하고 어느 부분에 조정이 필요한지 결정한다.

(2) 시간별, Daily 및 Weekly 예상

시간별, Daily 및 Weekly 예상은 우선적으로 스케쥴링과 오더링시에 사용한다. 충실한 Sales 예상은 정확한 크루 스케쥴을 만드는 첫 단계이므로 신중하게 예상해야 한다. 시간별 및 Daily Sales를 정확하게 예상하기 전에 싱제 과거 시간별 Sales 및 TC를 일별로 트래킹한다. 컴퓨터 시스템을 사용하고 있는 경우 이러한 정보는 이미 나와 있다. 수작업으로도 이 정보의 트래킹이 가능하다. 다음의 기본 기능을 사용하여 자체 양식을 만들어 본다.

가. Sales 및 TC예상을 위한 시간별 및 Daily 절차

시간별 및 Daily Sales 및 TC 예상은 정확한 오더링과 스케쥴링을 위해서 절대적으로 필요하다. 이러한 예상으로 Weekly 및 Monthly 예상도 가능하기 때문에 절차의 이해와 준수가 필요하다.

(a) 과거 Sales 및 TC 데이터를 검토한다.

Sales 트래킹 sheet를 사용하여 과거 3주간의 Sales 및 TC를 하루의 각 시간별/ 쉬프트 별로 검토한다. 예상 시간대의 Sales와 TC가 동일한 범위 내에 속하는지 확인한다.

(b) 선정한 시간대의 예상 Sales를 결정하기 위해 총계를 평균내어 본다.

과거 3주의 Sales와 TC가 동일한 범위 내에 있는지 확인 해 본다. 동일한 범위 내에 있는 경우 3주간의 지료의 트렌드가 상승 혹은 하강하는 경우 이를 근거로 하여 다음 주 시간대의 Sales 및 TC를 예상한다.

Sales 혹은 TC 수지 중의 하나가 다른 2개의 자료보다 훨씬 높거나 낮은 경우는 (10% 이상) 이례적인 사건(대량 주문, 특별한 학교행사 혹은 나쁜 날씨)이 생겼을 가능성이 있다.

● Tip

더 높거나 낮은 Sales 및 TC가 이 시간대에 정기적으로 발생하는지를 파악하기 위해서는 과거 6주 동안의 Sales 및 TC 자료를 살펴본다. 이례적인 사건이 있었던 경우 특정시간대의 Sales 및 TC를 무시하고 2개의 나머지 Sales 및 TC 비율 평균을 적용한다. 그러나 이것이 정기적으로 발생하는 경우 대책을 세운다.

(c) 예상치를 용지에 적는다.

특정시간대의 예상 Sales 및 TC를 용지에 적는다.

(d) 나머지 사간대의 예상을 한다.

동일한 방법을 사용하여 나머지 시간대의 예상 Sales 및 TC를 계산한다.

(e) 일별 예상을 계산해 본다.

하루의 모든 시간별 예상을 더해 본다. 이 전체합계는 일별 Sales 및 TC 예상과 동일해야 한다.

(f) 일별 예상을 과거 데이터와 비교해 본다.

이별 Sales 및 TC 예상을 계산한 후 이를 3주 전의 실제 일별 Sales와 비교해 본다. 이렇게 하면 방금 시행해 본 일별 예상이 정확한지 파악할 수 있다. 정확하지 않은 경우 어느 부분의 조절이 필요한지 검토한다.

● Tip

휴일 혹은 개학과 같은 매년 일어나는 특별한 행사에 대해서는 지나s해 동일한 행사에 대한 실제 Sales 및 TC 수치를 검토한다.

(g) 시간별 예상을 다시 체크한다.

시간별 예상을 조절하는 경우 정확한 일별 예상을 하기 위해서 시간별 예상을 다시 조절해야 한다.

나. Sales 및 TC 예상에 대한 Weekly 절차

Weekly 예상은 Daily 예상을 기초로 한다. 다음은 Weekly 예상을 위한 가이드라인이다. 예상하는 주의 Daily Sales 및 TC 예상을 더하면 Weekly 예상 Sales 및 TC가 나온다.

① 예상하는 주의 특별행사나 휴가가 포함되어 있지 않은 경우 Daily 및 시간별 Sales와 TC를 검토하는데 사용한 동일한 절차를 사용하면 된다.

② 휴일이나 특별행사가 예상하는 주에 있는 경우 이를 그 이전 해의 매장에서 기록한 실제 Weekly Sales 및 TC와 이것을 비교해 본다. 이 차이는 매장의 전체 Sales 트렌드와 유사해야 한다.

4절. Food & Paper 및 OPS 물품의 오더링

Food, Paper 및 OPS 물품을 정확하게 주문하는 것은 원활한 매장 운영을 하는데 필수적이다. 과소주문은 고객, 매장 및 이윤에 부정적인 영향을 가져다준다.

과다주문은 낭비와 재고문제를 발생시킬 수 있다. 모든 제품은 지정된 유통기한이 있으므로 과다주문을 하는 경우 제품의 유통기간이 초과되므로 제품을 waste해야 하고 보관 장소도 복잡해져 직원들이 물건을 쉽게 찾을 수가 없게 된다. 또 과다주문으로 많은 현금이 재고에 묶여 버린다.

주문을 너무 적게 하면 Transfe가 많아져 결국 매장의 시간, Labor 및 행정업무에 지장을 초래하고 판매 가능한 메뉴가 부족해지기 때문에 고객의 서비스, 품질에 대한 기대치를 충족시키지 못하게 된다.

(1) 빌드-투 오더링 시스템

Food, Paper 및 OPS 물품에 대해 빌드-투 오더링 시스템을 사용하고 있다. 빌드-투는 매장에서 특정기간동안 필요한 원재료의 적절한 재고량을 가리킨다.

예상 Sales, 오더링 사이클 및 비축 재고를 통해 오더의 량을 알아 낼 수가 있다. 빌드-투 시스템은 과다 혹은 과소주문을 예방하기 위한 것이다.

정확한 주문을 위해서는 현재의 재고량과 매장의 주문 및 배송날짜를 알아야 하며, 또 이 오더량으로 몇 일간 사용 가능한지도 알아야한다. 합당한 비축 재고량 혹은 pad(패드)를 유지하여 판매 혹은 Product mix의 변동 폭을 커버할 수 있어야 한다. 오더량의 계산을 위해 양식, 컴퓨터 시스템 혹은 자동 오더링 시스템을 사용할 수 있다. 어떠한 시스템을 사용하든지 간에 오더링이 이윤에 미치는 영향을 이해아기 위해 오더 계산 시 필요한 공식을 알고 있어야 한다.

오더링을 하기 전에 정확한 재고조사가 선행되어야 한다.

빌드-투 오더링 시스템에는 다음 단계가 있다.

① Case usage 계산
② 오더링 사이클에 따른 예상 Sales 계산
③ 오더링 계산

(2) Case usage(포장 단위별 사용량) 계산

Case usage은 오더를 완료하기 전에 계산되어져야 한다. 다음 절차를 사용하여 오더하는 각 항목에 대한 매출에 100만 원당 Case usage를 계산한다.

계산을 시작하기 전에 다음의 정보를 수집해야 한다.

① 지난달의 Product net sales (P&L EOM 참고)
② 오더하고자 하는 각 항목에 대한 지난달의 실제 사용량(EOM 참고)
③ 각 항목에 대한 포장 단위(배송 센터에 문의)

아래의 수치는 다음 절차의 보기이다.

① 지 난달의 Product net sales = 123,400,000
② 주문하고자 하는 각 항목에 대한 단위의 지난달의 실제 사용량 = 후라이 7.157 pounds (3.246kg)
③ 각 항목에 대한 케이스 당 단위 = 36pounds (16.3kg)

제품	Monthly 단위 사용량	÷	100만원	=	100만원당	÷	케이스 당 단위	=	100만원당 Case Usage
후라이	7.157	÷	123.40	=	58	÷	36	=	1.61

Case Usage는 오더 준비에 필요한 것이다. 간단한 표를 사용하여 계산을 신속하게 할 수 있다.

가. 지난달의 Product net sales를 100만원 단위로 환산한다.

큰 수치를 쉽게 다루기 위해 지난달의 Product net sales를 100만원 단위로 환산한다. 공식은 다음과 같다.

지난달의 Product net sales/100만원 = 지난달의 Product net sales를 100만원으로 표시한 것이며 예를 들어 123,400,000을 100만원으로 나누면 123.40이 된다.

나. Sales 100만 원당 단위 사용량 계산

Sales 100만 원당 사용량을 알기 위해서는 다음과 같은 공식을 사용한다.

지난달 사용량/지난달 Sales = 100만 원당 단위 사용량이며 예를 들어 7.517pounds (3.246kg)를 123.40으로 나누면 100만 원당 사용량은 57.99가 된다. 소수점은 반올림한다.

다. Sales 100만 원당 단위 사용량을 100만 원당 사용량을 다음에 나오는 공식을 사용하여 100만 원당 Case usage로 환산한다.

100만원 단위 사용량/Case 당 단위 = Sales 100만 원당 Case usage

예를 들어, 58 단위 사용량을 36pounds(16.3kg)로 나누면 100만원 매출 당 1.61케이스가 된다.

(3) 오더링 사이클에 따른 예상 Sales 계산

오더링 사이클에 대한 Sales도 오더를 완료하기 전에 계산한다. 이 절차는 Single date 배송시의 오더링 계산 방법이다.

다음 기간 동안 각 일자별 Sales를 예상하여 오더링 사이클 동안의 Sales를 계산한다.

① Lead time(소요 시간) - 오더를 하고 배송을 받는 동안의 날짜

② Order span(주문 기간범위) - 오더를 받은 때부터 다음 배송 때까지의 날짜
③ Pad(패드) - 적절한 비축 재고량으로 일반적으로 하루지의 Sales를 커버하는 데 필요한 양을 Pad로 한다.

가. 달력에 오더할 날을 표시한다.

달력에 매장의 오더 날짜에 "오더"라고 적는다.

나. 배송 날짜 기입

배송을 받는 날에 "배송"이라고 적는다. 다음 오더를 배송 받게 되는 날에 "다음 배송"이라고 적는다.

다. 일일 예상 Sales를 적는다.

오더라고 표시한 날을 시작으로 일일 예상 Sales를 각 날짜에 매일 적는다. "다음 배송"이라고 표시한 날짜와 그 다음 날을 포함하여 매일에 대한 예상 Sales를 기입한다. 하우를 추가로 포함시키면 하루의 패드가 생기게 된다.

라. 예상 Sales를 더한다.

오더링 사이클 동안의 총 Sales금액을 파악하기 위해 Daily 예상 Sales를 더한다.
(000원)

10	11	12	13	14	15	16
	오더 3,000	3,000	배송 3,200	3,700	4,200	5,300
17	18	19	20	21	22	23
3,100	2,700	3,100	다음 배송 3,300	3,850	38,450	

달력을 사용하면 쉽게 오더링 사이클을 계획할 수 있으며 Daily 예상 Sales를 적는다.

(4) 오더의 량 계산

오더 양식은 매장마다 다르다. 그러나 그 양식에는 제품명, 빌드-투, 케이스 당 개수, 재고량, 오더링 사이클에 따른 오더량을 기록할 수 있는 공란을 포ㅁ하고 있어야 한다.오더를 하기 전에 뜯지 않은 원재료 케이스와 총수량을 인벤토리 해본다. 아침에 오더를 하는 경우에 전날 클로징 시 또는 당일 오프닝 전에 인벤토

리 실시한다.

가. 빌드-투 계산

다음에 나오는 공식을 사용하여 각 항목에 대한 빌드-투를 계산한다. 오더링 사이클 동안의 예상 Sales(100만원으로 환산) × 100만 원당 Case usage = 빌드-투(소수점이하 반올림) 예를 들어, 오더링 사이클 동안의 Sales를 38.45로 예상했다면 (₩38,450,000을 100만원으로 환산한 것) 그 숫자를 100만 원당 Case usage를 곱해야 한다. 후렌치 후라이의 경우를 예를 들면 100만 원덩 1.61 케이스가 되는데, 38.45를 1.61로 곱하면 총 61.90 케이스가 되고 이를 반올림하면 62가 된다.

나. 빌드-투를 오더 양식으로 옮긴다.

오더 양식에 각 항목에 대하 빌드-투 수량을 표시한다.

다. 오더 할 수량을 계산한다.

오더 양식에 다음에 나오는 공식을 사용하여 각 항목에 대하나 오더 수량을 계산한다.

빌드-투 케이스 수량·보유 중인 케이스 수량 = 오더를 해야 할 수량

현재 후라이를 8케이스 가지고 있는 경우 62에서 그 숫자를 빼면 주문해야 될 후라이는 54 케이스가 된다.

Store Ordering
빌드-투 시스템

빌드-투 -
보유 량
= 오더 수량

보유 량 / 오더 량

항목	빌드-투	케이스당 수량	8/07	8/14	8/21	8/28	9/4
10:1 패티	37	333	12 / 25	6 / 31	5 / 22	5 / 32	
4:1 패티	21	180	3 / 18	8 / 13	7 / 14	6 / 15	
치킨 패티							
휠레 포션							
후라이	62	36	8 / 54				

오더를 쉽게 파악하기 위해 이 양식을 사용하여 빌드-투 수량을 표시하고 보유량과 오더량을 표시한다.

● Tip

일부 배송 센터에서는 빌드-투와 오더량을 계상 해주고 있다. 그들은 각 제품의 100만 원당 case usage에 대한 정보를 통해 여러분을 도울 수 있다. 이 정보는 파일에 보관하여 매번 오더를 할 때마다 사용한다. 오더를 할 때에는 오더링 사이클 동안의 Sales와 케이스 인벤토리만을 알려주면 된다. 배송 센터에서 빌드-투를 파악하여 여러분을 위해 오더를 해줄 것이다.

일부 배송 센터에서는 빌드-투와 오더량을 계상 해주고 있다. 그들은 각 제품의 100만 원당 case usage에 대한 정보를 통해 여러분을 도울 수 있다. 이 정보는 파일에 보관하여 매번 오더를 할 때마다 사용한다. 오더를 할 때에는 오더링 사이클 동안의 Sales와 케이스 인벤토리만을 알려주면 된다. 배송 센터에서 빌드-투를 파악하여 여러분을 위해 오더를 해줄 것이다.

(5) 이윤 관리를 위한 빌드-투 팩트 조절

빌드-투 시스템을 사용하여 오더를 하기 위해 2가지 factor를 이용하여 계산하게 된다.

① Sales 100만 원당 Case usage

② 오더링 사이클 동안의 Sales

이러한 수치는 변화가능하기 때문에 매일 매일 달라질 수 있다.

언제 빌드-투를 재계산해야 하는지를 파악하기 위해서는 Case usage와 관련하여 다음의 가이드라인을 활용한다.

① 제품을 빌려 온 경우(Transfer-in)는 오더량이 모자라는 것을 나타낸다.

② 배송 직전 각 제품의 현재재고가 많이 있다는 것은 과다주문을 나타낸다.

③ 유효기간이 지나 Waste된 원자재는 과다주문을 나타낸다.

④ 프로모션이 있는 경우 평소와 다르게 오더 해야 한다.(마케팅 매니저와 오퍼레이션 부서에 프로모션 이전, 도중 및 이후의 Production mix에 대한 영향에 대한 문의를 한다.)

⑤ 계절적인 영향도 오더량에 영향을 줄 수 있다. 경험을 활용하여 최상의 예상치를 만든다.

만약 배송 센터에서 주문을 계산해 주는 경우 배송 센터에서 사용한 100만 원당 Case usage를 검토하기 위해 위의 가이드라인을 활용한다. 100만 원당 Case usage의 수치 변경을 여러분이 주도해야 한다.

오더량을 계산하기 전에 오더링 사이클 동안의 Sales를 분석한다. 다음에 나오는 가이드라인을 사용하여 빌드-투를 재계산해야 할지 결정한다.

① 이전 오더링 사이클에 비해 Sales가 대폭 증가 또는 감소한 경우
② 계절별 변화로 인해 Production mix에서 변동이 초래된 경우
③ Sales에는 큰 변화를 주지 않지만 Production mix에서 변동을 가져올 프로모션을 시작하는 경우

5절. 재고관리(Inventory Control)

매일 Food 및 Paper 인벤토리 관리를 하는 것은 비용관리에 필수적이다. Food costs의 인벤토리 관리는 특히 중요하다. 왜냐하면 Food costs는 매장에서 가장 큰 비용을 차지하기 때문이다. Food costs항목에는 Base Food, Completed waste, Raw waste, Condiment(양념류) 및 Stat Loss를 포함한다.

매장이 컴퓨터 인벤토리 시스템을 사용하는 경우 컴퓨터에 인벤토리 관리정보가 나온다. 수작업이건 컴퓨터이건 간에 일별 재고관리는 매장의 효과적 관리에 매우 중요한 부분이며 따라서 이와 관련되는 원칙을 이해하고 있어야 한다.

한 달에 여러 번, 예를 들면 월말 혹은 Eow시 Variance Report를 작성할 때 Food 및 Paper에 대한 재고를 조사한다. EOM시에도 Food 및 Paper의 인벤토리를 실시한다. 이러한 정보는 재무 보고 시에 필수적이기 때문에 정확해야만 한다. 수량이나 단위, 혹은 수치에 실수가 발생하게 되면 P&L에도 영향을 미치게 된다.

(1) 재고조사 가이드라인

다음에 나오는 인벤토리 가이드라인을 준수하여 정확하고 일관성 있는 기록을 유지한다.

가. 정확하게 수행한다.

다음에 나오는 가이드라인을 사용하여 인벤토리를 정확하고 효율적으로 시행하도록 한다.

① 인벤토리를 더욱 효율적으로 하기 위하여 건자재실 등 보관 장소를 잘 정리해 둔다. 동일한 종류의 물품이 동일한 장소에 있도록 한다. 예를 들어 종이컵은 한 선반에 같이 보관한다.

② 박스 내에 제품을 보관하는 경우 모든 박스를 쉽게 구분할 수 있도록 한다. 박스 뚜껑은 쉽게 접근이 가능하도록 단정하게 잘라둔다.

③ 인벤토리를 하기 전에, 잘못 놓여 진 제품이나 여러 곳에 분산되어 있는 제품이 있는지 파악하기 위하여 저장 지역을 둘러본다.

④ 효과적인 인벤토리 Travel path를 만든다. 매 번 동일한 루트를 밟아 인벤토리가 정확할 수 있도록 한다.

⑤ 물품을 확인하는 즉시 인벤토리한다. 만약 제 위치에 놓여 지지 않은 제품이라 할지라도 바로 체크해서 빠지는 경우가 없도록 한다.

⑥ 정확성을 기하기 위해 두 명의 직원이 각각 인벤토리를 하게 한다. 이 두 결과를 비교하여 차이를 표시하고 의문 나는 물품을 다시 계산해 본다.

⑦ 비용절감 기회가 큰 주요 3개 혹은 5개의 품목에 대해 매일 인벤토리 조사를 한다.

⑧ 인벤토리 기록 대장에 트랜스퍼가 들어오고 나가는 것을 기록한다.

나. 인벤토리 기록 보관

인벤토리기록은 현재 보유 중인 Food 및 Paper의 수량을 보여 준다. 인벤토리 기록을 준비할 때는 모든 정보가 각 인벤토리시 일관성 있게 기록되도록 한다. 기록보관 프로세스는 Food 및 Paper 재고조사에도 동일하게 적용된다. 이윤을 올리기 위해 배송되지 않은 제품에 대하여는 계산서가 발행되지 않도록 하며 모든 의상거래가 다음 계산서에 반영되도록 한다.

각 매장은 인벤토리를 위해 다양한 양식을 사용하고 있다. 그러나 기본적인 기능은 동일하다. 다음에 나오는 도표는 각 항목과 그 항목을 기록하는 방법 및 필요한 특별한 계산을 보여주는 것이다.

인벤토리 기록 양식 구성요소

구성 요소	설명	계산
아이템 번호	제품과 부합하는 번호	
아이템 설명	인벤토리를 하게 되는 제품	
케이스 수량	인벤토리를 하게 되는 전체 케이스의 수량	
케이스 당 수량	케이스 당 단위, 이는 갤런, Pounds(kg), 패티 혹은 패킷으로 표시될 수 있다.	
합계	재고 조사하는 전체 케이스에 포함된 단위 수량	케이스의 숫자와 케이스 당 수량을 곱한다.
Broken lot (저장지역)	열려진 케이스 또는 저장지역에서 다른 곳으로 옮겨진 케이스 수량	
Broken lot(매장 내)	Walk-in, 리지-인, 준비구역, 프론트 서비스 구역 및 주요 보관 장소가 아닌 모든 보관 장소에서의 제품 인벤토리	
총 합계	총 단위 수량	위의 합계와 Broken lot 수를 합한다.

6절. Food Cost

Food cost는 매장에서 가장 큰 관리 가능한 비용이므로 관리를 통해 이윤 창출에 가장 큰 기회가 될 수 있다 Food cost는 일반적으로 다음을 포함한다.

① Base Food - POS 레지스터를 통해 판매된 모든 메뉴 아이템의 총 원재료 비용

② Completed waste - Waste 된 완제품의 총수량 또는 비용

③ Raw waste - Waste 된 완제품의 총수량 또는 비용

④ Condiment - 케찹, 후추, 커피, 크림 등 양념류 및 쇼트닝 등의 기타 비용

Food 아이템이 어떻게 사용되고 waste되는지를 트래킹해보면 매장에서

Food usage를 이해할 수 있으며 좀 더 효율적으로 Food류를 사용하고 wast를 줄이는 기회를 파악할 수 있다. 이러한 관찰을 근거로 변화를 준다면 최저비용으로 최상의 품질의 제품을 제공하여 직접적으로 이윤에도 영향을 줄 수 있다.

대부분의 프렌차이즈 매장은 이것을 기초로 Food costs를 분석/관리하고 있다.

① Variance Report는 아이템별로 원재료 Usage를 분석하게 해준다.

② QCR : 예상 Food cost와 실제 Food cost를 비교할 수 있게 해 준다. Variance Report상에서 계산 된 Variance % 또한 QCR의 관리 항목으로 들어간다.

어떤 시스템이든지 간에 (수동 혹은 컴퓨터) 정보의 가치는 입력정보의 정확성과 완성도에 따라 달라진다. 인벤토리는 입력정보의 정확성과 완성도에 따라 달라진다. 인벤토리 양식과 컴퓨터 입력 정보를 업데이트하고 정확하게 유지해야 한다. 매일 자료를 입력하는 책임을 맡는 사람을 지정해 둔다.

(1) Variance Report

Variance Report(일부 회사에서는 Inventory stat Report 라고 부르기도 함)는 아이템별로 Food costs를 분석하고 관리할 수 있는 뛰어난 도구이다. 이 리포트는 매장의 평균 Food costs의 80-90%를 차지하는 25개의 원재료 아이템을 다루고 있다. 여기에는 사용한 원재료 아이템이 컴퓨터상의 사용량(POS 리포트 기준)과 특정기간동안 실제 사용한 원재료 아이템의 사용량(인벤토리 기록기준)을 비교하여 보여준다.

컴퓨터로 계산 된 Usage와의 차이를 Variance(변량)라고 부른다. 차이가 크면 클수록 Food costs에 더 큰 영향이 미친다. 차이가 크다는 것은 매장의 관리가 부실하다는 것을 나타낸다. 문제가 어디에 존재하는지 알게 되면 상황을 수정하고 이윤을 증대 시킬 수 있다.

Variance Report를 사용하여 현재 Food costs 증가요인이 되고 있는 구체적인 Food 아이템의 문제를 할 수 있다. 아래의 그 예들이 있다.

① 인벤토리 정확성의 문제

② 장비의 PM 실시 미흡

③ 추가적인 크루 교육의 필요

④ 없어진 혹은 도난 된 원재료

⑤ Waste와 Employee Meal의 부정확한 기록

⑥ 트랜스퍼, 인벤토리, 구매와 같은 데이터가 빠지거나 부정확한 데이터 입력

⑦ 후라이 혹은 음료와 같은 아이템에 대한 yield

Yield에 대해 더 상세한 정보를 알고 싶을 때는 레스토랑 매니지먼트 커리큘럼(RMC)의 플로어 매니지먼트 자습모듈을 참고한다.

최상의 결과를 위해서는 원재료 아이템을 매주 인벤토리하고 분석한다. 가장 중요한 3대 비용손실 아이템을 파악하여 이를 좀 더 자주 모니터한다.

가. 아이템 Variance의 원인

실제 Usage가 계산 된 Usage보다 적을 때는 플러스 Variance가 생긴다. 실제 Usage가 컴퓨터로 Usage보다 더 많을 때는 마이너스 Variance가 생긴다. 이전 달과 현재 달을 비교하여 원인을 파악하여 동향을 살펴본다.

이전 달과 현재 달의 Variance를 비교하여 원인을 파악한다.

라인	아이템	설명
플러스	플러스	트랜스퍼가 기록되지 않고, waste 기록이 부정확하고 인벤토리가 부정확하다. Non-yield 항목에 대한 플러스 variance는 대부분 계산 혹은 인벤토리 상의 실수 때문이다.
플러스	마이너스	부정확한 인벤토리
마이너스	마이너스	도난, yield 혹은 원재료 아이템에 영향을 미치는 procedure의 문제, Waste 기록이 정확하지 않거나 트랜스퍼가 기록되지 않음.

나. Variance Report 완성

Variance Report의 빈 용지를 이용 작성한다.

Management Development Program(MDP)의 프러덕션 컨트롤 모듈에는 Variance 리포트 양식을 작성하는 추가정보가 포함되어 있다.

(2) Quality Cost Report

QCR은 Food costs를 분석할 수 있는 또 다른 도구이다. Variance Report

에서 아이템 Usage를 분석하는 대신 QCR은 특정기간동안 대부분 Monthly로 예상 Product net costs를 base Food와 Completed waste와 같은 Controllable(통제 가능한) 구성요소의 카테고리로 세분화하여 레스토랑에서의 Food usage를 더 잘 이해할 수 있도록 해 준다.

각 카테고리에서의 예상비용과 실제비용의 차이를 살펴보면 어디에서 Food costs를 더 줄여야 할지를 알 수 있다. 일단 이 정보를 얻게 되면 이 차이를 줄이거나 없앨 수 있는 Action plan을 만들 수 있다.

Food costs를 예상할 때는 다음에 나오는 요소를 고려해야 한다.

① 실질적인 목표 수치

② 실제 Cost와 비교할 수 있는 수치

③ Food costs의 문제점 혹은 강점을 파악할 수 있는 기회

실제 Food costs 정보는 매장의 P&L 결과에서 얻을 수 있으며 예상 Food costs와 실제 Food costs와의 차이는 여러 가지의 이유에서 발생될 수 있다.

① 예상 혹은 실제 Food costs 작성 시의 정확성 오류

② 보안 미흡(도난)

③ 장비를 적절하게 캘리브레이션을 하지 않거나 장비가 제대로 작동되지 않음 (Waste 혹은 yield에 영향을 미칠 수 있음)

* 프러덕션 컨트롤 미흡
* 프러덕션 절차 미흡
* 교육이 비효과적이거나 부적절함
* 제품취급 절차 미흡

다음 도표에는 QCR로 트래킹할 수 있는 통제 가능한 구성요소와 예상과 실제 Cost와 차이가 생길 수 있는 가능 원인 및 Action plan 제안사항이 나와 있다.

QCR 구성요소의 정의 및 정보의 소스

구성 요소	정의	정보의 소스
Base Food	POS를 통해 판매된 메뉴 아이템의 Total cost	Product mix Report와 각 원재료의 개별 단가
Completed waste	Waste 된 완제품의 합계	Completed waste /프로모 Product mix Report

Raw waste	Waste 된 원재료의 합계	
Employee meal	POS를 통해 기록된 employee meal의 Food costs	Daily cash sheet
할인	할인과 쿠폰사용으로 인한 Food costs에 대한 영향	Daily cash sheet
Condiments	케첩, 커피크림, 치킨 너겟 소스 등의 양념류 및 쇼트닝과 같은 기타 항목	실제 Usage
Stat loss와 Usage Variance	실제 원재료 usage(인벤토리 기준)와 계산상의 usage(POS의 Product mix를 기준)의 차이	Variance Report yield
Unexplained Food cost	위에 열거된 Food cost 구성요소의 합과 실제 P&L Food costs간의 차이	P&L
Target Food costs	Base Food costs와 Controllable Food costs의 목표치	Owner/operator 혹은 O.C가 결정

각 구성요소에 때라 실제 Food costs가 예상 Cost와 왜 다른 몇 가지 원인이 있다. 다음에 나오는 도표는 각 구성요소에 따라 차이가 나는 원인과 그 차이를 줄이기 위한 조치 및 Food costs 수익성 개선 방안이 소개되어 있다.

QCR의 예상 Food costs와 실제 Food costs 간의 차이에 대한 가능한 원인과 권장조치

구성 요소	예상 Food costs와 실제 Food costs 간의 차이에 대한 가능한 원인	권장 조치
Base Food	Food costs가 높은 항목에 대한 프로모션, 원재료 아이템 가격의 부정확함 Production mix상의 부정확한 Recipe(래시피)	원재료와 메뉴보드 가격은 컨트롤할 수가 없다. 권유판매를 통해 Product mix에 영향을 미칠 수 있다.
Completed waste	홀딩타임 초과품의 합계 그릴지역에 인원이 부족하다. 기록된 waste가 정확하지 않다. 빈 레벨 차트가 현재의 것이 아니거나 적절하지 않게 사용되었다. P.C가 적절하게 교육되어 있지 않다. 프러덕션 절차가 적절하게 준수되고 있지 않다.	쉬프트 별로 Waste를 트래킹한다. 스태핑 가이드라인을 검토한다. 완성된 아이템트레킹 양식을 검토한다. Daily 데이터 입력에서 정확성과 일관성을 체크한다. 빈 레벨이 정확한지 검토한다. 과잉생산 또는 과소생산이 있는지 관찰한다. 프러덕션 쿨링이 절차를 관찰한다. Completed waste 절차를 면밀히 조사한다. 완성된 아이템 트레킹 양식을 검토한다. Daily 데이터 입력에서 정확성과 일관성을 체크한다.

Raw waste	장비가 적절하게 작동하지 않는다. 캐비닛 레벨이 설정되어 있지 않거나 사용되고 있지 않다. 과잉주문 Product Rotation(제품회전)이 부적절하다. 크루의 절차가 미흡하다.	장비를 수리한다. 정확한 캐비닛 레벨을 설정하고 사용한다. 원재료의 주문 절차를 확인한다. 크루 교육을 시행하고 F-UP한다. 완성된 아이템트레킹양식을 검토한다. Daily 데이터 입력에서 정확성과 일관성을 체크 한다.
Employee meal	Employee meal 정책 시행 미비 Employee meal의 부정확한 기록	매니저는 모든 Employee meal을 입력해야 한다. 매니저의 식사도 정확하게 기록해야 한다.
할인과 쿠폰	POS에서 금액을 잘못 입력함.	크루에서 레지스터의 할인 키와 쿠폰 키에 대해 교육한다.
Condiment	직원들이 고객에게 지나치게 많거나 지나치게 적은 Condiment를 제공한다. 로비의 Condiment bar에 Condiment가 지나치게 많이 있다.	쇼트닝 관리 프로그램을 시행하고 검토한다. 매장의 Condiment 정책을 게시한다. 크루에게 경각심을 줄 수 있도록 Condiment의 가격을 게시한다. Condiment의 사용에 대해 크루에게 교육을 할 때 고객의 케어를 강조한다.
Stat loss와 Usage Variance	부정확한 인벤토리(인벤토리 기준)와 도난 직원 식사를 기록하지 않음 Waste를 기록하지 않음 부정확한 Recipe(래시피)	인벤토리를 확인한다. 매니저가 모든 딜리버리를 체크한다. 물품 저장 지역의 문을 잠궈 둔다. 모든 구매, 트랜스퍼, Waste 및 프로모가 정확하게 기록되는지 확인한다. Yield에 영향을 미치는 크루의 절차가 정확한지 확인한다.
Unexplained Food cost	원재료 Cost의 변동 위에 열거된 청구서 분실 원재료 가격 혹은 측정단위가 부정확함 행적적인 실수	인벤토리 확인 모든 구매(수량과 금액)가 정확하게 입력되었는지 확인한다.

7절. Food Costs의 On-the-floor 상의 관리

Food costs 관리에 도움을 줄 수 있는 행정적인 업무이외에 매일 시행하는 많은 On-the-floor상에서도 이윤 증대의 기회가 있다. On-the-floor에 있을 때마다 항상 비용절감과 수익향상을 위한 방안을 모색해야 한다. 이윤 증대의 시각에서 오퍼레이션을 관찰하면 실제 모든 분야에서 기회가 보일 것이다.

다음에 나오는 도표는 Food costs 관리에 도움을 줄 수 있는 몇 가지 On-the-floor 운영과 그와 관련된 참고 사항이다. 이 사항들이 모두 여러분의 매장에 적용되는 것은 아니다. 전체를 읽어보고 적합한 아이디어를 활용한다.

Food costs의 On-the-floor상의 관리

구분	조치
3대 Food costs	Variance Report의 결과를 검토하고 조취를 취한다. 크루에게 결정된 3대 Food costs 절감을 위한 방안에 대해 알리고 협조를 요구한다. 쉬프트 중에 매니지먼트 크루에게 성과에 대해 인정, 보상하고 커뮤니케이션한다.
크루 Procedure	모든 크루의 절차를 관찰한다. 필요한 경우 코치를 한다. 완성품의 제공 사이즈를 관찰하고 필요한 경우 Yield 관리를 한다. 크루가 신속하고 정확하고 친절한 서비스(FAF)를 전달하는데 방해가 되는 요소를 제거한다. 예를 들어 장비의 위치나 스태핑과 같은 문제 크루에게 적절한 On-the-floor교육을 한다.
원재료	저장지역을 항상 잠그고 열쇠를 방치하지 않는다. 직원들이 근무 중이 아닐 때 백 룸이나 저장지역에 접근하지 못하게 한다. 크루에게 원재료를 절약하는 방법을 교육한다. 원재료를 적절하게 보관라고 다룬다. 먼저 들어온 것을 먼저 사용한다. 크루에게 유효기간을 확인하고 제품을 적절하게 회전시키도록 교육시킨다. 2차 유효기간 내에서 사용할 수 있는 양만을 꺼낸다. 드레스 테이블, 냉장고, 냉동고 등에 Over stock을 하지 않는다.
Product waste	적절한 장소에서 waste하도록 하고 정기적으로 waste등을 체크한다. Waste를 정확하게 계산한다. 사용가능 기간을 확인하기 위하여 반입제품의 유효기간을 체크한다.
후라이	항상 후라이 담당을 지정한다. Sales 볼륨에 따라 전담할 수 는 사람을 할당한다. 바스켓팅, 백킹, Draining(드레이닝)과 쇼트닝 레벨을 포함하여 적절한 후라이 절차를 준수한다. 후라이 박스를 떨어뜨리지 않도록 한다.
쇼트닝	매일 휠터링한다. 적절한 절차를 준수 한다. 쇼트닝을 언제 waste 해야 될지를 파악하기 위하여 조리도니 제품의 맛과 외관을 체크한다. 이 결정은 매니저만이 결정할 수 있다.
보안	모든 키는 쉬프트 매니저가 보관한다. 모든 저장고와 백 도어는 잠그고 문을 열 때는 매니저가 있어야 한다. 카운터 지역에서의 도난을 최소화하기 위하여 서비스 지역에 매니저를 배치한다.

	주문이 정확하게 입력되고 있는지를 확인하기 위하여 수시로 고객의 주문 내용을 체크한다. 모든 직원 및 매니저 식사를 입력한다. Drawer 정산 시 현금 레지스터 금액과 프로모금액을 대조한다.
장비 메인터넌스	지정 된 PM 업무를 완수한다. 쉬프트 전에 주방기구가 청결하고 날이 잘 갈려 있는지 확인한다. 릴리즈 시트가 양호한 상태이며 정기적으로 청결히 하는지 확인한다.

Food costs에 관해 더 상세한 정보를 원하는 경우 레스토랑 매니지먼트 커리큘럼의 플로어 매니지먼트 자습 모듈을 참고한다.

크루 포지셔닝을 위한 참고사항에는 다음이 포함되어 있다.

① 프러덕션과 서비스 지역의 균형을 유지한다.

② 생산성을 향상시키기 위해 노력을 한다.

③ Sales가 높은 시간대에 크루 Labor을 추가하여 좋은 서비스를 제공한다.

④ 휴일이나 프로모션과 같은 특수한 상황을 미리 예상한다.

8절. 재무제표 및 수익성

매장의 일반적인 비즈니스 계획서의 일부로서 여러분은 P&L, 대차대조표 등을 이용해 Sales와 비용을 예상하게 된다. 맥도날드의 매장을 소유하거나 관리하기 위해서는 이러한 재무제표를 잘 알고 있어야 한다. 이 재무제표들은 매장의 수익설을 평가하고 향상시키는데 도움을 준다.

(1) Profit and Loss(P&L)

P&L은 일정 기간의 Sales와 비용을 나타내어 수익성을 파악할 수 있게 해준다. Sales는 P&L 양식의 제일 윗부분에 기록된다. Cost는 계정에 따라 분류되어 P&L의 라인 아이템으로 들어간다. Sales에서 모든 비용을 빼면 그 매장의 이윤이 나오게 된다.

P&L의 구성요소는 조직마다 다르고 나라별로 다르다. 세법이 서로 다르기 때문에 어떤 라인 아이템은 P&L에서 포함되거나 제외될 수 있다. 경우에 따라 차

이가 있을 수 있지만 한 가지 동일한 사실은 P&L은 비용과 Sales를 비교하여 이윤을 파악할 수 있게 해 준다는 것이다.

P&L을 이용한 비용 관리 방안을 이해하기 위해서는 우선 P&L의 내용을 이해해야 한다. 재무제표가 수작업으로 이루어지는 경우, 계산을 하는 순서가 중요하다.

다음에 나오는 도표는 맥도날드의 전형적인 P&L의 각 항목이다.

맥도날드의 전형적인 P&L 항목의 정의

항목	정의
Product net Sales	제품 Sales의 합계.(여기에는 부가세, 기타 수입, Non product sales는 P&L의 밑부분에 Non product sales와 cost항목에 기입한다.)
Food cost	판매된 제품의 Food costs(Base Food cost), Waste, Condiment를 포함한 모든 Food cost의 합계. 여기에는 프로모 비용은 포함되지 않으나 가격할인은 포함된다.
Paper cost	매장에서 사용되는 종이 제품의 비용(포장, 백, 트레이 종이, 스트로 및 냅킨, 종이컵), 프로모에 대한 비용은 포함되지 않는다.
Total cost of Sales	Food cost와 Paper cost의 합계
Gross profit	Product net sales에서 Total cost of Sales를 제한 후 남은 금액
Crew labor	크루, 메인터넌스, 호스테스, Store Activity Representative (STAR)및 스윙매니저를 포함한 모든 시급직원의 Labor cost
Management labor	모든 salaried 매니저의 급여와 보너스
Payroll Taxes	고용주에게 부과되는 모든 근로자에 대한 사회 보장 세금
Advertising	전국 차원의 광고비, 지역 차원의 광고비로 TV, 라디오, 신문, Billboard 광고 등이 해당된다.
Promotion	프로모로 나간 Food Cost, 선물용 프리미엄 및 POP, 쿠폰과 같은 프로모션용 물품 구입에 사용
Outside Services	보안, 방역, 조경, 제설 및 쓰레기 처리 등 같은 맥도날드 직원이 아닌 외부 사람이 제공하는 정규 서비스 비용
Linen	크루, 매인터넌스 및 매니지먼트를 위한 유니폼 구입 및 관리에 들어가는 비용
Operating Supplies	모든 세제류와 청소용품 등 매장 운영에 필요한 물품 구입비
Maintenance & Repair(M&R)	장비와 건물을 수리하고 메인터넌스하는데 사용된 인건비와 부품 비용
Utilities	가스, 전기, 수도 및 하수도 사용 비용
Cash over or Short	상품권을 포함하여 모든 Cash drawer와 금고에서 현금 과부족의 합계
Miscellaneous	금액이 작은 기타 비용

Total controllable expenses	Crew labor에서 Misc까지 컨트롤 가능한 비용 항목의 합.
Profit after Controllable(PAC)	Gross profit에서 Total controllable expenses를 뺀 금액.
Rent & Service Frees	임대료 및 Service Free는 P&L에서는 하나의 항목으로 결합된다. 모든 맥도날드 매장은 라이센스 계약에 따라 베이스 금액 임대료와 베이스 % 임대료를 할당 받는다. 각 매장의 임대료는 베이스 금액이거나 베이스 % 중에서 큰 쪽으로 적용된다. Service Free는 매장의 Monthly Sales 볼륨에 관계없이 McDonald's corporation에 지불하는 모든 Net Sales의 정해진 %이다. 이는 교육자료, 신제품, 장비 등의 개발을 위해 지역 및 본사에서 제공하는 서비스에 대한 비용이다.
Insurance	매장의 보험료와 직원에 대한 보험료, 상해, 건강 및 건물에 대한 보험이 포함될 수 있다.
Taxes & Licenses	매장의 부동산과 개별적인 재산세는 연 평균으로 나누어진다. 영업허가세도 포함된다.
Depreciation & Amortization	매장의 자산비용은 사용연한을 근거로 감가상각 혹은 이연상각될 수 있다. 자산의 형태에 따라 감가상각이 되거나 이연상각될 수 있다. 유형고정자산(그릴, 후라이어, 좌석 및 실내장식, 플레이플레이스 장비)은 사용할 수 있는 동안 감가상각되며 대개 3-10년이다. 반면 임차권이나 무형자산(주차장 표면처리, 로비 추가, 프랜차이즈 비용)은 임대기간 동안 일정액을 상환해야 한다. 만일 유형자산이 그 가격의 감가상각 되기 전에 대체되는 경우 남아 있는 금액 또한 비용으로 처리해야 한다.
Interest income or expenses	대출에 대한 월 이자비용 및 예금계좌에서 나오는 이자
Other income or expenses	어떤 계정으로 분류될 수 없는 수익 혹은 비용
Non-product Cost	거의 원가로 고객에게 판매되는 프리미엄(해피밀 프리미엄, SL-P 인형, 머그, 비디오 테이프), 구입비용
Non-product Sales	Non-product 항목의 판매에 의한 수입.
Total other operating expenses	매니지먼트 팀이 제한 된 컨트롤 범위를 가지는 대부분의 고정비용으로 Non controllable expenses라고 한다.
Store operating income	매장의 순이익, 이는 PAC에서 Total other operating expenses를 뺀 나머지 금액.

P&L의 해석에 대해 좀 더 상세한 정보를 원할 때는 MDP에 포함된 이윤 관리 chapter를 참고한다.

가. 과거의 P&L

과거의 P&L을 살펴보면 그 달의 매장 운영 결과와 실제로 어떤 일이 발생되었는지 알 수 있다. 이러한 정보는 금액과 %로 나타난다. 대부분의 매장의 P&L에는 다른 관련정보, 즉 전년의 동일한 달의 수치, Food costs 구성요소 %, 크루 Labor 데이터 및 투자회수분에 대한 정보를 위한 란이 있다. 이러한 모든 정보는 매장의 이윤 관리에 사용될 수 있다.

나. 예상 P&L

예상 P&L은 다음 달에 어떤 일이 일어날 지를 보여준다. 이러한 예상 프로세스의 주목적은 이윤 목표를 설정하는 것이다. 목표를 설정한 후 실제 업무 경과를 예상치와 비교할 수 있다. 대부분의 경우 월말에 다음 달의 P&L을 작성한다. 과거 P&L을 바탕으로 각 항목을 작성한다.

P&L 예상에 대한 상세한 정보는 MDP에 나와 있다.

(2) P&L을 이용한 비용관리방안

대부분의 맥도날드 매장에서는 P&L의 비용은 두 가지 그룹 즉, Controllable expense와 Other operating expense로 분류된다. 가가 그룹은 개별 항목으로 나누어진다. 이 자에는 각 항목에 대한 비용 절감 방안이 소개되어 있다.

일반적으로 비용절감의 두 가지 기본원칙은 모든 항목에 적용된다.

① 적절한 PM을 수행한다. 이는 비용관리에 큰 영향을 미친다.

② 항상 모든 업체와 가격협상을 한다.

비용 최소화를 위한 모든 전략이 여기 소개되어 있는 것은 아니다. 다음은 여러분이 취할 수 있는 조치의 유형을 몇 가지 소개한 것이다. 이러한 참고사항은 컨벤션에서 얻을 수도 있다. 또 Owner/operator와 OC, 컨트롤러 및 회계사로부터도 아이디어를 얻을 수 있다. 물론 MDP에도 상세한 정보가 설명되어 있다.

가. Controllable expense 최소화

Controllable expense는 배장 매니지먼트팀이 상당부분 컨트롤 할 수 있는 비용이다. 어시스턴트 매니저는 컨트롤 가능한 비용에 초점을 맞춘다. 다음에 소개되는 참고사항은 각 항목에서 비용을 컨트롤 할 수 있는 방안에 대한 아이디어를 제시하고 있다.

(a) Food Costs

① 배송 받지 않은 제품에 대해서는 계산서를 받지 않는다.

② Completed waste를 줄이면서도 높은 품질의 제품을 제공하는 훌륭한 Promotion control을 하는 직원에게 인정과 보상을 해준다.

③ 매장에서 팀을 구성하여 Yield를 모니터하고 최적화시킨다.

(b) Paper Costs

① 냅킨은 디스펜서에 넣어 필요 이상의 냅킨을 집어가지 않게 한다.

② 적절한 사이즈의 백을 사용하도록 크루를 교육시킨다.

(c) Crew Labor

① 스케쥴은 Labor hour를 효과적으로 사용할 수 있도록 잘 계획되어야 한다. 적절히 스케쥴링을 하여 오버타임을 피하도록 한다. 크루의 근무시간이 15분 정도가 남아 있는 경우 10-15분 동안의 완료할 수 있는 업무를 찾아본다.

② Fixed hour를 적절하게 스케쥴한다.

③ 연장근무가 필요할 때는 현재까지 일한 시간을 살펴보고 연장 근무로 인해 오버타임이 되지 않도록 한다.

(d) Management labor costs

① 매니지먼트 스케쥴 원칙을 준수한다.

(e) Payroll taxes

① 근로소득세의 비용절감 방안에 대해 경리부서에 문의한다.

(f) Advertising costs

① Billboard 옥외광고가 있는 경우, 에이전시가 아니라 회사와 직접 협상을 하면 15%의 에이전시 비용을 절감할 수 있다. 회사와 직접 협상하여 에이전시 비용을 줄일 수는 있지만 이렇게 되면 광고회사에 패키지 협상가격에서 혜택을 보지 못할 수가 있다. 두 가지를 비교하여 어느 것이 더 나은지를 살펴본다. 비경쟁 업체나 명성이 있는 회사와 Billboard 공간을 공유한다.

② 마을의 규모가 적은 경우, 광고비 대신에 BOG 카드를 광고 협찬품으로 제공하는 것을 고려해 본다. 이러한 거래를 처리하는데 있어서 세금관련 문제

에 대해 경리부서와 상의한다.

③ 서로의 쿠폰을 배부하기 위해 다른 지역 업체와 같이 연계를 한다. 이들을 통해 쿠폰 배부에 필요한 우편비용 등을 절감할 수도 있다.

(g) Promotion costs

① 프로모션의 적절한 Activity, Sales의 극대화 및 고객 만족을 보장하기 위하여 크루에게 모든 프로모션 방침에 대해 교육을 시킨다.

② 매장 자체 진행 중인 프로모션의 결과를 트래킹하고 잘못 시행되고 있는 프로그램이 어떤 것이 있는지 파악해 본다.

③ 다른 배장과 합동으로 물품을 구매하고 배송 센터에서 이 항목을 인벤토리에 추가시키도록 한다. (풍선, 로날드 스케치북, 수첩 등) 구입 수량 증대를 통해, 디스카운트로 인한 이익을 볼 수 있다.

(h) Outside Service costs

① 비용을 연체하는 것을 막기 위해 업체의 지불조건에 따라 지불한다. 선납 시 제공되는 디스카운트를 활용한다. 디스카운트가 있는 경우 업체에게 선납을 한다.

② 여러 매장이 협력하여 지역 profit 팀을 구성하여 단체로서의 협상력을 강화한다. 경쟁 입찰을 통해 용역 서비스 요금을 조정할 수 있다.

③ 계약을 재검토하여 주차장 청소나 창문 청소와 같이 크루가 할 수 있는 추가 서비스에 대해 비용을 지불하고 있는지 확인한다.

④ 창의적인 식목을 통해 조경비용을 절감한다.

⑤ 지역 계약업체 뿐 아니라 전국적 계약업체를 상대로 입찰을 지급한다.

⑥ 포장 박스를 처리하는데 돈을 지불하지 않아도 된다.

(i) Linen

① 유니폼을 반납하는 크루에게 인센티브를 제공한다. 질문을 하지 않는다.

② 퇴사하는 크루가 마지막 급여를 받기 위해 올 때 자신의 유니폼을 반납하도록 상기시킨다. 이에 대한 인센티브로서 식사를 제공할 수도 있다.

③ 여러 개의 매장을 운영하는 경우, 유니폼의 주문, 인벤토리, 관리 등을 일원화 시킨다.

④ 그릴 지역에서는 앞치마를 사용하여 크루 유니폼의 사용 기간을 연장시킨다.

(j)Operating supplies costs

① 모든 OPS 물품의 주문과 관리를 맡을 매니저를 지정한다. 예산을 현실적이고 달성가능하게 짠다.

OPS 물품의 인벤토리를 매월 실시하고 도난의 가능성 있는지 과다사용이 있는지 확인한다.

② 투명한 쓰레기봉투를 사용한다. 이렇게 함으로서 고객의 잃어버린 물건을 쉽게 찾을 수 있을 뿐만 아니라 매장 내의 트레이를 잃어버리는 숫자를 줄일 수 있다.

(k) Maintenance and Repair Costs

① 서비스 업체가 제공하는 교육 클래스를 활용한다. 대부분의 경우 이러한 클래스는 비용이 적거나 무료가 많다.

② 음료 납품업체에 품질관리 프로그램을 활용한다. 또한 다른 제조업제의 PM 프로그램의 사용을 검토한다.

③ 작은 장비인 경우, 항상 수리비와 교체비를 비교 검토한다. 장비를 교체하기 전에 비용과 수익분석을 위해 경리부서와 논의한다.

④ 부품을 주문하기 전에 Spare 부품과 장비 인벤토리를 체크한다.

(l) Utility costs

① 전기회사의 고객센터에 가장 효율적인 전기 사용을 위한 방법과 요율 결정방법, 전기 절감 방안 등에 대해 문의한다.

② 와트 수가 낮은 형광등을 사용하여 매장의 전기료를 줄인다.

③ LNG(천연액화가스)가 공급된다면 이를 사용한다.

(m) Cash over or short

① 승인된 POS 시스템을 사용한다.

② Cashier 레지스터에서 ″Sales″, ″T-RED″ 및 ″Promo″ 기능만을 사용할 수 있게 한다. 매니저만이 ″Overring″, ″Refund″ 및 “기타 영수증” 기능을 사용할 수 있다.

③ 모든 Cashier는 고객에게 거스름돈을 돌려주기 전에 두 번 체크하도록 한다.

④ 캐쉬 플러스/마이너스 트래킹 카드나 트래킹 시트를 사용하고 검토한다.

(n) Miscellaneous costs

① 지속적으로 여러 구매처의 가격을 비교 해본다.

② 사무실 비품은 창고형 매장에서 구입한다.

③ 신문구독 신청수를 검토하고 실체 필요한 것이 얼마인지 파악한다. 신문사 중에는 여러 부를 구독할 때 디스카운트를 제공하는 경우도 있다.

나. Other operating expenses(non-Controllable expenses)의 최소화

기타 운영비용은 레스토랑-레벨 매니지먼트에 의해 약간의 컨트롤을 할 수 있다. 이러한 비용은 임대 및 용역비(맥도날드 코퍼레이션에 지불되는 것), 회계 및 법률 자문 비용, 세금, 라이센스, 감가상각, 상환, 이자수입 및 비용이다. 이러한 대부분의 비용은 고정되어 있으며 Sales의 증대는 P&L에서 영향을 제한시킨다.

다음은 운영비용을 최소화 할 수 있는 제안사항이다.

(a) Rent and Legal Fees

다음은 임대 및 용역비를 최소화 할 수 있는 방안이다.

① 언제든지 가능하면 임대 빛 용역비 환불을 활용한다.

(b) Accounting and Legal Fees

다음은 회계 및 법률자문 비용을 최소화 할 수 있는 방안이다.

① 여러 전문 업체 중의 서비스 비용을 비교한다.

(c) Insurance costs

다음은 보험료를 최소화할 수 있는 방안이다.

① 적절한 Procedure를 준수한다.

② 장비를 유지한다.

③ 플로어 바닥을 적절하게 관리하여 미끄러지거나 넘어지는 경우를 없앤다.

(d) Taxes and Licenses costs

다음은 세금 빛 라이센스 비용을 컨트롤할 수 있는 방안이다.

① 부동산세 직접 납부를 신청한다. 이렇게 하면 맥도날드 본사에서 상환하는 대신 여러분의 부동산 청구서를 직접 납부할 수 있으며 세무당국이 제공하

는 선납 디스카운트나 할부 플랜도 활용할 수 있다. 또한 시기적절하게 전체적인 평가나 고지사항을 받아볼 수 있다.

② 외부 재산세 전문가를 고용하여 여러분의 평가를 검토해 본다. 부동산세를 면밀하게 모니터한다. 재평가와 세금상의 변화에 신속하게 대응한다.

③ 라이센스 관련 법규를 유념하여 필요 이상 납부하지 않도록 한다.

(e) Depreciation and Amortization

다음은 감가상각과 임대물품, 권리에 대한 상환을 더 잘 컨트롤할 수 있는 방안이다.

① 세금전문 회계사와 상의하여 감가상각 및 상환에 관한 세법을 최대한 활용할 수 있도록 한다.

② 더 이상 사용하지 않는 자산은 삭제시킨다.

(f) Internet income or expenses

다음은 이자 수입 혹은 비용을 더 잘 컨트롤할 수 있는 방안이다.

① 해당 컨트롤러, 회계사, 혹은 대부기관과 수익성 방안을 상의해 본다.

(g) Other income or expenses

다음은 기타 수입 및 비용을 더 잘 컨트롤할 수 있는 방안이다.

① 은행비용과 서비스를 분석한다. 구좌에 많은 잔고를 가지고 있는 경우 서비스 비용을 할인해 줄 수 있는지를 확인한다.

② 수익을 증대시키고 세입자와 건물주의 관계를 더욱 돈독하게 할 수 있는 직접 지불 프로그램에 등록한다. 이렇게 하면 직접 개입이 가능하므로 계산 전에 차이가 있는 경우 이를 해결할 수 있다.

③ 특히 비용이 대폭 상승한 경우 공동구역 관리(CAM)를 위해 건물주의 지원서류 감사를 위해 회계 법인을 고용하는 비용과 이점을 살펴본다. 대부분의 회사는 감사를 통해 건물주에게 받은 환불의 %에 근거하여 비용을 부과한다.

(3) 대차대조표(Balance Sheet)

대차대조표는 특정 시점의 매장의 재무 상태를 보여준다. P&L과는 달리 대차대조표는 매장을 오픈한 날짜로부터 리포트가 작성된 시점까지의 자산, 부채, 자본 등을 보여준다. 또한 특정 시점의 현금 상황을 보여준다.

대차대조표는 P&L에 비해 매장의 문재를 지적해 부는 부분에는 다소 부족하지만 계획을 짜는 데는 매우 유용하다. 대차대조표는 왼쪽에 자산을 보여주고 오른쪽에는 부채와 자본의 합계를 보여주고 있다.

가. 자산

자산은 특정비용으로 취득한 매장의 소유자산을 말한다. 이는 대개 유동자산, 고정자산 및 기타자산으로 분류된다.

매장의 컨트롤 가능한 자산(미수금, 선급 비용 및 Food, paper 인벤토리 금액)은 유동성과 직결된다. 유동성은 대금지불시기가 되었을 때 지불할 수 있는 능력이다. 묶은 자산의 금액이 크면 유동성이 떨어져 단기대출이 필요할 수도 있고 이에 따라 추가 이자비용이 발생할 수도 있다. 가장 유동적인 자산은 은행에 있는 현금과 단기 증권이다. 일반적으로 이는 현재의 부채를 상환하기 위해 즉각적으로 사용가능한 자산이다.

고정자산은 대개 대차대조표에서 원구매 가격에서 감가상각을 위한 적립금을 뺀 것으로 나타나 있다. 감가상각에 대한 적립금을 뺀 것으로 나타나 있다. 감가상각에 대한 적립금은 자산이 사용한 이후부터 가치가 하락되는 금액을 말한다.

나. 부채

부채는 매장의 자산에 대해 외부로부터 지금 요구되는 금액이다. 이들은 대개 유동부채, 장기부채 그리고 소득세 부채로 분류된다. 유동 부채는 일 년 이내 혹은 그 달 내에 만기가 되는 것들이다. 장기 부채는 대부분 어음형태로서 단기가 아닌 경우이다. 소득세와 Payroll tax의 경우 일반적으로 규모와 평가액으로 인해 따로 분리된다.

식자재 관리의 단계별 업무

1. 식자재관리의 목적

식당의 식자재 조달관리의 목적은 적량 적질의 식자재를 적가로 구매하여 최적의 상태로 확보하고 이를 필요로 하는 주방 또는 업장에 적기에 공급 조달함으로써 식당의 상품인 요리를 고객에게 원활하게 제공하는데 있다.

식자재는 구입으로부터 저장, 불출, 생산 및 판매에 이르는 과정별 업무를 수행하는 각각의 기능면에서 생각해보면 구매관리, 검수관리, 창고관리, 출고관리로 구분된다. 이들 업무는 식자재 흐름의 1단계에서 중요한 업무로서 각각의 단계별 업무활동이 통일된 시스템 원리에 의거 능률적으로 이루어질 때 식당경영의 목표가 되는 최고 품질의 요리를 최저의 식자재 원가로 생산, 공급을 가능케 하는 수익적 운영의 기반이 되는 것이다.

2. 구매관리(Purchasing Control)

소규모 호텔이나 식당에서는 구매를 지배인 혹은 사장이 직접관리를 할 수 있지만, 대규모 호텔이나 식당에서는 전문적인 구매의 직원이 담당하며, 식음료 등

전반적인 물품을 회사의 규정에 의해 구매를 하는 것이다. 또한 구매관리란 생산계획에 따른 재료계획을 기초로 하여 생산활동을 수행할 수 있도록 생산에 필요한 자재를, 양호한 거래선으로부터 유리한 조건으로 적절한 품질을 확보하여, 적정한 시기에, 필요한 수량을, 최소의 비용으로 구입하기 위한 관리활동이라고 정의 할 수 있다. 즉 사양을 만족시킬 품질의 자재, 부품을 적절한 가격으로 필요한 양을 필요시기에 최소비용으로 구입하는데 목적이 있다.

구매관리를 잘 운영하면 원가의 중요한 구성요소 중의 하나인 재료비를 절감할 수 있다. 또한 기본적으로 구매방침을 결정하고 구매방식 또한 명확히 하여야만 효과적인 구매가 이루어지게 된다. 따라서 구매는 경영방침의 일환으로 전략적인 구상을 하여야 한다. 특히 구매의 발주 건수가 많을 때 관리적인 측면에서 볼 때 일의 부담이 늘게 되므로 이를 간소화하기 위해 사무수속의 표준화, 기계화 및 전산시스템을 활용하도록 하고, 간이 구매방식으로 사무간소화 ㅡ 업무분담의 적정화가 이루어져야 한다. 그리고 업무상 과오, 부정이 발생되는 것을 미연에 방지하여야 하며 구매윤리의 의식확립이 특히 강조된다. 그러므로 구매업무감사 및 내부견제 제도를 도입하는 것이 바람직하다. 계약 후에는 구입품이 납품지연이 되지 않도록 감시, 감독을 철저히 하여야 한다.

구매관리는 양질의 재료를 최적가격으로 적시, 적소에 정당한 방법으로 구매하려는 목표를 향한 관리활동으로 능률을 위해서는 구매담당자, 구매명세서, 구매방법의 적합성 여부가 문제시가 된다.

구매하려는 상품에 대한 관리자의 전문지식 결여는 곧 과도한 구매나 재고 관리비의 발생요인이 될 뿐만 아니라, 원활한 생산과 판매활동의 전제 조건인 적정재고의 보유를 난이하게 한다. 때로는 식음료 납품업자와의 사이에 불합리한 거래나 불공정한 처사가 있어 유리한 구매조건을 놓치는 경우도 있게 되는데, 이를 배제할 만한 인품을 구비한 적정인사의 배치가 중요하다.

그러나, 이들에 대한 계속적인 교육훈련을 통하여 잠재능력의 개발 및 유용화를 기함으로써 종업원의 능력이나 태도를 직무 지향적으로 관리한다는 것은 더욱 중요한 문제이다.

(1) 구매관리의 의의와 본질

구매관리란 생산에 필요한 시기에 필요한 품질의 자재를 필요한 수량만큼 최소의 비용으로 획득하는 관리활동이다. 자재의 획득 즉, 조달의 기능은 광의의구매이며 조달의 수단으로서는 구매와 외주로 구분한다.

제조기업에서 재무적 관점에서 보는 자재, 특히 재고자산은 그 범위가 원재료 재공품, 반제품, 완제품, 소모품으로 구분되고 있으나, 구매대상이 되는 자재는 원재료, 부품, 소모품류 등이다. 구매해야할 부품의 범위에는 일반적으로 다음과 같은 두가지가 있다. 즉, 일반시장에서 제품으로써 판매되는 것과 같은 시판품과 자사에서 필요로 하는 기능을 가진 거래선에 부품의 제조를 의뢰하는 외주부품이 있다. 외주는 필요한 기능을 가지고 있는 기업에 지정된 규격에 의하여 제조 또는 가공을 위탁해서 조달하는 것을 뜻한다.

(2) 구매관리의 원칙

◉ 적정한 품질수준의 확보

적정한 품질이란 좋다, 나쁘다 와 같은 단순한 표현으로 정해지는 것이 아니며 특정한 제품이나 자세, 서비스가 지니고 있는 품질, 특질의 총계 또는 통칭이며 이를 측정하고 규정지을 수 있는 것이어야 한다.

구매부서에서는 물품을 구매할 때 사용부서에서 요구하는대로 물품을 사야만 한다는 것은 아니다. 만일 요구하는 물품보다 더 싸고 좋은 물품이 있으면 이에 대한 대치품 또는 대체품으로 변경을 해달라고 요구를 해서 사주어야 한다.

물품을 구매할 때 품질과 관련되는 것으로써 상표, 시장등급, 견본 그리고 규격서가 있다. 적정한 물품을 구매하기 위해서는 적정한 품질의 명시가 필요하다. 국가 표준이나 국제표준 또는 단체표준으로 지정되어 있는 물품의 제작에는 특별한 규격서가 필요하지 않으나 주문품이나 특별한 물품을 제작하고자 할 때에는 정확한 품질과 규격의 명시가 없어서는 제작이 안된다.

필요한 사양을 명시한 것을 시방서라고 하며, 이와 같은 규격서는 구매요령에 의해서 작성되는 경우도 있고 때로는 기술부문이나 관리부서에 있는 요원에 의해서 작성된다.

◉ 규격서란?

시방서란 물품, 용역에 대한 요구사항을 명확하고도 정확하게 기록한 것으로써 이러한 요구사항이 충족되었는 지 여부를 결정하기 위한 절차도 포함된다.

◉ 종류

- 설계형 규격서(Design type specification) : 물품을 생산・제작하는데 필요한 사항으로써 중량용적, 물리, 화학, 전기적 성질과 특성, 색상 등이 포함된다.
- 성능형 규격서(Performance type specification) : 조달대상의 품목에 대하여 기능형식, 운용형식으로 기술된 서류이다.

◉ 규격서에 포함되어야 할 내용

- 품질소요요건
- 품질보증요건
- 납품준비사항

상세히 포함되어야 할 주요항목을 기술하면 다음과 같다. 품명, 규격, 도면, 사용목적, 사용개수, 기능, 구조, 사용자재, 특질, 시험검사, 포장, 제조방법, 세부설명, 기타필수 사항 등

◉ 규격서 작성시 유의사항

형식적이 아닐 것, 목적에 적합할 것, 양식화 할 것, 작성부서 및 작성 책임자의 기명날인 등 기타

2-1. 구매담당자(Food Purchaser)

식자재 구매담당자는 매입 의뢰된 품목을 전화로 통보하여 주문만을 수행하는 단순한 사원이 아니라 대단히 중요한 직책의 요원이기 때문에 식자재에 관한 전문지식과 고도로 숙달된 구매업무 수행능력을 보유해야 한다.

효율적이고 능률적인 구매자가 되기 위해서는 구매자의 지식적 요건 및 품성적 요건을 구비하여야 함으로 그의 선임에 있어서도 특정인사의 특정적 관계로 인한 인사나 단순적인 교대식 전보형의 인사방법은 지양되어야 할 것이다.

(1) 적극적 건전성

회사마다 사시(社是)가 있는데, 그것은 회사가 경영방침이자 이념이기도 하다. 회사가 냉엄한 경쟁과 격심한 변화를 극복하고 발전해 나가기 위해서는 사원의 활기와 능력을 충분히 살리는 것이 중요한데, 그 목표가 되는 것이 바로 사시라고 할 수 있다.

그러나 아무리 훌륭한 사시라 하더라도 사원이 마음에 새겨두지 않는다면 기업의 성장은 있을 수 없는 것이다. IBM에서 「ISM은 서비스를 의미한다.」는 신조가 있다. 이 신조를 사원들이 지켜왔기 때문에 오늘날 세계 최대의 컴퓨터 회사가 된 것이다. IBM의 회장직을 맡았던 토마스 J. 와트슨 JR는 「기업이여, 신념을 가져라」라는 저서에서 신조의 중요성을 지적하고 있다.

또 회사가 신조를 가져야 하는 중요성을 「엑셀런트 컴패니」(T.J. 피터스. R.H. 워터맨 저)라는 책에서는 「가치관에 의거한 실천」 이라는 말로 표현하면서 우량기업은 가치관을 매우 중요시한다고 말하고 있다.

또한 「심볼릭 매니저」(테렌스 딜, 아란 케네디 저)에서는 「기업문화」라고 표현하고 있다.

구매담당자에게 요구되고 있는 윤리적 건전성이란 회사의 사시 · 신조 · 신념 · 가치관 · 문화를 몸소 실천하는 「상징적 관리자」의 모습인 것이다. 구매담당자가 관계하는 사람들에게 「이 사람이야말로 기업이념의 실현자」라는 이미지로 받아들여지게 된다면, 업무상의 어려운 과제도 반드시 해결의 길이 열릴 것이다.

(2) 법률적 건전성

구매담당자는 기본적인 법률지식이 요구된다. 구매측과 판매측과의 거래는 법률에 따른 계약이므로, 구매담당자가 한 약속은 법률적으로 회사를 구속한다. 따라서 구매의 거래는 법률적 중요한 일면을 갖기 때문에 법률적인 건전성이 요구되는 것이다.

그러나 법률은 매우 전문적이고도 복잡한 것이므로 그 적용이나 해석은 법률전문가와 상의하여 조언을 구해야 한다. 그러나 구매 담당자로서 기본적인 법률지식은 충분히 알고 있어야 한다.

그것은 구매거래에 있어서의 오해와 논쟁을 피하고, 특히 소송사태를 방지해야 하기 때문이다. 또 만약 소송이 제기된 경우에도 구매담당자가 계약에 관계되는 법률상의 여러 원리에 능통하여 일관해서 지키고 있다면, 유리한 판결을 받을 가능성이 크기 때문이다.

구매거래에 관련된 법률로서 기본이 되는 것은 민법과 상법이다. 그러나 형법에 있는 명예에 대한 죄와 신용 및 업무에 대한 죄도 이해해 둘 필요가 있다.

전자는 자연인만이 아니라 법인에게도 적용이되므로 드문 일이긴 하지만, 「공연(公然) 사실을 적시(摘示)하여 타인의 명예를 훼손」하지 않도록 주의할 필요가 있다.

후자는 타인의 경제상의 지불능력 또는 지불의사에 관한 사회적 신뢰 가치에 대해서이므로, 「오늘, XX회사의 어음이 부도가 났다.」는 것을 버스안 등에서 말했다고 한다면, 만약 그것이 사실무근이었을 경우 허위의 소문을 유포하여 신용을 훼손한 것이 되므로 유의해야 한다.

또 구매담당자는 「특정한 사항의 위임을 받은 상업사용인」(상법 제15조)에 해당되므로, 본인 또는 제3자의 이익을 꾀했거나 회사의 재산상의 손해를 계획 또는 입혔거나, 임무에 위배되는 행위를 하면 특별배임죄가 된다.

공업소유권법에 대해서는 판매자가 권리가 있다고 주장할 경우, 등록원부등본 등에 의거하여 권리의 유무, 관리자의 신빙성, 권리의 범위 등에 대해서 확인해야 한다. 권리에 대해서 각 개요를 알고 있지 못하면 거래처가 소송을 제기할 경우 대응이 늦어진다.

그리고 기타 법률에 대해서도 만약의 경우를 위해 각 법률의 전문서적을 대충 읽어 두는 것이 바람직하다.

(3) 윤리의 건전성(구매담당자의 성품)

구매관리의 윤리적 건전성에 대해서는 소극적 윤리와 적극적 윤리 두 가지 측면에서 논할 수 있다. 전자는 배덕 · 증수뢰 · 배임 등의 비난을 받는 일이 없도록 의연한 태도로 업무를 집행하는 것이다. 후자는 앞에서 말한 바와 같이 회사의 사시 · 신조 · 신념 · 문화를 실천하는 "구현자"의 태도로 업무를 수행하는 것을 말한다.

(4) 구매 담당자의 건전성

구매담당자는 업무의 성질상 항상 행동의 윤리성이라는 문제에 직면하고 있다. 그 심리는 다른 업무에 종사하고 있는 사람은 이해를 못할 정도일 것이다. 구매담당자는 일반적으로 높은 인격과 강한 도덕적 신념의 소유자라고 할 수 있다. 그러나 불행히도 그 표준에 이르지 못한 사람들은 악덕업자의 유혹에 넘어가 간혹 문제를 일으키는 경우가 있다.

온갖 노력에도 불구하고 왜 그러한 문제가 발생하는 가를 보면 구매담당자가 거액의 돈을 맡아 강력한 경제력을 쥐고 있으므로 업자의 강한 관심의 표적이 되고 있기 때문이다. 그러므로 조금이라도 방심을 하면 악덕업자의 함정에 빠져 버리고 마는 사태가 적지 않은 것이다.

미국의 구매전문가 스튜어트 F. 하인리츠는 그의 저서 「구매관리」에서 이렇게 말하고 있다. 「구매업무에도 과학적 방법이 도입되고 있으나, 그 최종결정은 여전히 개인적인 판단에 의해서 하게되는 경우가 많기 때문에 자연히 개인적 접촉이나 개인적 상호 관계를 통해서 이루어지는 경우가 대부분이다. 구매담당자는 회사의 자금관리인이므로, 그 유지 · 활용에 대한 책임이 있다. 또한 업자와의 접촉이나 그 취급에 있어서 회사가 예절과 공정한 취급을 첫째로 한다는 평가에 손실을 입히지 않도록 해야 한다. 업자를 선택하고 발주하는 최종적인 행위는 본질적으로 애고(愛顧 : patronage)의 문제이다 따라서 도덕적으로 높은 행동규준(코드 of Condust)이 필요하게 된다. 구매담당자는 도덕적으로 행동해야 할 뿐만 아니라 비도덕적인 행위의 의혹을 사지 않도록 해야 한다.」

(5) 구매행위에 반영되는 애고 · 편애의 문제

구매업무의 중심인 발주처의 선정과 가격결정이라는 2가지 과제를 놓고 생각해 본다면, 어느 발주처가 가장 적정한 공급원이며 얼마가 적정한 가격인지 단정할 수 있는 방법은 아직 없다고 본다. 그것은 기업진단기술이 진보되었고 코스트 테이블 등 과학적 수법이 개발되었다고는 하지만, 그 어느 것도 이것이 결정적 방법이라고 단언할 수 있을 만큼 완벽한 것이 아니기 때문이다.

즉, 이 과제는 논리적으로 해명할 수가 없기 때문에 하인리츠가 지적했듯이 애고의 문제라는 면이 있다. 여기에 구매관리의 최대 약점이 존재한다고 하겠다. 구매담당자로 인간이므로 높은 수양을 쌓았다 하더라도 "좋아한다, 싫어한다.", "마음이 맞는다, 맞지 않는다."는 본능적인 감정은 어쩔 수 없는 것이다.

그러나 구매담당자의 윤리적 태도가 그 자신만이 아니라 회사의 평가를 좌우한다는데 생각을 돌린다면, 구매담당자는 항상 업자와의 거래에 있어서 공정하고 성실해야 할뿐만 아니라, 개인적 감정을 구매활동상에 반영시켜서는 안 된다는 것이다.

(6) 구매 담당자가 유의해야 할 점

구매담당자는 요구받은 그대로의 물품을 구매해야만 한다는 뜻은 아니다. 예를 들어 요구 품질에 적합한 것으로서 보다 값싼 대체품이나 대용품이 있다면 변경을 요구해야 한다. 구매담당자에게는 과잉품질을 배제한다는 중요한 역할이 부여되어 있기 때문이다.

구매상의 적절한 품질이란

① 사용목적을 충족시키고

② 계속적인 공급가능성이 있고

③ 적정한 가격으로 구입할 수 있을 것

이라고 하는 세가지 범주에 의해 성립되고 있다.

또 계약된 품질의 확보라는 일도 중요한 역할이다. 애써 값싸게 매입했다 하더라도 수입검사에서 불량이 나오거나 고객으로부터 클레임이 걸리거나 한다면 공장의 생산을 저해하고 회사의 신용마저 잃게 되는 것이다.

그러나 구매담당자는 '품질은 기능으로 승부한다', '동업 타사에 뒤지지 않는다'는 말을 명심하는 동시에 '값비싸고 좋은 물건은 많이 있다', '값비싸고 좋으면 누구나 살 수 있다'라는 구절이 계속 붙어 다닌다는 것도 잊어서는 안된다.

2-2. 구매과(부) 목표 및 책임과 권한의 제한

(1) 목표 및 책임

① 회사의 각 부서를 지원하기위한 지속적인 물품공급
② 경제성 및 안정성에 관한 표준과 일치하게끔 호텔 저장 목표를 최소 투자로 계속 공급
③ 사용에 적합 여부를 기초로 한 질적 수준의 유지
④ 질과 서비스 내용이 요구되는 수준에 부합되며 최저가격으로 물품구입
⑤ 정확한 수량을 정확한 시기에 양질의 업자로부터 적정가격으로 재료와 물품구입

(2) 권한의 제한

구매행위는 자기 부서를 위하는 것이 아니고 회사운영상 다른 부문에 대한 지원 기능의 일부로서 하는 것이다.

구매행위는 각 사용부서가 명확하게 작성된 요구에서 시작되는 것이며 자재는 실제사용 또는 예상되는 사용을 목적으로만 구매한다. 구매자재의 종류와 품질에 대한 최종 책임은 자재를 사용하고 사용결과에 대하여 책임을 져야하는 자에게 있다. 그러나, 항상 사용자가 작성한 품질 시방서에 부합되는 회사에게 가장 유리하고 적합한 자재의 선택과 납품업자 물색을 하는 것이 구매부(과)의 직무이다.

(3) 업자선정

적절한 구매를 하기 위해서 능력있고 협조적인 납품업자를 물색하여 품질, 서비스 및 가격 등 기본조건에 관하여 합의에 도달함이 필요하다.

업자선정 순서에 있어서 다음 단계를 준수하여야 한다.

① 업자물색 : 가능한 모든 업자를 물색조사
② 조　　사 : 해당가격 및 업자로서의 장점을 분석
③ 경　　력 : 회사와 계속 납품거래를 하게될 납품업자의 과거실적 평가
④ 상　　담 : 최초 수주하는 방향으로 유도하여 상담 및 선정
⑤ 검　　토 : 더 적합한 업자의 물색을 계속

⑥ 대체업자 : 수시로 많은 수량은 몇몇 업자에게 분할하는 식으로 각 품목을 다른 업자에게서 구매하는 것도 현명한 방법이다.

3. 식자재 구매형태, 방법, 절차

식자재 구매업무를 수행하는 구체적인 방법, 절차, 형태에 관하여는 당해 호텔이나 식당의 실정에 합당한 시스템을 개발하여 탄력적으로 운영하고 있는 관계로 다소의 차이는 있겠지만 일반적 원리는 다음과 같다.

3-1. 식자재 구매형태(Types of Food Purchase)

(1) 일일 직접구매(Daily Direct Purchase)

- 발주에 의하여 납품된 식자재가 검수 절차를 완료하여 회사의 자산으로 확정됨과 동시에 해당 식자재의 매입을 의뢰한 단위업장 주방 또는 업장으로 직송되어 수령되고 대부분 당일에 전량 소비되는 형태의 구매이다.

이러한 구매형태의 목적은 훌륭한 요리의 기본 여건인 최상의 신선도를 유지한 식자재 구매의 필요성과 미가공 상태인 식품자재의 취약적인 특성인 보관기간에 비례하는 변질과 부패 가능성의 최소화 노력 및 이들 막대한 분량의 일일 식자재를 입고시키고 출고시키는 다단계적 관리로 인한 창고면적의 증대부담, 사내유통관리 Cost 상승요인을 최소화 내지는 제거함으로써 요리의 품질 보유유지 및 원가관리를 효율적으로 수행케 함에 있다.

직도매입 대상의 식자재는 대부분 국내생산의 미가공 상태의 자재인 생선류, 활선어류, 야채류, 과일류 등이며, 이들 식자재의 주문과 발주에 Daily Market List 제도를 대규모 호텔이나 식당에서는 사용하고 있다.

식음료 창고직원은 매일 오후에 부패하기 쉬운 품목의 일일 재고목록을 작성하여 이를 주방장에게 보고하면 주방장은 익일 소모량을 검토하고 일일 구매목록을 작성한다.

이를 구매에 보내면 구매관리자는 3개 이상의 납품업자에게서 견적을 받을 책임이 있고, 그 입찰가격을 검토하고 선정된 견적서에 표시를 한다.

(2) 창고저장용 구매(Food Store Room Purchase)

창고 식자재 재고기준 수량에 의거 매입되는 저장자재 구매형태이며, 검수완료와 동시 창고에 입고되고 재고자산으로 관리하다가 주방에서의 식자재 출고의뢰서에 의거 출고되어 사용되는 절차로 구분된다.

저장매입 식자재는 자재조달상의 시간적 또는 거리적 제약요인이 절대적으로 필요한 식자재 및 계절품 국내자재로서 냉동식품류, 건식품류, 캔류 등의 가공된 식품류이다.

3-2. 식자재 구매방법

식자재의 구매방법에는 식자재의 종류에 따라 많은 방법이 있다.

호텔이나 식당에서의 구매유형은 크게 공개경쟁입찰 방법과 수의 계약방법으로 대별된다. 식자재 조달의 주거래처는 식품도매업자, 식품공급 대행업자, 기관식품사, 식료품상인, 협동조합, 수입대행업자 등등으로 다양하다.

우리나라의 호텔의 경우 국내 식자재는 지역별, 산지별, 도 · 소매 상인이며 수입 식자재는 한국관광 호텔용품 센터에 의한 위탁구매방법을 택하고 음료는 국내 청량음료회사에서 수입양주는 한국관광공사에서 구입하고 있는 실정이다.

3-3. 식자재 구매절차

구매절차는 생산물의 각 종류에 따라 다르다. 중요한 식자재 같은 경우는 더욱 더 신경을 써야 하며, 체계적인 구매절차에 따라 구매하며, 몹시 상하기 쉬운 식자재는 비체계적인 방법을 쓰는데 주로 채소, 과일 같은 것이다.

체계적인 구매절차는 문서형식으로 구매하는 것으로써 필요한 사항을 문서로 기입한 구매자가 조달자에게 필요품목의 가격이 맞거나 양질의 품목이며 받아들이겠다는 것으로써 견적서를 조달자에 제출하는데 명세서의 내용에는 질, 규격, 제조 공정법 등이 상세히 기술되어 있다.

명세서의 내용을 보면

① 생산품의 상품명

② 상자가 케이스에 담긴 양

③ 품질등급이나 품질표시의 소인

④ 용기의 규격이나 개당 가격표시 숫자

⑤ 가격단위

⑥ 특정상품을 확인하는데 필요한 어떤 다른 특징 있는 요소들이다.

비체계적인 방법에는 흔히 구매자와 판매자 사이에 전화나 개인접촉을 통하여 이루어지는 것이 보통이다. 가격비교나 상품비교는 공식 · 비공식 거래로 행하여지는 것이 보통이나 물품전표에는 정보가 담겨있으므로 판매자를 결정할 수 있다.

즉, 품목의 이름, 가격, 질, 서비스가 물품전표에 기록되어있다.

그러면 구매수행의 절차를 살펴보면 대개 아래와 같이 이루어진다.

① 무엇이 얼마만큼 필요한 가를 결정한다.

② 구매대상 식자재의 사양명세를 검토한다.

③ 정밀하고 조직적인 시장조사를 실시한다.

④ 표본을 수집한다.

⑤ 최적의 구매처를 선정한다.

⑥ 납품업자와 추가적 상담 등 긴밀하고 원활한 관계를 유지한다.

⑦ 신제품 또는 시장가격동향을 계속 주시한다.

⑧ 발주서를 작성 송부한다.

⑨ 구매결과를 평가한다.

또한 구매절차는 일반적으로 다섯가지 단계로 나누어 설명할 수 있다. 이는 각 부서의 구매요구, 견적과 절충, 계약주문, 납품과 대금지불 및 사후관리이다.

가. 각 부서의 구매요구

제조품목의 구매의 필요성을 구매부문이 확인하고, 창고부문에 구매 요구서를 제출한다. 구매 요구서는 소요자재를 기재하고, 책임자가 서명-날인하여 무책임한 구매요구를 방지하여야 한다.

나. 견적과 절충

생산활동에 필요한 원-부자재 및 부분품, 반제품 등 산업유형에 따라 제조하는 제품의 소재들이 대단히 복잡하고 다종, 다량이지만, 그 사업에 맞는 원・부자재를 외부로부터 구입하게 될 때에는 어떠한 방법에 의하여 구매를 하여야 공정한 거래에 의해 식자재를 구매 할 수 있는 것인 가가 중시된다.

구매방식으로는 수의계약, 자유공개경쟁입찰, 지명공개경쟁입찰, 투명구매, 공급선정 모델에 의한 방법 등 여러종류의 구매가 있을 수 있다. 견적이 선정되면 특히 가격에 대하여 상호의견을 제시하여 가격, 품질, 납기 등의 절충이 충분히 이루어져 차후 문제 발생시에 분쟁이 없도록 조건을 명시하여 분쟁에 소지가 없도록 하는 것이 중요하다.

다. 계약주문

여러 가지 분석을 통해 정보수집 및 장래성이 있는 곳이 우량공급처이며, 제반조건이 타당하고 생각되면 선정된 공급자와 계약을 맺게 된다. 그리고 계약 후에는 계약의 단계로 진행되는 데 이때 구매요구서에 의하여 공급자에게 발주하게 된다. 발주시 통보는 전화주문이 일반적이다.

발주서는 기업에 따라 다르다. 필요한 데로 원본을 복사하여 원본은 발주처와 발주요구회사에 1통보씩 보관한다.

한편, 발주완료가 되었다고 하더라도 발주처에 문제가 있을 수도 있으므로 반드시 주문독촉을 하여 납기에 착오가 없도록 하는 것이 매우 중요하다.

라. 납품과 대금지불

발주처에 발주서가 전달되었다 하더라도 날짜와 시간을 엄수하여 납품되어야 한다. 납품서는 공급자와 동일한 지 확인하여야 한다. 또한 계약내용 문건과 상이

점이 있는 지, 없는 지 등을 이상유무를 하자 발생시에는 정정을 이상이 없을 때에는 대금 지불이 이루어져 절차는 끝나게 된다.

마. 사후관리

사후관리는 첫째, 파일의 보관으로 기업의 구매활동이 끝나고 나면 완료된 구매서류를 철하여 업자별 또는 일괄 철하여 보존하고, 차후에 발생 될 수 있는 법적 문제 및 납품의 하자 발생시에 증빙서류가 된다.

즉, 제품제도 과정의 scrap이나 과다구매의 scrap이 최소화 될 수 있도록 하여야 하며 또한 scrap의 상황을 정확히 파악하여 불용품을 매각하고 필요시는 구매 부문에서 잉여자재에 전용할 수 있도록 하여야 한다.

3-4. 구매방침과 구매종류, 형태

실제적으로 공장에서 자재를 구입할 때는 종류에 따라 구입방법을 달리 정하게 된다. 그러므로 회사의 경영방침과 구매시장의 상황인 수급관계, 유통기구, 구입품의 성질에 따라 구매관리를 합리화하고 효과적인 구매를 하는 것이 바람직하다.

(1) 구매방침의 결정방법

합리적인 구매활동을 하기 위해서는 기본적인 방침을 확립할 필요가 있다. 즉, 품종, 품질, 수량, 시기, 가격, 구매선이 문제가 된다.

이러한 경영전략에 관련된 사항의 적부와 구매업무는 서로 중대한 영향을 주므로 신중히 결정을 하여야 한다. 그리고 각 담당자간에 오해가 없도록 하여야 한다.

가. 품종과 품질

품종과 품질은 설계부 내에서 지정한 사항을 구매담당자의 전문적 지식을 발휘하여 신재료나 대용재료가 있을 때 이를 제안할 수 있도록 하고 재료의 제조업체와 공동연구로 공정의 합리화와 제품의 품질이 향상 되도록 신재료의 개발을 추진하도록 한다.

나. 수량과 시기

원칙적으로 재료계획을 결정하고 장기적으로 계속 자재를 다량 구입할 때는 단가가 저렴하고, 시기적으로 변동이 있을 때는 장래의 수요를 고려하여 수량을 결정하도록 한다.

다. 가격과 지불 조건

구입가격은 합리적인 견적방법과 계약방법을 적용하여 원가를 낮출 수 있도록 노력한다. 그리고 저렴한 가격으로 구입선을 선택하고 품질불량, 납기지연에 주의를 해야 한다. 그리고 가격은 지불조건에 영향을 주고 자금 조달에 있어서 제약을 받게 되므로 이를 고려할 필요가 있다.

라. 구입선

매입선에 한정되는 특수품 구매는 특별한 경우이고, 표준품을 시장에서 수시로 구입하는 때는 품질, 가격과 공급의 안전성을 고려하여 적당한 구입선을 결정하여야 한다.

① 구입선

구매량이 소량인 경우는 재료상에서 직접 구매를 하여도 되나 대량의 구매를 하여야 할 경우는 제조회사를 직접 방문하여 구입하는 것이 바람직하다. 대기업에서는 대량소비를 하게 되므로 자가생산을 하는 전문적인 전속하청의 계열화를 행하는 것이 바람직하다. 특수한 경우에는 계열구매나 상호 구매방법을 채용하는 정책을 고려함이 합리적이다.

② 구입선의 업체 수 결정

한 품종의 구입선을 1개의 구입선으로 한정할 것이냐, 복수구입선을 대상으로 할 것인가의 문제는 일장일단이 있으므로 이를 병용하는 것이 바람직하다.

마. 재료의 성질에 따른 영향

구매방침 및 구매방식의 영향에 따라 중요조건이 존재한다.

① 재료의 종류

같은 종류의 원재료를 계속 다량 소비하는 경우 즉, 목재, 식품, 직물, 가죽 등의 경우 재질 및 형태에 따라 변할 경우도 있다. 전자는 장기계약 및 견적구입이 가능하나, 후자는 당용구입에 한정된다.

② 재료의 관리상 구분

상비재료와 비상비재료를 구분하는데 이것은 재료종류의 구분에 따라 고려되어야 한다.

③ 재료의 시장성

유동성 및 수급사정에 따른 영향이 있고 또한 천연자원 및 수입품의 경우는 유동성이 크다.

④ 생산형태

견적구입생산과 주문생산의 구분하는 경우 재료종류에 따른다.

(2) 구매방법

가. 구매요구

기업에 있어서 구매를 담당하는 부서 자체의 취급자가 자기 개인의 필요에 의하여 자재를 구입하는 것은 아니다. 각 부서에 필요로 하는 수요량의 요구에 따라서 구매를 하게된다. 구매담당자에 대한 구매요구는 다음과 같다.

① 상비재고자재의 보충요구

② 제조계획설정에 따른 자재요구

③ 시장상황에 따른 자재요구

등의 요구에 의하여 구매를 실시하게 된다. 어떻든 구매부문에서는 요구를 받아 구매계약을 맺고 발주하게 된다.

나. 당용구매

자재가 없거나 최저재고량에 이르게 되면, 그 때마다 구매하는 방법으로서 자재의 재고량이 적으므로 운전자본이 절약된다. 가격이 하락하거나 불안정한 경우라든지 또는 기업의 자재수요가 확정되지 않은 경우에 일반적으로 이용된다.

다. 장기계약구매

기업의 장기적인 생산계획수립에 따라 산출된 소요자재로 그 기간중에 소요수량을 예정가격으로 하거나 계약당시에 가격을 고정하는 계약구매나 그 기간 중에서의 예정수량을 예정가격으로 계약을 하지만, 실제로 납입된 수량을 확인하여 가격을 예정하는 예정수량총구매가 실시된다.

라. 일괄구매

일반적으로 기업의 소모품 등으로 사용량은 적으나 여러 가지 품종이 많은 것은 개별적으로 나누어 발주하지 않고 일정의 품종별로 분류하여서 공급치를 선정하여 전화연락 등에 따라 필요할 때마다 납입시켜 월별 또는 3개월별로 납입금액을 모아 사후계약형식을 취하는 것은 일괄구매가 편리하다.

마. 투기구매

자재의 가격수준이 가장 낮다고 생각될 때 과대한 수량의 자재를 구매하고, 가격이 상승함에 따라서 소요량 이외의 자재는 재판매함으로써 가격변동에 따른 투기이익을 얻고자 하는 방법이다.

바. 시장구매

기업이 현재자재의 가격은 낮지만 앞으로는 가격이 상승할 것으로 예상되는 때 구매를 하는 방법으로서, 시장가격변동을 이용하여 기업에 유리한 구매를 하려는 것이다.

이 방법은 기업의 재고가 증가하여 이에 따른 재고비용과 품질저하가 생기는 것 이외에 마모, 손실 등의 것보다 선물구매를 함으로써 가격상승에 따른 이익이 많아지는 데에 유리하다.

사. 대량구매

필요로 하는 자재량을 한번에 구매하는 방법으로서 수량 할인을 받을 수 있다는 점에서 타구매방법보다는 유리하다고 본다. 그러나 수요예측에 잘못된 경우에는 재고의 자연마모나 재고 투자가 증가하여 자본의 고정화로 인한 자본운용상의 손실을 초래할 우려가 크므로 고려할 바가 있다.

아. 계획구매

기업의 생산계획이나 조업계획에 따라 필요로 하는 자재를 일정한 계획에 따라 구매함으로써 어느 수준의 자재재고, 즉 안전재고를 유지하려고 하는 구매방법이다.

4. 구매업무의 관리

회사를 대변하고 가격을 갖춘 구매자를 구매업무에 선임하고 표준식자재 구매명세서를 설정 운용하며 구매절차에 의해 구매업무를 수행한다고 해서 효율적 구매가 이루어졌다고는 할 수 없다.

구매 전과정에 걸쳐 부단하고 계속적인 검토와 평가, 그리고 통제가 이루어져야 하는데 업무상의 규제 및 통제의 기준이 되는 규범과 평가 심사의 통제를 식음료 컨트롤러가 행한다.

4-1. 업무통제의 착안사항

① 구매의뢰 일자와 실제납품일자를 조사한다.
② 구매의뢰서에 품목, 수량, 금액을 조사하고 비교한다.
③ 구매된 식자재를 조사한 다음 송장과 대조해야 한다.
④ 구매 견적서를 불시에 조사한다.
⑤ 납품업자와 간담회를 가져 의견을 청취한다.
⑥ 구매계약, 기타 수행된 내용의 위법성 여부를 심사한다.

4-2. 구매관련서식 및 보존 관리

① 구매의뢰서 및 발주서
② 거래선 명단 및 거래 실적표
③ 가격조사 기록부 및 응찰한 견적서
④ 상품목록
⑤ 표준구매 명세서
⑥ 송장 또는 거래 명세서

4-3 현장의 구매사례

(1) eProcurement란?

전자상거래를 위한 구매조달 시스템으로 구매기업에게는 총 소요비용의 절감과 생산성 향상을 가져다주고, 공급기업에게는 마케팅 능력의 확장과 운영의 효율성을 증가시켜 줄 수 있습니다.

인터넷을 통하여 수행되는 구매조달 시스템의 이점

가. 상품과 서비스의 비용 절감

구매자와 공급자가 "on contract"의 시점에서 매매(賣買) 할 수 있어 상품과 서비스의 판매와 공급을 위한 비용이 절감되어 경쟁력이 향상됩니다.

나. 생산성 증가

판매과정의 서류 의존적인 업무를 줄임으로써 판매 담당자는 보다 더 전문적인 업무를 위해 시간 경영(time management)을 할 수 있게 되어 기업 전체의 업무 생산성 향상에 기여하게 됩니다.

다. 이익 극대화

인터넷을 통한 신규고객확보가 가능하여 매출이 증대되고 홍보비, 물류비 등을 절감할 수 있어 판매이익이 증대됩니다.

라. 향상된 계획성

정확한 판매정보에 의한 생산이 이루어질 수 있으므로 생산량을 최적으로 조절할 수 있고 재고관리에서의 효율성이 증대됩니다. 이로 인해 활용 가능한 자본을 감소시킬 수 있으며 현금 유동성을 증가시킬 수 있습니다.

(2) 강남노보텔 / 소피텔/ 세종호텔의 사례

가. Back Office System 개발

호텔내부의 기본적인 업무를 관리하기 위한 Back Office시스템으로서 호텔내 필요한 물품을 구매하는 구매관리업무, 구매된 모든 품목을 관리하는 자재관리업무, 호텔에서 근무하는 사원들을 관리하기 위한 인사/급여관리 업무, 회계업무, 이용고객 및 회원의 성격에 따라 분류, 관리하는 고객관리 업무, 고객의 연회예약시 필요한 정보를 제공해주는 예약관리 업무, 고정자산관리업무, 후불관리업무, 경영에 필요한 자료를 제공하는 EIS가 포함되어있습니다.

나. 노보텔/소피텔 Back/Office

특징으로는 동일 자료관리 영역 내에 있으며, 사용자에 따라 정보의 공유부분이 결정되어 있을 뿐만 아니라 통합관리의 기초적 구조로 구성되어 있습니다.

다. e-Business System 개발

Internet상에서 3개 호텔(강남노보텔/독산노보텔/소피텔)고객들의 예약 및 실적을 관리하여 줍니다. 기존의 Back Office 상에서 운영되어온 Membership 고객들이 대상이 되며, 기타 비회원들도 Internet 상에서 각종예약을 하고 결과를 조회할 수 있습니다(비회원들의 회원가입유도). 그 밖에 호텔의 주요행사 및 Business 관련정보를 제공하여 타 호텔과는 차등화 된 대고객 Service를 제공합니다.

3 BOSS e-Procurement ver 2.0 & BOSS Exchange ver 2.0

(1) 리츠칼튼 호텔 구매부 고○○ 과장

지난 15년 동안 호텔 구매업무만을 담당해온 베테랑으로 리츠칼튼호텔의 식음자재부문 구매를 담당하며 구매 전문가로서 최상의 식음자재 구매와 정보수집 및 업무개선에 남다른 노력을 기울였습니다. 이러한 고○○ 과장의 노력은 요리 문화의 발전과 다양한 식음자재의 개발로 구매업무는 시간이 갈수록 증가하여 혼자 감당하기 어려울 만큼 업무가 많아졌으며 이를 개선하려고 각 업장에서 매번 새로운 구매요청서에 일일 구매량을 기술하던 것을 식음자재 구매 요구서를 업장별 구매파일로 만들어서 반복적으로 사용하므로 문서의 발생량을 대폭 줄이기도 하였다.

"인터넷 구매자동화는 구매업무의 병목현상과 같던 발주처리 시간을 10~15분대로 단축시켜 업무개선과 비용절감에도 많은 이익을 가져오는 시스템이다"고 하며 "앞으로 구매자동화 시스템을 더욱 더 발전시켜 전체적인 구매업무의 효율화와 구매비용을 절감하는데 노력해야 한다"고 강조한다. 인터넷 구매자동화의 도입은 호텔과 공급업체와의 업무개선과 비용절감에 큰 도움이 되므로 앞으로 많은 업체와 호텔에서 이용할 것이라고 전망하고 있습니다."

(2) (주)한국 제키드

(주)한국제키드 사장은 중동 현지 Local Hotel을 경영하는 기업체 대표로부터 호텔의 용품 중 아시아권에서 수입하는 품목의 납품의뢰를 받고 호텔용품 전문사이트인 corevan.com에 회원으로 가입하여 중동에서 의뢰 받은 약 30여 가지의 품목을 선택하여 각 업체로 견적을 의뢰 받고 제품의 카탈로그를 입수하고 무역거래를 시작하여 지난 9월 1차로 6개 업체의 약 35가지 품목이 납품 결정되어 약 1억원정도의 납품계약이 성사되어 각 사의 매출에 기여하였습니다. 납품단가의 해외 경쟁력이 좋기 때문에 추가 계약이 계속 협의되고 있습니다.

(3) 반도상사

서울 4개의 특급 호텔에 일일 식자재를 공급하는 반도상사는 관련 호텔의 corevan.com 사용으로 자연스럽게 코아밴에 회원 등록을 하였습니다. 반도 상사에서 취급하는 상품은 약 400여 품목으로 기존의 방식인 팩스로 주문을 받아서 매일 호텔에 식자재를 공급하는 회사입니다. 반도 상사는 하루에도 4개 호텔로부터 20페이지 분량이 넘는 주문서를 매일 팩스와 전화로 확인하였습니다.

"일정한 시간 (오후 4~5시)에 각 호텔로부터 한꺼번에 주문서가 팩스로 전송되다 보면 팩스출력시 부하가 걸리거나 , 출력물의 프린터 상태가 좋지 않아서 호텔구매부에 다시 한 번 전화로 주문 내역을 확인하는 등 업무진행에 많은 애로사항이 있었습니다. 지금은 인터넷으로 각 호텔의 주문내역을 쉽게 조회 할 수 있어서 너무 편리합니다. 맨 처음에 컴퓨터에 익숙하지 않아 조금은 망설여지기도 하였으나 인터넷에 대한 특별한 지식이 없어도 코아밴 사용자 매뉴얼을 보고 몇 번의 클릭으로 견적서 작성과 주문서를 간단히 작업할 수 있게 되었습니다"

3 INCOME Products

(1) 독일 HansNet사

함부르크에 기반을 둔 통신 회사인 HansNet은 data warehouse를 위하여 지역의 통제, 고객관계관리, 통신행위양식을 구현했습니다. 분석, 설계, 구현은 PROMATIS의 INCOME Data Mart Base Component를 기반으로 실행되었습니다. 통합환경은 다양한 operating system에 의해 만들어지며,(예를 들면, 재무, 회계, 영업지원, 지불시스템 등이다.) Database는 객체 지향적인 Oracle 8 database가 사용됩니다. Business Objects는 평가 tool로써 사용되며. 분석 시스템은 system-global과 유연한 보고시스템을 위해 일관된 기초를 제공합니다.

미래에는 독특한 제품 분석, 판매 성공률 측정, 통화양식 분석 등을 가능하게 합니다. 정교한 data warehouse projects에 대한 회의적인 시각 때문에 돈과 시간 양쪽으로 비용이 들고, 성공에 대한 부담은 특별한 database의 반복적인 개발을 결정하게 합니다. INCOME Data Mart은 오라클 8 database 기술에 기반을 두고 있습니다.

Project는 4개월 이내에 구현되었습니다. 그래서 PROMATIS는 Data warehouse의 구축을 위해 되풀이되는 노력을 경주했으며, 재무와 회계(oracle financial), 영업과 마케팅(oracle sales/marketing) 뿐 만 아니라 통신서비스(Geneva-billing Engine from Geneva technology)의 데이터까지 통합했다.

4-4. 구매업무와 관련된 원가 및 품질관리

구매는 최상의 코스트를 유지시킬 수 있도록 최고의 품질과 최저의 가격을 동시에 만족시켜야 한다.

때로는 양질의 식음료 자재를 높은 가격에 살수도 있을 것이다. 그러나 질이 낮은 식자재를 살 경우 낭비되는 부문이 많으므로 결국 코스트 상에는 많은 영향을 끼치게 된다.

그러므로 구매자는 품질과 가격간의 상호관계에 대해 민첩하게 대응한다. 구매는 식당의 손님이 요구하는 종류와 품질의 요리를 그들이 요구하는 시간에 필요로 하는 수량만큼 조리 생산하되 고객이 지불하는 가격으로도 식당의 이익계획에 합치하는 일정의 이익을 확보할 수 있도록 설정된 총괄적 원가관리 시스템 업무에 일차적 기초를 이루고 있는 식음료 구매업무는 대단히 중요하다고 하겠다.

구매는 회사전체에 상당한 영향을 끼친다고 해도 과언이 아니다. 투기적 구매, 다량구매, 무계획적 구매는 식당의 악순환과 재고관리비의 증가와 장기 저장에 따른 부패와 품질의 변화, 도난의 발생 등과 함께 식당에 악영향과 함께 고객이 외면할 경우까지 발생할 수 있다.

구매는 가장 정확하게 양심적으로 해야하며 거래처가 회사에 관련된 사람과는 거래를 하지 않은 것을 원칙으로 해야 한다. 그래야 구매자가 업무상 가장 효율적으로 양심적으로 구매를 할 수 있으며, 양질의 품목과 적정수준의 가격까지 결재할 수 있으며, 소신껏 업무와 회사에서 요구하는 품질을 제공할 수 있다.

5. 표준 식자재 구매 명세서
(Standard Food Purchase Specification)

표준구매명세서는 각 구매 품목별 내용의 간략한 기술서로 이것이 형식적으로 작성되면 구매방침의 일괄성과 통일성의 결여로 구매활동 수행상 혼란을 빚게되며 결국 원재료의 선택에 있어 일정의 품질수준을 유지하기가 곤란하게 된다.

그러므로 명세서는 실질성과 유용성의 원칙 하에 호텔의 식료제품 계획과 원가 정책에 입각한 메뉴 품목별 필요치에 대한 철저한 질량연구를 거쳐서 작성되어 설정된 표준으로서 품질내용을 구매관리자 및 납품업자가 숙지함으로써 그들의 직무기능을 다할 수 있도록 하지 않으면 안된다.

5-1. 표준 식자재 구매명세서 설정의 목적

① 구매입찰의 견적기준 제시
② 검수기준의 명시화
③ 식자재 원가 및 요리의 품질보관 관리의 기초
④ 식자재의 산출을 측정과 요리규격 및 추정 판매가격 선정

5-2. 표준 식자재 구매명세서 설정의 절차

① 구매책임자, 조리책임자, 식자재관리자의 합의사항을 경영자의 재가로 정한다.
② 시장, 산지, 계절, 납품업계의 현실적 수준을 분석
③ 수익성보다는 상품화된 이후의 조리 특성에 입각한 실제적 실험의 반복적 수행결과를 기준으로 한다.

5-3. 표준 식자재 구매명세서 기술사항

① 정확한 품명(원명과 국문의 병행표기가 좋다.)
② 등급, 상표, 교역조건, 품질명세
③ 컨테이너 크기, 포장단위
④ 특별히 요구되는 사항(산지지정, 수확시기, 견양 등)

7 식자재의 검수관리

(Receiving Control)

1. 검수의 의의

소규모의 호텔 혹은 식당에서는 그 조직에 의해 물품을 검수 직접 주방으로 보내겠지만 대규모 호텔에서는 검수원에 의하여 물품이 인도되어야 한다.

검수관리는 주문에 의거해서 양질의 원재료를 올바르게 정확히 받으려는 목적이다. 모든 구매품은 업장내의 적하함에 있는 물품 검수장에서만 인도되어야 하고 식음료 물품에 대하여서는 식음료 관리자(F&B Controller)와 협조하여야 한다.

검수의 주기능은 납품한 상품의 수량, 질, 가격면에서의 주문서 혹은 일일구매 목록의 내용과 일치하는가, 정확한가를 검수하는 것이다.

여러종류의 물품을 한데 묶어 계량하는 것은 허용되지 않으며, 물품은 각 종류별로 따로 계량하여야 한다. 생선류와 고기류는 가능한 한 주방장의 입회하에 검수를 실시하며 품질에 의심이 갈 때는 사용부서에 연락하여 같이 입회하여 검수를 실시하여야 한다.

2. 검수원(Receiving Clerk)

식음자재 검수 업무는 요리의 표준품질의 확보와 그의 보존에 기여할 수 있는 중대한 업무이다.

검수원의 업무는 납입되는 모든 식자재를 최초로 확인하고 최종적으로 수령이냐 반품이냐를 결정하기 때문에 그의 능력한계에 따라 식당의 메뉴의 품질이 일차적으로 결정될 수 있다.

후덕한 검수태도는 불량한 식자재 납입에 의한 재산가치의 감소을 초래할 뿐만 아니라 조악해진 요리의 품질불만에 기인한 고객의 상실을 유발하는 것으로써 원가상승과 요리의 매출감소라는 최악의 상태를 초래하는 직 · 간접의 요인이 된다는 관점에서 검수자로서의 요건은 다음과 같다.

2-1. 품성적 요건

검수담당자는 재산 관리적 기능을 가진 정직하고 성실하며 신뢰할 수 있는 자여야 하고, 이러한 사항을 객관적으로 보장할 수 있게끔 가정환경과 대인관계 그리고 재정보증이 확실하고 의지가 곧은 자로써 가능한 구매자와 동일소속이 아니어야 한다.

2-2. 지식적 요건

① 표준 식자재 구매명세서에 관한 전문적 지식을 갖출 것
② 식자재 시장동향, 신출하 제품, 가격정보에 상당한 지식을 갖출 것
③ 부정직한 식품상인의 술수의 유형 및 퇴치법을 갖출 것
④ 도량의 기기 조작법을 알 것
⑤ 요리의 조리과정 및 특성요인을 숙지할 것
⑥ 식자재 보관방법 및 납품전표, 발주서, 견적서 및 검수 보고서의 작성에 관한 지식을 갖출 것

3. 검 수

검수원은 납품된 식음료 재료를 정확히 검수하며, 그의 직무를 능률적으로 수행하기 위해서 필요한 척도나 검수도구를 반드시 사용할 필요가 있다.

검수는 수량 및 품질내용이 함께 점검되어야 하나 가장 중요한 검수의 요소는 역시 품질에 있는 것이다.

3-1. 거래 명세서(Food Invoices)

거래명세서는 판매업자가 상품의 배달과 동시에 호텔에 제시하는 것이 원칙이다. 특히 식자재의 다양한 품종이나 납품회사에 의한 매일 반복적 구매라는 특성을 감안할 때, 그리고 현행의 부가세법이 요구하는 필수적 요식행위인 관계로써 거래명세서는 필히 현품에 수반되어야 한다.

현 대다수 특급호텔과 식당에서는 각 업체로 인쇄한 요식화된 거래명세서를 납품업자에게 미리 배부하여 납품시 사용케 함으로써 업무의 능률을 기하고 있는 실정이다.

거래명세서의 기록사항

- 세법이 요구하는 매입자와 구매자의 상호 주소, 거래자 번호
- 품목명, 수량, 단가, 금액, 부가세 대상 여부 및 세금액
- 주문서 또는 발주서의 일련번호
- 납품일자

3-2. 수령 확인증(Invoice Stamp)

검수에서 합격된 식자재의 송장에 검수절차의 완료를 확인하는 Stamp를 찍음으로써 납품이 완료된다.

송장의 Stamp에는 다음사항이 기재된다.

① 수령일자(Date Received)

② 수령인(Receiving Clerk)

③ 가격(Price)

④ 수량(Quantity)

⑤ 품질(Quality)

⑥ 금액검수인(Extension & Check)

⑦ 부(과)명(Department)

3-3. 거래명세서의 용도

납품의 확인과 자재의 수령시 식자재원가 합산의 자료로 사용되는 송장의 배분 및 용도는 아래와 같다.

① 원본 - 검수보고서의 작성자료가 되며 원가관리과에 송부되어 재검산과 원가산입 후 경리부에 송부하여 대금지불을 의뢰한다.

② 일번사본 - 식자재 검수부서가 보관하여 업무일지의 자료가 된다.

③ 이번사본 - 식자재 수령부서가 보관한다.

④ 삼번사본 - 검수자가 구매자에게 송부하여 구매사항을 확인할 수 있도록 하며 당일의 구매액 산정자료가 된다.

⑤ 사번사본 - 납품자가 납품확인의 자료로써 그리고 대금지불의 청구용 증명서로 사용한다.

3-4. 검수보고서(Receiving Report)

검수원의 검수를 거쳐 인수한 식음료 및 기타 물품에 대한 일일보고서를 작성하는데 이것을 검수보고서라 한다.

이 서식은 매일 들어온 식음료 물품이 검수 보고서에 기록됨으로써 검수에 대한 사후검토 및 평가에 있어 매우 가치있는 참고자료로서 필요시 즉시 이용될 수가 있다.

검수일보는 3부 작성하여 원본은 거래명세서(송장)와 함께 경리부에 송부하고 2번째 사본은 원가관리과에 송부하여 검수일보를 심사함과 동시에 매입원가 배분대장을 작성하여 폼류별의 식자재 원가산정 및 증감분석에 사용한다. 3번째 사본은 검수 책임자가 보관한다.

일일 식료 검수보고서

일자: ________________

납품회사명	수 량	단 위	품 명	품목가격	송장합계	매입원가배분		
						직도분	창고분	기타

작성자: ____________　　　　책임자: ____________

3-5. 육류의 저장관리표(Meat Tags)

육류는 식당에서 구매하는 품목 중 가장 많은 양을 필요로 하며 상당기간동안 커버할 수 있는 재고량을 냉동할 수 있는 방법으로써 상당의 업소에서는 Meat Tags를 사용하고 있다.

육류는 쇠고기, 돈육, 양고기, 조금류 등으로 구분할 수 있으며 이것을 또다시 커팅부위에 따라 갈비, 안심, 등심, 스트립 등 여러 가지로 그 명칭을 달리하게 된다.

육류는 수령시 꼬리표를 달아서 입고시켜야 한다.

(1) Meat Tags의 목적

① 해당육류의 납품회사를 명시함으로써 후일에 발생된 품질 또는 수량상의 문제도출에 사용한다.

② 출고시 계량업무의 생략화 할 수 있다.
③ 검수인의 검수업무를 검사할 수 있다.
④ 육류의 재고 순환자료 및 출고 원가산출 자료가 된다.
⑤ 육류의 주문량 산정의 자료가 된다.

(2) Meat Tags의 내용

Meat Tags는 두 부분으로 구성되어 있으며 그의 윗부분은 검수자가 당일의 검수보고서 및 송장과 함께 원가관리과(부)에 송부하고 아래 부분은 입고되는 육류의 표면에 부착한다.

Meat Tags에는 다음과 같은 내용이 기재되어야 한다.

① 일자
② 품명
③ 납품회사
④ 중량
⑤ 구매단가 및 총계

3-6. 착오시정 통지서(Notice of Error Correction)

착오시정 통지서는 아래와 같이 한다.

① 반품 또는 증빙 수정을 할 경우에 시정통지서를 2부 작성하게 되는데 원본은 납품업자에게 발송하고 부분은 원시 증빙서에 첨부해 둔다.
② 증빙의 수정내용에 따라서 차변 또는 대변에 명시한다.
③ 조정내용을 구체화하기 위하여 검수일표에 수정기록 해둔다.

3-7. 무증빙 수납표(Goods Received Without Invoice)

무증빙 수납표는 세금계산서 없이 수납된 품목에 대하여 무증빙 수납표를 작성하게 되는데 보통 2매를 작성한다.

메모식인 이 양식은 증빙의 내용 또는 임시 대금청구서로 사용한다.

이를 검수일표에 기록하되 수납일자, 납품업자 및 품명만을 기재할 것이며 가격이나 합계액을 기재하지 않는다.

원본은 일일증빙서류와 같이 경리부로 보내되 업무처리의 한 증빙서류로써 쓰지 않으며 부본은 납품되었던 증빙대금 청구서를 접수할 때까지는 물품 검수원이 보관한다.

3-8. 크레디트 메모(Credit Memorandum)

검수원이 납품된 재료를 정확한 검수 또는 그의 직무를 능률적으로 수행하기 위해서는 필요한 척도나 검수도구를 반드시 사용할 필요가 있다. 검수되어 물품이 받아들여지면 그 소유권이 판매업자로부터 식당으로 전이되어진다.

검수결과 배달된 상품이 만족스러운 경우에는 검수기록(Goods Received Note : GR Note)으로 작성하고 주문내용과의 차이가 발견되었을 경우에는 그 물품을 반송하거나 혹은 크레디트 메모를 작성하여 배달인의 싸인을 받아두어야 한다.

크레디트 메모란 납품된 식음료 재료의 품질이나 수량 등에 차질이 발견되었을 경우 반품하지 않더라도 그것이 올바른 수량, 가격이나 품질 또는 구매명세서에 의한 것이 아님을 명확히 함으로써 식료품 판매업자에 대한 신용관리를 도모하려는 목적으로 작성되는 서식이다.

그러므로 구매자가 이것을 작성한 후에 반드시 식음료 판매업자가 보낸 배달인의 싸인을 받아둠으로써 그 작성의 이유이기도 한 신용관리의 목적을 다하고자 하는 것이다.

이 서식은 보통 2~3장의 사본을 작성하여 원본은 식음료 판매업자에게 보내고 나머지는 경리부로 보낸다.

4. 검수에 따른 통제관리 (Control Activities to Receiving)

검수 활동에는 정기적인 점검이 필요하다. 일단 검수를 거친 물품에 대해서도 표준 구매명세서에 비추어 상품을 재점검할 필요가 있다. 검수 업무에 대한 관리로써 첫째, 반드시 정확한 계량설비와 도구 및 척도의 사용여부에 대한 것이고, 둘째, 저장 및 검수 공간의 확보와 위생적 관리여부이며 셋째, 검수원의 직무수행에 대한 정기적인 점검을 그 내용으로 한다.

4-1. 검수업무에 대한 평가사항

① 품질검사 - 육류 및 생선 등의 고가의 중요 품목은 표준현품과 대조하고 각 주방장의 협조로 검사해야 한다.
② 수량검사 - 수량은 구매 발주량과 대조하고 중량단위는 계수기를 사용하여 정확하게 검사해야 한다.
③ 각 품종별 검사기준
 ◦ 육　류 - 중량, 등급, 육질, 다듬기, 지방 및 심줄의 점유율, 신선도
 ◦ 계　류 - 크기, 중량, 등급, 절단방법
 ◦ 계란류 - 크기 및 중량
 ◦ 과　일 - 크기, 형태, 익은 정도, 등급, 향기, 색깔, 신선도
 ◦ 야　채 - 신선도, 색깔, 크기, 고르기, 단수
④ 냉동식품 검사 - 냉동온도, 냉동여부, 냉동방법
⑤ 구매주문서와 거래명세서간의 수량 단가의 일치여부, 합산금액의 정확성
⑥ 포장해체에 따른 식품의 보존상태
⑦ 반품처리 절차 및 수량차이 해소 절차
⑧ 특정 품목별 검수시간 구분 실행여부
⑨ 거래 명세서의 서명과 상호교부에 관한 절차

검수과정에서 빈번히 발생되는 일반적인 문제는 관대화의 지향이다. 그러므로 구매와 검수는 각각 다른 사람에 의해 업무가 수행되어야 하고, 이를 방지하기 위해서는 근본적을 인사관리기능을 강화하는 것이 좋다. 즉, 검수인이 자질을 갖춘 사람이 될 수 있도록 인사배치에 능률을 기하여야 한다.

여기서 요구되는 검수인의 자질은 4Is인데, 이는 지식(Intelligence), 인품(Intergrety), 관심(Interesting) 및 식료에 대한 정보(Information)이다.

5. 검수기준

▶ 야채류 검수 기준

품목	검수기준
1. 브로콜리	① 송이가 크고 꽃이 피지 않아야 한다. ② 색깔은 진녹색이 좋다. ③ 꽃송이의 줄기를 바짝 절단하여 송이당 100g 이상이어야 한다. ④ 꽃송이가 떨어진 낱개가 아닌 상태로 꽃송이의 입자가 균일하며 깨알처럼 작아야 한다. ⑤ 꽃속에 발레가 없어야 한다.
2. 적채	① 잎이 신선하고 색상이 진보라색으로 선명하여야 한다. ② 결구가 잘되어 단단해야 하며 무거워야 한다. ③ 겉잎은 완전히 소제되어야 하며 절단시 쫑이 없어야 한다. ④ 윤기가 있고 겉잎은 마르지 말아야 한다.
3. 양배추	① 잘 결구된 무거운 것으로 속은 차야하며 파란 겉잎이 완전히 소제되어야 한다. ② 잎이 신선하고 광택이 있어야 한다. ③ 절단시 속에 쫑이 없어야 하며 벌레가 먹지 않은 잎이 두꺼운 것이어야 한다. ④ 한포기에 2kg 이상이 좋다.
4. 콜리플라워	① 완전히 피지 않고 색상은 Ivory색으로 흑점 및 자색이 있어서는 안된다. ② 꽃잎과 줄기는 제거되어야 한다.

	③ 꽃이 갈라지지 않은 탐스러운 형태로 신선한 감이 있어야 한다. ④ 꽃송이의 줄기를 바싹 절단하여 송이당 200g 이상이어야 한다.
5. 셀러리	① 잎이 시들지 않고 신선한 감이 들어야 한다. ② 잎은 선명한 녹색이며 몸체는 연녹색이어야 한다. ③ 대가 굵고 길며 연해야하며 속대와 겉대의 굵기가 일정해야 한다. ④ 절단시 바람이 들지 말고 쫑이 들지 말아야 한다. ⑤ 윗잎은 모두 소제를 하여 절단하여야 한다.
6. 양상추	① 결구가 단단히 되어야 하며 녹색 잎이 완전히 소제된 신선한 것이어야 한다. (중식의 경우 가볍고 결구가 덜 된 것이 좋다) ② 속을 잘랐을 때 속대가 없어야 한다. ③ 표면에 상처 또는 짓눌려 시든 것이 없어야 한다. ④ 한 포기에 200g 이상이어야 한다. ⑤ 잎이 연하며 아삭아삭 씹히는 맛이 있어야 한다.
7. 파슬리	① 완전히 피지 않고 진연두색으로 신선한 감이 있어야 한다. ② 물을 축이지 않은 상태이어야 한다. ③ 잎이나 줄기가 억세지 않고 단으로 묶인 것이 좋다. ④ 줄기의 길이는 3cm이내이어야 한다.
8. 쑥갓	① 대가 연하며 잎이 많아야 한다. ② 잎이 시들지 않고 가지런히 정리되어 있는 신선한 것이어야 한다. ③ 대가 짧고 완전히 소제되어야 한다. ④ 꽃대가 올라오지 않아야 한다. ⑤ 흙이나 이물질이 섞이지 않아야 한다.
9. 잎상추	① 너무 넓거나 크지 않고 일정한 크기여야 한다. ② 잎이 상하거나 누렇게 변하지 않고 짓물리지 않은 신선한 것이어야 한다. ③ 상추가 가지런히 정리된 상태로 흙이나 이물질이 없어야 한다. ④ 물에 담그지 않았던 것이어야 한다. ⑤ 포기상추 또는 꽃상추는 대가 올라오지 않아야 한다.
10. 시금치	① 잎사귀가 넓고 벌레가 먹지 않은 연녹색의 싱싱한 것이어야 한다. ② 노랗게 마른잎은 완전히 제거되어야 한다. ③ 단을 해체했을 때 잡초가 섞이지 않아야 한다. ④ 꽃대가 있는것이 섞여서는 안된다. ⑤ 밑뿌리는 빨간 것이 좋으며 0.5cm 정도로 제거해야 한다. ⑥ 강한 줄기나 대가 없고 부드러워야 하며 꽃이 피어서도 안된다.
11. 솎음배추	① 잎사귀가 연한 녹색을 띤 싱싱한 것이어야 한다. ② 흙이나 이물질은 제거되어야 한다.

	③ 벌레가 먹거나 짓무른 것이 없어야 한다. ④ 솎음크기가 일정한 크기별로 묶여져야 한다.
12. 깻잎	① 짙은 녹색으로 줄기가 마르지 않고 잎은 벌레먹지 않은 상태로 신선해야 한다. ② 잎의 크기가 너무 커도 좋지 않고 일정해야 한다. ③ 잎은 부드럽고 연해야 한다. ④ 크기별로 같은 것끼리 10매씩 묶여있는 것을 한단으로 한다.
13. 통배추	① 외잎이 완전히 제거된 상태로 결구가 잘된 무거운 것으로 신선해야 한다. ② 잘랐을 때 속이 차있어야 하며 내잎이 썩거나 벌레가 없는 연백색이어야 한다. ③ 잎이 두껍지 않고 굵은 섬유질이 없어야 한다. ④ 잘랐을 때 속에 쫑이 생겨서는 안된다. ⑤ 입으로 씹었을 때 단맛이 나야 한다. ⑥ 한포기 무게가 2.5kg 이상되는 것이 좋다. ⑦ 뿌리는 완전히 제거되어 있어야 한다.
14. 얼가리배추	① 시들지 않고 신선해야 하며 외엽이 얇고 상처가 없어야 한다. ② 너무 잎이 긴 것은 좋지 않고 조금 작으며 일정해야 한다. ③ 포기단속에 흙과 이물질이 없어야 한다. ④ 대는 연하고 가늘수록 좋고 줄기부분은 흰색을 띠어야 한다.
15. 아욱	① 잎이 넓고 부드러우며 대가 살이 찌고 연해야 한다. ② 잎은 누런 떡잎이 없어야 하며 벌레먹은 부분이 없어야 한다. ③ 신선도가 있어야 하며 색은 짙은 연두색이 좋다. ④ 깨끗하고 크기가 같은 것끼리 가지런히 묶여있어야 한다.
16. 고구마 순	① 색깔이 연한 고동색으로 선명해야 한다. ② 만졌을 때 촉감이 좋고 미끈미끈하지 않아야 한다. ③ 삶은 상태에서 보관기간이 너무 길거나 너무 삶아 짓무르면 안된다.
17. 대파 · 중파 실파 · 쪽파	① 줄기의 신선도가 강하고 색깔은 선명하고 잎이 연해야 한다. ② 뿌리와 잎부분이 마른 것은 완전 절단, 소제되어야하며, 흙이 묻어서는 안된다. ③ 꽃대가 피어서는 안된다. ④ 대파는 흰부분이 길고 굵어야 하며 흰부분에서 25cm 이상은 절단한다. ⑤ 실파는 가는 것이 좋고 뿌리부분은 절단, 소제되어야 한다. ⑥ 쪽파의 경우 껍질을 벗길 때 물로 작업해서는 안되며 짓무르지 말아야 한다.
18. 영양부추	① 줄기의 잎이 시들지 않은 신선한 것이어야 한다.

	② 흙과 이물질이 완전히 제거되어야 한다.
19. 조선부추	① 줄기의 잎이 시들지 않은 신선한 것이어야 한다. ② 꽃망울이 없고 길이가 17cm 이상이어야 한다. ③ 뿌리와 흙이 완전히 제거되어야 한다.
20. 중국부추	① 줄기의 하얀부분이 많이 나와야 한다. ② 줄기의 잎이 시들지 않은 신선한 것이어야 한다. ③ 뿌리와 흙이 완전히 제거되어야 한다.
21. 미나리	① 신선도가 높고 잎이 시들지 않고 뿌리와 시든 잎은 완전히 소제되어야 한다. ② 줄기가 길고 마디가 없어야 한다. ③ 줄기를 뿌러뜨렸을 때 쉽게 부러지고 단 자체가 흐트러지지 않아야 한다. ④ 대가 너무 가늘지 않은 상태이어야 한다. ⑤ 색깔은 진한 녹색이 좋다. ⑥ 단속에 이물질이 있어서는 안된다.
22. 콩나물	① 머리부분이 노랗고 썩은 반점이 없어야 한다. ② 길이가 7cm 미만이고 잔뿌리가 없어야 한다. ③ 통콩나물로서 통자체에서 자란 것이 좋다. ④ 이물질이 섞여 있지 않고 썩은 냄새가 나지 말아야 한다. ⑤ 소제 콩나물의 경우 머리부분을 완전히 제거한다.
23. 숙주나물	① 머리부분에 싹잎이 나지 않아야 한다. ② 신선도가 높고 길이가 4cm 미만이고 통통해야 한다. ③ 잔뿌리가 없고 이물질이 없어야 한다. ④ 썩은 냄새가 나지 말아야 한다. ⑤ 소제 숙주나물의 경우 머리부분과 잔뿌리를 제거한다.
24. 취나물	① 연하고 부드러워야 하며 이물질이 섞여서는 안된다. ② 생취나물을 삶았을 때 녹색의 선명한 빛을 띠어야 한다. ③ 묵은 취나물을 삶았을 때 짙은 초록 또는 짙은 길색이 나아 한다. ④ 너무 삶아서 짓무르거나 물건자체에 힘이 없어서는 안된다. ⑤ 뼈대로 인한 섬유질이 질겨서는 안된다.
25. 고사리	① 대가 통통하여 쭈글쭈글 하지 않고 연해야 한다. ② 꽃이 많이 피지 말아야 한다. ③ 상품이 가지런한 상태로 되어있어야 한다. ④ 색깔이 검붉은 것이어야 하고 줄기는 굵어야 한다. ⑤ 고사리는 삶았을 때 밝고 선명하여 약간 밝은 갈색이 나야 한다. ⑥ 너무 삶거나 너무 무른 상태인 것은 좋지 않다.

26. 감자	① 잘 여물고 알이 단단해야 하며 개당 170g 이상이어야 하고 규격이 일정해야 한다. ② 청색이 나지 않고 홈이나 부패 및 병충해가 없어야 한다. ③ 눈이 작아야 하고 깊지 않아야 하며 겉에 골이 많이 지지 않은 매끄러운 상태가 좋다. ④ 흙이 완전히 제거되어야 하며 겨울에는 얼지 않아야 한다. ⑤ 표면이 마르지 않아야 한다. ⑥ 색깔이 희고 껍질이 얇아야 한다.
27. 고구마	① 잘 여물고 속이 단단한 타원형이어야 한다. ② 골이 많이 지지않고 매끄러우며 색깔은 자주빛이 좋다. ③ 흙이 완전히 제거되어야 한다. ④ 껍질을 벗겨 먹었을 때 단맛이 나야 한다. ⑤ 병충해, 홈, 부패, 발아가 없어야 한다. ⑥ 조금 통통하며 크기와 모양이 일정해야 한다. ⑦ 알이 굵어야 하며 개당 250g 이상으로 규격이 일정해야 한다.
28. 양파	① 외피가 짓무르지 않고 상처가 없고 외경이 큰 것이어야 한다. ② 만졌을 때 촉감은 단단하며 딱딱한 것이어야 한다. ③ 싹이 트지않고 뿌리가 없어야 하며 껍질은 광택이 있어야 한다. ④ 납작한 것보다 둥근 것이 좋으며 개당 200g 정도로 규격은 일정해야 한다. ⑤ 깐 양파의 경우 잘라내거나 벗겨진 부분이 누렇게 색이 변하면 안된다. ⑥ 깐 양파의 경우 적황색의 껍질이 완전히 벗겨져 흰색의 뚜렷한 내피가 드러나야 한다.
29. 당근	① 외관상 모양이 통통하고 윗부분과 아랫부분이 거의 일정할 정도로 살이 찌고 곧아야 한다. ② 표면이 매끄러워야 하며 갈라져서는 안되고 눈이 적어야 한다. ③ 마디나 뿔이 없어야 하며 색깔은 주황색으로 윤기가 있어야 한다. ④ 절단시에 심이 없고 심부분에서 주위까지 같은 주황색이어야 한다. ⑤ 잔뿌리는 거의 없어야 한다. ⑥ 먹었을 때 단맛을 띠어야 한다. ⑦ 흙이 묻어 있어서는 안되며 크기와 모양이 일정하게 선별되어야 한다. ⑧ 개당 230g 이상이고 길이는 15cm 정도가 되어야 한다.
30. 무우	① 무 속이 꽉 차 있으며 육질은 단단하고 치밀하고 연하며 무거워야 한다. ② 절단시에 바람이 들지 않고 까만심이 없어야 한다. ③ 외피에 잔뿌리가 적고 썩은 부분이나 벌레가 먹어서는 안된다. ④ 줄기와 흙이 완전히 제거되어야 한다. ⑤ 겨울철의 경우 얼지 않아야 한다.

	⑥ 개당 1kg 이상이고 길이는 20cm 이상이어야 하고 균일하여야 한다. ⑦ 잔뿌리가 한군데로 몰려있는 것이 좋다. ⑧ 매운맛이 적고 감미가 있어야 한다.
31. 알타리무우	① 연하고 무 크기가 너무 크지 않고 일정하여야 한다. ② 뿌리의 흙이 완전히 제거되고 썩거나 벌레 먹어서는 안된다. ③ 신선하고 바람이 들지 말아야 한다. ④ 매운맛이 지나치게 심해서는 안되고 감미가 있어야 한다.
32. 열무	① 뿌리가 너무 크지않고 대가 연하며 잎이 누렇거나 벌레먹지 않아야 한다. ② 잎이 싱싱하고 흙이나 불순물이 없어야 한다. ③ 줄기에 미세한 털이 많아야 한다. ④ 포기 당 50g 이상이어야 한다.
33. 깐마늘	① 껍질은 완전히 제거하여야 하고 겉에 흠집이 있거나 썩어서는 안된다. ② 굵고 신선한 감이 들어야 하며 물기를 완전히 제거시켜야 한다. ③ 육쪽마늘을 원칙으로 한다. ④ 윤기가 흐르고 알이 단단하고 굵고 균일해야 한다.
34. 깐생강	① 껍질은 완전히 벗겨져야 한다. ② 벌레먹거나 썩은 부분이 없고 싹이 터서는 안된다. ③ 수분함량이 70% 이상인 한국산이어야 한다. ④ 생강알은 굵어야 하며 색깔은 황토색이어야 한다. ⑤ 고유의 매운향과 향기가 강하고 독특해야 한다.
35. 도라지	① 쉰 냄새가 없고 신선한 맛이 나야 한다. ② 잔뿌리는 많지 않아야 하고 뿌리는 곧고 탄력이 있어야 한다. ③ 굵기는 너무 크지 말아야 한다. ④ 색깔은 하얗고 축감이 꼬들꼬들한 감이 있어야 한다. ⑤ 참도라지의 경우 껍질이 완전히 벗겨진 상태에서 쪼개진 상태가 길고 가늘게 일정하고 가지런해야 한다. ⑥ 표백제나 기타 부정첨가물을 사용한 것은 안된다. ⑦ 깐 도라지의 경우 색깔은 연한 누란빛이 좋다.
36. 더덕	① 표면이 매끈하고 통통해야 하며 껍질은 벗겨야 한다. ② 색상은 누렇지 않고 흰빛깔로서 퍼석퍼석해서는 안된다. ③ 향은 짙을수록 좋고 크기는 일정해야 한다.
37. 연근	① 몸통은 굵고 곧아야 하며 모양이 길어야 한다. ② 흙은 완전히 소제되어 있어야 한다. ③ 살집은 좋고 부드러워야 하며 건조되지 않아야 한다.
38. 토란	① 모양이 원형에 가깝고 커야되며 머리부분이 푸르지 않아야 한다.

	② 흙이 묻고 껍질이 있는 채로 들어와야 한다. ③ 잘랐을 때 살이 흰색을 띠고 단단하며 끈적끈적한 감이 강해야 한다. ④ 표백제나 부정첨가물을 사용해서는 안된다.
39. 근대	① 잎이 넓고 부드러우며 대가 살이 찌고 연해야 한다. ② 잎이 누런 떡잎은 없어야 하며 벌레 먹은 부분도 없어야 한다. ③ 줄기는 아주 부드러워 꺾었을 때 쉽게 부러져야 좋다. ④ 크기가 같은 것끼리 가지런하고 깨끗하게 묶여 있어야 한다.
40. 비트	① 속이 진한 자주색이어야 한다. ② 흠집이나 외면이 패여서는 안되며 신선해야 한다. ③ 잎과 줄기를 완전히 절단한 상태이며 흙이나 이물질이 있어서는 안된다. ④ 외피를 눌렀을 때 단단해야 한다. ⑤ 긴 것 보다 둥근 것이 좋다.
41. 산마	① 갈았을 때 색이 변하지 말아야 한다. ② 모양이 울퉁불퉁해서는 아니되고 크기는 커야 한다. ③ 흙이 제거되어야 한다.
42. 토마토	① 모양이 둥글고 골이 지지않고 깨지거나 짓물리지 않아야 한다. ② 너무 익지않고 꼭지 가장자리가 약간 파란색이 감돌아야 한다. ③ 완전히 익어서 물렁거리면 안된다. ④ 속이 꽉차 있는 찰토마토이어야 한다. ⑤ 큰 것은 한 개에 200~300g 정도이어야 하며, 둘레길이가 25cm 정도가 좋으며 중간 것은 150~180g 정도이며, 둘레길이가 22cm 정도여야 한다. ⑥ 색상과 규격은 항상 일정해야 한다. ⑦ 토마토의 꼭지부분은 녹색으로 싱싱한 감이 있어야 한다.
43. 조선오이 취청오이	① 오이속에 씨가 없어야 하며 육질은 단단하여야 한다. ② 규격은 곧고 일정해야 하며 무거워야 좋다. ③ 신선하고 선명한 녹색을 띠어야 한다. ④ 벌레 먹거나 짓무른 것이 없어야 한다. ⑤ 단백한 맛과 수분함량이 많아 시원한 맛이 강해야 한다. ⑥ 중식당의 경우는 가시오이를 사용한다.
44. 풋고추 홍고추 꽈리고추	① 외관상 윤기가 흐르고 짓물리거나 벌레가 먹지 않아야 한다. ② 햇고추로서 곧고 약간 단단해야 한다. ③ 썹어서 질겨서는 안되고 신선해야 한다. ④ 길이는 10cm 이상이어야 하고 길이가 일정해야 한다. ⑤ 홍고추의 경우 햇고추로서 색상이 빨간 것이어야 한다. ⑥ 꽈리고추는 부드럽고 연해야 한다.

45. 청피망 홍피망	① 외관상 짙은 녹색을 띠어야 하고 표피에 윤기가 있는 신선한 것이어야 한다. ② 표면에 굴곡이 없고 매끈해야 한다. ③ 깨지거나 짓눌려서 흠집이 있는 것은 안된다. ④ 굵고 크며 표피가 단단한 것이어야 한다. ⑤ 한 개에 60g 이상이어야 한다. ⑥ 중식용의 경우 크기는 크고 표피는 얇아야 한다.
46. 왜호박 조선호박	① 색깔은 연두색으로 신선도가 높고 윤기가 흐르며 짓물려지지 않아야 한다. ② 곧아야 하며 굴곡이 없어야 하며 굵기가 일정해야 한다. ③ 잘랐을 때 속이 차있고 육질은 연하며 성숙한 씨가 없어야 한다. ④ 줄기나 꼭지는 완전히 제거되어야 한다. ⑤ 조선호박의 경우 연두색을 띠면서 작을수록 좋다.
47. 단호박	① 크고 표피에 흠이 없어야 하며 골 윤곽이 뚜렷해야 한다. ② 껍질 색깔은 진해야 하며 황색 또는 검녹색을 띠어야 한다. ③ 절단하여 속을 먹었을 때 단맛이 있어야 한다.
48. 가지	① 신선도가 강하고 외부표면이 매끄럽고 윤기가 있어야 한다. ② 벌레가 먹거나 구멍이나 곰팡이가 쓸거나 짓물러서는 안된다. ③ 잘랐을 때 안이 꽉 차있고 성숙한 씨가 있어서는 안된다. ④ 굵기는 일정해야 하고 곧아야 한다. ⑤ 먹었을 때 약간의 단맛이 있어야 한다. ⑥ 너무 딱딱해서는 안된다.
49. 우엉	① 굵기는 중간정도가 좋고 곧아야 하며 너무 건조되지 않아야 한다. ② 흙과 잔뿌리는 완전히 제거하여야 한다. ③ 바람이 들지않아야 하고 잘랐을 때 살집이 좋고 부드러워야 한다. ④ 외피와 내피 사이에 섬유질의 심이 없고 이물질의 혼입이 없어야 한다.
50. 스트링빈스	① 연한 녹색으로 몸통이 가늘고 균일해야 하며 굴곡은 없어야 하며 곧아야 한다. ② 양쪽 꼭지가 완전히 제거되어야 한다. ③ 절단시 속에 콩알이 들어있지 않거나 아주 작아야 한다. ④ 활처럼 휘었을 때 부러지지 않아야 하고 촉감이 부드러워야 한다. ⑤ 시들지 않아야 한다.
51. 두릅	① 자연산의 경우 대가 없이 잎이 나는 부분에서 절단된 것이어야 한다. ② 잎이 완전히 피어서는 안되고 어린 것이어야 한다.

	③ 몸통은 통통해야 하고 부드럽고 연해야 한다. ④ 잎의 색이 연두색으로 녹색을 띠어서는 안된다.
52. 달래	① 신선도가 강하고 뿌리표면이 매끄럽고 윤기가 있어야 한다. ② 채가 짧으며 잎이 가늘고 뿌리가 커야 한다. ③ 입으로 씹었을 때 향긋한 내음이 있어야 한다. ④ 찹찹이로 깨끗이 소제되어야 한다.
53. 풋마늘	① 줄기가 곧고 통통하며 신선한 것이어야 한다. ② 줄기 안에는 심이 없어야 한다. ③ 뿌리와 시든 잎은 완전히 소제되어야 한다. ④ 먹었을 때 너무 맵지 않아야 한다. ⑤ 흙이 묻어 있어서는 안된다.
54. 레디쉬	① 알이 작고 둥글둥글 하여야 하고 흠집이나 외피가 상해서는 안된다. ② 색깔은 진홍색이어야 하며 신선한 감이 들어야 한다. ③ 알의 크기는 일정해야 하며 알에 바람이 들지 않아야 한다. ④ 잎이 시들지 않고 물에 젖지 말아야 한다. ⑤ 흙이나 이물질은 완전히 제거해야 한다.
55. 표고버섯	① 갓이 완전히 피지않고 버섯형태를 유지해야 한다. ② 갓의 표면은 암갈색, 속은 흰색을 띠어야 한다. ③ 머리부분이 두껍고 위쪽에 약간 터진 것이 좋다. ④ 짓물리거나 갓이 찢어진 것은 없어야 한다. ⑤ 물기가 없고 수분함량은 적어야 한다. ⑥ 먹었을 때 약간의 단맛이 있어야 한다. ⑦ 줄기를 만져 보았을 때 단단하고 통통해야 한다. ⑧ 대가 짧고 가지런해야 한다.
56. 양송이버섯	① 표피를 만져서 단단해야 하며 머리부분이 피어서는 안된다. ② 표피의 색깔은 순백색이며 얼룩반점이 없어야 한다. ③ 외형이 갈라지거나 부서져서는 안되고 통통해야 한다. ④ 크기는 직경 4cm 정도로 전체물량이 일정한 크기여야 한다. ⑤ 대가 짧으며 가지런해야 한다.
57. 느타리버섯 (흑느타리)	① 완전히 피지않고 완전한 형태가 유지되어야 한다. ② 갓부분이 잿빛이고 두꺼워야 하며 신선해야 한다. ③ 모양은 나팔꽃 모양으로 줄기부분은 짧아야 한다. ④ 갓부분은 찢어지지 않아야 하고 흰곰팡이가 피지 말아야 한다. ⑤ 짓물리거나 속에 파지가 없어야 하며 이물질이 없어야 한다. ⑥ 만졌을때의 촉감은 푹신하여야 한다.

	⑦ 알맞게 자라 전체의 크기가 일정해야 한다. ⑧ 흑느타리버섯을 기준으로 한다.
58. 팽이버섯	① 눌리지 않고 머리가 떨어지지 말아야 한다. ② 머리크기가 일정하고 길이도 일정해야 한다. ③ 포장이 터지지 않고 통통하고 연한 베이지색깔이 나야 한다.
59. 달래	① 뿌리주변이 매끄럽고 윤기가 있어야 하며 신선해야 한다. ② 입으로 씹었을 때 향긋한 내음이 있어야 하고 연해야 한다. ③ 너무 길거나 짧지 않고 길이가 일정해야 한다. ④ 이물질을 제거하여 깨끗이 소제되어야 한다.
60. 냉이	① 뿌리가 너무 크지 않고 질기지 않아야 한다. ② 잎은 너무 피지않고 색깔은 진한 녹색이어야 한다. ③ 흙이나 이물질은 제거되어야 한다.
61. 토란대	① 토란대는 삶은 후 1~2일이 경과되어 토란대 자체의 진이 완전히 빠진 상태어어야 한다. ② 토란대 자체가 굵으며 삶았을 때 짓무르지 않고 깨끗해야 한다. ③ 체장은 긴 것보다 중간정도의 크기가 좋다

▶ 청과류 검수기준

품목	검수기준
1. 키위 (성수기 : 연중)	① 잘 익어야 하며 잘랐을 때 속이 새파란색을 띠어야 한다. ② 색깔은 밤색을 띠어야 하며 솜털이 있어야 한다. ③ 너무 단단하거나 물러서는 안된다. ④ 신맛이나 떫은맛이 없어야 한다. ⑤ 개당 100g 이상이어야 한다.
2. 바나나 (성수기 : 연중)	① 수입품을 기준하여 꼭지가 말랐거나 썩으면 안된다. ② 조금 덜 성숙이 된 것으로 짓물린 것이 없어야 하며 단단해 보여야 한다(제과의 경우는 익은 것이 좋다). ③ 껍질은 노란색을 띠고 검은 반점이 있어서는 안된다. ④ 먹을 때 부드러운 맛이 있어야 하며 떫거나 비린 맛이 없어야 한다. ⑤ 개당 150g 이상이어야 하며 크기가 고르고 굵어야 한다.
3. 파인애플 (성수기 : 연중)	① 품종은 대농을 기준으로 하며 큰 혹이나 밑의 굵은 줄기는 완전히 제거되어야 한다. ② 색깔은 너무 파랗지 않고 약간 노란색을 띠어야 한다.

	③ 너무 익어서 물렁물렁하면 안된다. ④ 먹을 때 향과 단맛이 나야 한다. ⑤ 파인애플속에 병이 들어서는 안된다. ⑥ 개당 1kg 이상이어야 한다. ⑦ 중식용으로는 약간 덜 익은 것이 좋다.
4. 사과(부사) (성수기 : 9~11월)	① 빛깔이 좋고 윤기가 나야 하며 표면에 상처가 없어야 한다. ② 신맛이 없고 녹는 기분이 들어야 하며 푸석푸석 해서는 안된다. ③ 과피는 얇고 과육은 단단하면서 연하고 과즙은 많고 고유의 향기와 감미가 높아야 한다. ④ 잘랐을 때 속이 검지 말아야 하며 바람이 들지 말아야 한다. ⑤ 꼭지 씨방 표면이 갈라지지 않은 것이어야 하며 순종이어야 한다. ⑥ 당도는 13이상이어야 한다. ⑦ 3다이는 개당 400g 이상이어야 하며 각 다이의 기준은 4~8개 사이의 중간이어야 한다. ⑧ 사과의 크기는 일정해야 한다.
5. 배(신고) (성수기 : 10~11월)	① 빛깔이 매끄럽고 윤기가 있어야 하며 순종이어야 한다. ② 잘랐을 때 잘린부분이 매끄럽고 하얗고 수분이 많아야 한다. ③ 씹히는 맛이 없어야 한다. ④ 만졌을 때 몸이 무르지 않아야 한다. ⑤ 모양은 둥글고 굴곡이 없어야 한다. ⑥ 당도는 11이상이어야 한다. ⑦ 2다이의 개당 무게는 550g 정도이어야 하며 각 다이의 기준은 4~8개 사이의 중간이어야 한다. ⑧ 배의 크기가 일정해야 한다.
6. 머스크 (성수기 : 6~9월)	① 표피가 그물모양으로 짜임새가 있고 선명하며 꼭지가 마르지 않은 순종이어야 한다. ② 밑부분을 눌렀을 때 말랑말랑하고 곁부분은 단단한 것이어야 한다. ③ 먹을 때 단맛과 향이 좋아야 하며 군내가 나서는 안된다. ④ 너무 후숙이 되어 무르면 안된다. ⑤ Musk의 특품은 1.2kg 이상이어야 하며 보통은 1kg 이상이어야 한다. ⑥ 당도는 14 이상이어야 한다.
7. 백설 (성수기 : 9~10월)	① 색깔은 연노란색이어야 하며 모양은 둥글며 꼭지가 마르지 않은 순종이어야 한다. ② 겉부분은 단단해야 하고 너무 후숙이 되어 무르면 안된다. ③ 먹을 때 단맛과 향이 좋아야 하며 군내가 나서는 안된다.

	④ 개당 무게는 900g 이상이어야 한다.
8. 파파야 (성수기 : 10~11월)	① 약간 후숙이 덜된 상태로 무르면 안된다. ② 당도는 14도 이상이어야 한다. ③ 크기는 개당 700g 이상이어야 한다.
9. 금싸라기 (성수기 : 6~9월)	① 육질이 희고 연하며 씹었을 때 아삭아삭해야 한다. ② 광택이 짙고 골이 선명해야하며 윤기가 있어야 한다. ③ 모양이 변형이 되지 않고 외상이 없어야 한다. ④ 금싸라기 고유의 향기가 강해야 하며 속이 곯아서는 안된다. ⑤ 잘랐을 때 씨방이 분리되는 경우 오래된 것이므로 안좋다. ⑥ 크기는 개당 600g 이상이어야 한다.
10. 딸기 (성수기 : 4~5월)	① 짙은 빨간색으로 윤기가 있어야 한다. ② 겉표면이 너무 단단해도 좋지 않고 약간 단단하면서 독특한 맛과 향기가 강해야 한다. ③ 짓물리거나 눌린 것이 없어야 하며 꼭지가 싱싱해야 한다. ④ 알맹이의 모양과 크기는 모두가 일정해야 하며 통통해야 한다. ⑤ 너무 크거나 작아도 안되며 1개에 20g 정도가 좋다.
11. 수박 (성수기 : 7~8월)	① 수박의 꼭지부분과 배꼽부분이 직선이 된 것으로 기형이 아닌 상태가 좋다. ② 껍질의 무늬가 선명해야 하며 절단시 얇아야 한다. ③ 껍질 파란선이 좁은 것이 좋고 광택이 나야 한다. ④ 육질은 섬유질이 없으며 씹히지 않고 당도가 높으며 수분이 많아야 한다. ⑤ 속살이 빨갛게 잘익고 싱싱하며 씨는 전체가 까맣게 되고 씨가 적어야 좋다. ⑥ 꼭지부분은 잔털이 전혀 없거나 입김으로 불었을 때 날아가야 된다. ⑦ 두드려 보면 꽉찬 소리가 나야 한다.
12. 밀감 (성수기 : 11~12월)	① 신맛이 없어야 하고 수분이 많아야 한다. ② 껍질은 얇고 부드럽고 섬유질이 적어야 한다. ③ 색깔은 노랗고 윤기나며 겉표면에 짓물리거나 상처가 있어서는 안된다. ④ 개당 100g 이상이어야 하고 겉껍질과 알맹이가 들떠있으면 안된다. ⑤ 품종은 조생종이라야 한다. ⑥ 과즙은 많으며 밀감특유의 향기와 당도가 높아야 한다.
13. 포도거봉 (성수기 : 9~10월)	① 줄기가 마르지 않고 신선해야 하며 신맛이 없어야 한다. ② 알맹이 껍질이 얇아야 하며 윤기가 나야 한다. ③ 색깔은 검청색이 나야 하며 윤기가 나야 한다. ④ 알의 크기가 일정해야 하며 씨가 없는 것이 좋다. ⑤ 흔들어서 떨어지지 말아야 한다.

	⑥ 알맹이 사이의 공간이 밀집되어 있어야 한다.
14. 포도캄벨 (성수기 : 8~10월)	① 줄기가 신선해야 하며 검정색이어야 한다. ② 알맹이의 껍질은 얇아야 하며 신맛이 없어야 한다. ③ 한송이에 600g 정도가 이상적이며 되도록 씨가 없는 것이 좋다.
15. 복숭아(백도) (성수기 : 8~9월)	① 육질이 연하면서도 단단해야 하며 1개에 250g 이상이어야 한다. ② 꼭지부분은 하얗고 윗부분은 붉은색이어야 한다. ③ 수분함량이 많아야 하고 당도가 높아야 한다. ④ 병충해로 반점이 없어야 하며 부분적으로 상처가 없어야 한다.
16. 천도복숭아 (성수기 : 8~9월)	① 1개에 150g 이상이어야 하며 신맛이 없어야 한다. ② 노란 바탕에 붉은 색깔이어야 하며 단단해야 한다. ③ 당도가 높아야 한다.
17. 단감 (성수기 : 9~10월)	① 껍질 색깔이 일정하게 주홍색이 나야하며 표면에 상처나 짓물려서는 된다. ② 먹어서 떫은 맛이 없어야 하며 육질이 부드러운 맛이 나야 한다. ③ 단단하고 굴곡이 없어야 하며 규격이 일정해야 한다. ④ 잘랐을 때 줄이 가지 말아야 하고 씨가 적어야 한다. ⑤ 당도는 14도 이상이어야 하며 6다이의 개당 무게는 250g 이상이어야 한다.
18. 자두 (성수기 : 7~8월)	① 단단해야 하며 신맛이 없어야 좋다 ② 색깔은 주홍색이 이상적이며 1개에 50g 이상되어야 하며 일정해야 한다. ③ 품종은 후무사가 좋다. ④ 병충해의 피해가 없고 기형과가 없어야 한다.
19. 금귤 (성수기 : 11~12월)	① 색깔은 오렌지색이며 알이 굵어야 한다. ② 물렁하지 않고 단단해야 좋다. ③ 꼭지부분이 마르지 않고 신선해야 좋다. ④ 과피는 얇고 신맛이 없어야 하며 향이 좋아야 한다.
20. 유자	① 색깔이 노랗고 껍질이 깨끗하고 얇아야 한다. ② 한 개에 120g 이상이어야 한다. ③ 상처가 없어야 하며 상처로 인한 변질이 없어야 한다. ④ 고유의 향기가 짙게 풍겨야 한다.
21. 체리	① 색상이 선명하고 붉은색이 좋다. ② 크기가 균일하고 짓물리지 않아야 한다.

▶ 생선류 검수기준

품목	검수기준
1. 광어	① 비늘을 튕겼을 때 살이 위로 올라와야 한다. ② 아기미를 벌렸을 때 빨간 빛이 나야 한다. ③ 살아있는 것은 꼬리를 들어보면 흐느적거린다. ④ 선도가 떨어지는 것은 탄력이 없거나 물렁거린다. ⑤ 살색은 희어야 하며 피를 뺀 부분은 연해야 한다. ⑥ 육안 및 회를 떳을 때 피멍이 들지 말아야 한다. ⑦ 입고시 양식과 자연산 구분을 반드시하여 검수한다. 〈참고사항〉 ▪ 넙치류 : 눈이 왼쪽 ▪ 가자미류 : 눈이 오른쪽 ▪ 강원도산 광어 : 질이 제일 우수하나 크기(1~1.5kg)가 작고 살색은 투명하며 살이 단단하다. ▪ 남해산 광어 : 11~2월의 혹한기를 제외한 연중 어획하며 맛은 강원도산보다 떨어진다. ▪ 서해산 광어 : 주로 양식용으로 사용하고 보통 4kg 이상이며 살이 무르고 맛이 조금 떨어진다.
2. 농어	① 앞지느러미를 튕겼을 때 위로 올라와야 한다. ② 생선의 세포가 굳지않아 흐느적거려야 한다. ③ 살을 눌러 보았을 때 누른 자국이 나지 말아야 한다. ④ 육안으로 보아 다소 흰색상의 색깔을 띠어야 한다. ⑤ 피를 뺀 부분이 연해야 한다. 〈참고사항〉 ▪ 동해안에서는 거의 어획이 안되며 주로 서해에서 5~8월이 성수기임. ▪ 주산지는 서해안 서산 이남부터 남해안 충무, 완도 등지까지임.
3. 도미	① 색상이 선명하고 살이 많이 쪄야 한다. ② 살을 눌렀을 때 탄력이 있고 배쪽이 단단하며 외관상 싱싱해야 한다. ③ 눈의 빛깔이 선명해야 한다. ④ 지느러미를 눌렀을 때 위로 올라와야 한다. ⑤ 입고시 양식과 자연산 구분을 하여 검수한다. 〈참고사항〉 ▪ 암놈의 경우 머리는 둥글고 체색은 적색이 강하고 수놈의 경우 머리는 각형이고 체색은 흑색이 강하다. ▪ 남해산의 질이 우수하며 특히 충무, 완도산이 선도가 가장 좋고 크기는 3kg이내 ▪ 제주도산은 약간 살이 무르나 보기가 좋고 크기가 크다.

품목	검수기준
4. 숭어	① 육안으로 보았을 때 신선해야 한다. ② 살을 눌러 보았을 때 탄력이 있어야 한다. ③ 눈의 색깔이 선명해야 한다. 〈참고사항〉 ▪ 참숭어 : 마리당 2~3kg 정도로 크기가 크며 적홍색이 짙고 살색깔도 붉은빛이 짙다. ▪ 개숭어 : 마리당 1kg 정도이며 대체로 작고 검은빛이 짙으며 살색깔도 흑적색이다.
5. 대구	① 살의 탄력이 좋으며 배쪽이 단단하여야 한다. ② 껍질부분이 벗겨지지 말고 상처가 있어서는 안된다. ③ 암, 수의 구별은 알이 배꼽쪽을 향하여 있으므로 손가락으로 눌러보아 알을 확인할 수 있고, 산란기에는 암, 수 모두 배가 불러 있다. 〈참고사항〉 ▪ 대구의 산란기는 12~2월 정도이다.
6. 삼치	① Fresh 사용을 원칙으로 한다. ② 회색 바탕에 청색으로 색깔이 선명해야 하고 윤기가 흘러야 한다. ③ 살이 탄력이 있고 배쪽 살은 단단해야 한다. ④ 아가미는 진홍빛이 나며 눈동자가 맑아야 한다. ⑤ 껍질부분의 껍질이 벗겨지지 않아야 한다. ⑥ 알이 있는 것은 좋지 않아 알이 없는 것을 확인한다. ⑦ 크기는 1.5~2kg 이상이 좋다. 〈참고사항〉 ▪ 동해안 산의 경우 포항, 울산 등지에서 소량 어획되며, 살이 단단하고 질이 제일 우수하며 알배기가 없고 모양이 날렵하게 생김. ▪ 서해안산의 경우 서산이남 남해안의 경우 목포이남, 여수 등지에서 가장 많이 어획되며 살이 무르고 알배기가 많다.
7. 조기	① Fresh여야 한다. ② 살이 꽉차야 한다. ③ 노란색 물감을 칠했는 지 확인해야 한다. ④ 한식에서 주로 사용하며 마리당 300g 이상이어야 한다. ⑤ 알배기로 육질과 맛이 좋아야 한다. ⑥ 참조기를 사용하며 공급이 어려울 때에는 부서조기를 사용하며 수조기는 사용하지 않는다.

품목	검수기준
8. 방어(부리)	① Fresh여야 한다. ② 살을 눌러 보았을 때 탄력이 있어야 한다. ③ 살이 통통해야 한다. ④ 사시미를 떴을 때 피멍이 들지 말아야 한다. ⑤ 오부리의 경우 7kg이상, 중부리의 경우 5kg 이상이어야 한다. 〈참고사항〉 ▪ 부리의 산란기는 2~4월경, 히라스는 5~8월경(난류성) ▪ 부리의 어획시기는 10~2월경, 히라스는 5~8월경 ▪ 황색 세로띠는 히라스가 진하고 선명하다. ▪ 부리는 히라스보다 제1등지느러미 가시가 하나 부족하다. ▪ 부리는 배지느러미가 가슴지느러미보다 짧고 주둥이가 두눈사이보다 길다.
9. 민어	① Fresh여야하며 싱싱해야 한다. ② 손으로 부위를 눌렀을 때 탄력이 있어야 한다. ③ 머리부분에서 눈이 분리되어서는 안된다. 〈참고사항〉 ▪ 동해안에서는 전혀 어획되지 않고 경기도 덕적도 근해, 전라도 태이도와 평안도의 신도 연해에서 대량 서식한다.

▶ 패류 검수기준

품목	검수기준
1. 전복	① 살아있는 상태이어야 한다. ② 살을 눌러 보았을 때 움직거림이 있어야 한다. ③ 특대전복의 경우 8cm 이상 개당 120g 이상이어야 한나. ④ 대전복의 경우 7cm 이상이며 개당 100g 이상이어야 한다. ⑤ 중전복의 경우 5cm 이상이며 75g 이상이어야 한다. ⑥ 육복을 기준으로 한다.
2. 피조개	① 살아있어야 하며 신선해야 한다. ② 껍질이 얇고 거무스름하며 품질이 우수해야 한다. ③ 개당 무게는 250g 이상이어야 한다. ④ 피조개의 껍질이 깨진 상태로 입고되어서는 안된다.

품목	검수기준
3. 홍합살	① 싱싱하고 탄력이 있어야 하며 살이 퍼지지 않아야 한다. ② 중간크기로 고른 것이 좋다. ③ 이물질이 없어야 하며 냄새가 나지 말아야 한다. ④ 개당 10~12g이 좋다. ⑤ 입고시 일반홍합살과 여수홍합살을 구분하여 검수한다. ⑥ 피홍합의 경우 껍질부분이 소제가 잘된 깨끗한 것이어야 한다.
4. 대합 · 중합	① Fresh해야 한다. ② 냄새를 맡아보았을 때 썩은 냄새가 나면 안된다. ③ 색깔은 진한 흑갈색이어야 하며 색이 연하면 수입품일 경우가 있으므로 확인하여 검수한다. ④ 속이 꽉 차 있는 상태가 좋다. ⑤ 수입품의 경우 속살이 별로 없으므로 확인하여 검수한다. ⑥ 대합의 경우 6cm 정도이며 무게는 80g이 적당하다. ⑦ 중합의 경우 4cm 정도이며 무게는 40g 정도가 적당하다.
5. 바지락조개	① Fresh해야 한다. ② 속이 꽉 차 있어야 한다. ③ 크기는 일정해야 하며 껍질색깔은 선명해야 한다. ④ 냄새를 맡았을 때 썩는 냄새가 나서는 안되며 깨끗해야 한다.
6. 꽃게	① 싱싱해야 하며 살이 많아야 한다. ② 검수시 냉동과 Fresh를 구분한다. ③ 크기는 커야하며 일정해야 한다. ④ 검수시 암, 수를 확인한다. ⑤ 형체가 원형이고 등부분은 청록색이며 배부분은 백색이 선명해야 한다. ⑥ 몸에서 냄새가 나지 말아야 한다. ⑦ 중식의 경우 보통 알이 많은 꽃게가 좋다.
7. 깐굴	① 우유빛을 내면서 윤기가 있어야 한다. ② 신선하며 특유의 냄새가 많이 나야 한다. ③ 퍼지지 않고 탄력이 있어야 한다. ④ 까지않은 석화의 경우 신선해야 하며 껍질부분은 깨끗이 소제되어야 한다.
8. 조개살	① 싱싱하고 냄새가 나지 않아야 한다. ② 보기에 깨끗하고 모래가 섞이지 말아야 한다. ③ 살이 통통해야 하며 퍼지지 않아야 한다.

TDC P.S.M.

품　　명	등심	코드번호	11014016	주사용업장	각주방
주 산 지	전라도(전국)	성 수 기	년중	저 장 성	-20°냉동보관
참고자료					

1. 특징
두당 2개 수거됨. 갈비뼈는 3~5개 정도가 포함됨.

2. 크기의 구분

기호	개/무게	사용범위
L	5킬로 이상	○
M	3~4 킬로	○
S	2~3 킬로	×

3. 상태

1) 기름이 등심을 많이 감싸고 있을수록 좋은 고기임.
2) 얼은 상태에서의 검수는 곤란하므로 녹았을 때 검수할 것.
3) 칼집이 많이 나오면 쓰기가 곤란하므로 칼집이 많이 나지 않은 것을 검수.
4) 끝이 너무 길은 것은 쓸모가 적으므로 주의할 것.
5) 안심살이 아닌 군살은 모두 제거된 상태.
6) 물을 먹이지 않은 것으로 들어와야 함.
7) 물 먹인 것은 색상이 붉지 않고 흰색이 나며 불량품임.

※일명 : BEEF SIRLOIN

TDC P.S.M.

품 명	안심	코드번호	11010410	주사용업장	전주방
주 산 지	전국(전라도)	성 수 기	년 중	저 장 성	-20°보관
참고자료					

1. 특 징

1) 두당 2개 수거. 소의 무게 300~400키로 정도에서 수거된 것이 양호함.

2. 크기의 구분

기호	개/무게	사용범위
L	3~4 킬로	○
M	2.4 킬로 이상	○
S	2 킬로 미만	×

3. 상태

1) 물먹이지 않은 고기.
2) 물먹인 고기는 색상이 흰색이 나므로 검수시 주의할 것.
3) 육질이 빨간색을 띠고 윤기가 있어야 한다.
4) 잘라보았을 때 MABLING 이 많을수록 고기가 연함.
5) 빨강색보다 적분홍의 중간정도가 좋은 고기임.
6) 얼은 상태에서는 검수가 어려우므로 얼지 않았을 때 검수해야 됨.

※일명 : BEEF TENDERLOIN, BEEF FILET

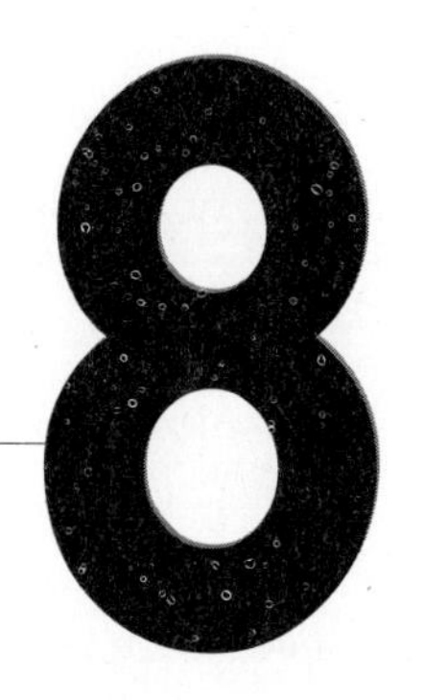

저장관리

(Storing Control)

1. 저장의 의의

저장관리란 식재료의 사용량과 일시가 결정되어 구매행위를 통해 구입한 식재료를 철저한 검수과정을 거쳐 식재료를 출고할 때까지 손실없이 합리적인 방법으로 보관하는 과정을 말한다.

이렇게 식재료를 본래의 의도대로 사용할 수 있도록 보존하는 것을 저장(storing)이라고 한다.

대개의 경우 일반자재창고(General Store), 식품저장창고(Food Store), 음료저장창고(Beverage Stoer) 등을 준비하여 운용하고 있다.

식재료를 저장하는 근본적인 목적은 적절한 식재료를 구매하여 저장공간을 통해 도난이나 부패에 의한 손실을 최소화하고 적절한 재고량을 유지하면서 필요에 따라 신속하게 공급하는 것이다.

① 도난, 폐기, 부패에 의한 손실을 최소화함으로써 적정재고량을 유지하는데 있다.

② 식재료의 손실을 방지하기 위한 올바른 출고관리에 있다.
③ 출고된 식재료는 매일 그 총계를 내어 관리하도록 한다.
④ 식재료의 출고는 사용지점에서 바로 이루어지도록 관리해야 한다.

2. 저장의 일반원칙

(1) 저장위치 표시의 원칙

식음료재고가 어디에 있는지 쉽게 위치를 파악하고 확인할 수 있도록 하여야 한다. 그러므로 재고위치제도를 이용하여 품목별로 카드를 만들어 관리하여야 한다. 이러한 관리를 함으로써 누구든지 쉽게 원하는 물품을 출고할 수 있도록 하여 준다.

(2) 분류저장의 원칙

최적의 상태로 저장하는 저장기준을 참고로 하여 식음료자재의 성질, 용도, 기능 등에 따라 분류기준을 설정한다. 같은 종류의 물품끼리 저장함으로써 입출고시의 번잡과 혼돈을 방지하여야 한다.

(3) 품질유지의 원칙

일반적인 식음료자재의 적정 저장온도와 습도, 저장기간 등을 적용하여 품질의 변화가 생기지 않도록 최고의 품질수준을 유지한다. 냉동, 냉장, 진공포장 등의 방법을 이용한다.

(4) 선입선출(FIFO : First In First Out)

재료의 저장기간이 짧을수록 재고자산의 회전율이 높고, 자본의 재투자가 효율적으로 이루어질 수가 있다. 특히 변질되기 쉬운 품목과 유효기간이 표시되어 있는 품목의 출고관리에 유의한다. 그러기 위하여 적재할 때부터 입고순서에 따라 출고될 수 있도록 하여야 한다.

(5) 공간활용의 원칙

저장시설에 있어서 가장 중요한 것은 보온 및 충분한 저장공간이다. 저장공간은 저장품목의 양과 부피에 따라 결정되며, 품목 자체가 점유하는 공간 이외에도 운반장비의 이동공간도 고려되어야 한다.

또한, 벌레, 세균, 박테리아 등으로부터 식음료자재를 보호하기 위하여 다음과 같은 사항을 매일 실시한다.

① 저장시설의 바닥을 매일 쓸고 닦는다.

② 저장시설을 규칙적으로 닦고 깨끗이 한다.

③ 바닥은 언제나 건조된 상태를 유지한다.

④ 선반을 매일 깨끗이한다.

⑤ 주기적으로 구충, 구서제를 살포한다.

또한 저장관리자는 재고카드에 의해 저장된 물품의 재고량을 주기적인 재고조사를 실시하여 과잉저장 및 식재료의 부족현상이 일어나지 않도록 하는 것이 효율적인 저장관리를 위한 유일한 방법이다.

3. 식품저장의 목적 및 필요성

3-1 식품이란?

한가지 이상의 영양소를 함유하고 있고 유해성분을 함유하고 있지 않으며 사람이 먹을 수 있고 소화, 흡수가 가능한 천연물 또는 가공품을 말한다. 그 중에서 식품을 처리하여 조리. 가공한 것을 흔히 식물(食物 ;food diet)라고 하여 구별하기도 한다.

식품은 그것을 섭취하는 식사습관에 따라서 주된 칼로리원으로 섭취하는 식품을 주식이라고 하고 이때 곁들여 먹는 식품을 부식, 식사 사이에 에너지를 보충시킬 목적으로 섭취하는 식품을 간식이라 부르고 있다. 한편 주식으로 섭취되는 식품을 일반식품과 구별하여 식량이라 부르며, 특수영양식품이나 병상식과 같이 건강유지와 질병의 치료를 목적으로 취급되는 식품을 식이(食餌)라 부르고 식품의 재료로서 취급되는 경우는 식료(食料)라 부른다.

3-2. 식품저장이란?

그 품질이 오래토록 변하지 않도록 유지시키는 작업을 말한다. 여기서 식품의 품질이란 성분상의 품질과 기호적인 품질로 나누어 생각할 수 있는데 흔히 성분상의 품질이라고 하면 식품의 영양학적 가치를 의미하게되고 기호적인 품질이라고 하면 식품의 색, 향, 맛, 조직(texture),신선도(freshness)등의 기호적 가치를 의미하게 된다.

그러므로 식품저장의 목적은 이 두가지 면의 식품의 품질을 균형있게 유지시키는 데에 있으며 경우에 따라서는 식품을 일정기간동안 숙성시켜 품질을 오히려 개선시키는 효과를 목적으로 하는 수도 있다. 또 실제로는 식품의 특성에 따라서 어떤 것은 영양적인 품질유지에 치중하는 경우도 있고, 어떤 것은 반대로 기호적인 품질의 유지에 치중하는 경우도 있다. 예컨대 채소의 경우를 보면 되도록 채소의 원형을 살려 싱싱한 채소로 저장하는 경우가 있고 또 때로는 채소의 원형이나 신선도는 생각하지 않고 오히려 상품가치를 높이고 저장기간을 늘리기 위하여 아예 김치나 다른 가공품으로 가공하여 저장하는 경우도 있다.

이와같이 오늘날의 식품저장은 인스턴트식품이나 통조림식품과 같이 가공을 주목적으로 한 것과 식품을 저온이나 냉동법으로 천연 그대로 저장하는 것의 두가지 주류를 이루고 있다.

식품 저장학에서는 흔히 식품의 원형을 잃지 않고 성분의 변화를 일으키지 않도록 일정기간 유지시키는 작업을 저장(貯藏 ; Storage)이라 하고, 식품의 품질열화(品質劣化)를 막고 상품가치를 유지 개선시키기 위하여 실시하는 작업을 보장(保藏 ; Preservation)이라고 하여 구별하는 수도 있다.

일반적으로 식품저장의 경우는 대량으로 장기 보관해야 하는 경우가 많고 장거리 수송을 요하는 경우도 있으므로 저장중의 품질변화를 막고 식품의 부피를 줄이기 위하여 저장에 앞서 전처리(前處理)를 하는 경우가 많다. 예를 들자면 닭고기를 냉동저장하기 위해서는 우선 깃털을 뽑고 내장이나 기타 불필요한 부분은 제거해야 하고, 생선을 저장하는 경우에도 우선 머리 부분과 내장을 제거하고 비늘과 지느러미, 꼬리부분도 손질해야 한다. 이와 같이 저장히기에 앞서 실시하는 전처리 과정을 조제(調製)라 부른다.

끝으로 식품저장이라는 용어는 식품에 보존성을 부여하여 어느 기간동안 보존이 될 수 있는 상태로 만들었다는 적극적인 의지가 내포된 용어이기 때문에 소비자가 부엌에서 식품을 관리하여 "저장한다"로 할 때의 "저장"과는 근본적으로 그 뜻에 차이가 있다.

3-3. 식품저장의 필요성

① 식품은 풍부한 영양소를 함유하고 있다.

이 영양소는 사람의 몸에 필요한 성분인 동시에 미생물의 번식에 유용한 배양기의 역할도 한다. 그러므로 식품은 그의 특성상 미생물이 쉽게 번식하여 부패되기 알맞은 상태에 놓여있다. 일단 미생물이 식품에 번식하여 부패되면 여러가지 유해물질이 생기게 된다. 어떤 경우는 프토마인(ptomaine)과 같이 식품의 성분 자체가 부패되어 독성물질이 생기는 수도 있고 또 어떤 경우는 아플라톡신(aflatoxin)과 같이 미생물이 생성시켜 내는 독성물질도 있다.

그러므로 식품을 부패되지 않도록 저장하기 위해서는 미생물의 번식을 막아 주어야 한다. 그렇다고 식품 중의 영양소를 모두 빼내어 버릴 수는 없는 일이기 때문에 우선 식품의 주성분이 되는 영양소와 그 영양소를 가장 좋아하는 미생물과의 관계를 고려하여 대책을 세워야 한다.

② 생체식품(生體食品)의 경우는 수확한 후에도 호흡 등 생명현상을 그대로 유지하고 있다.

이와 같은 생명현상이 일어나고 있을 때에는 수많은 종류의 효소(enzyme)가 작용하여 자가소화(自家消化 ; autolysis), 변패(變敗 ; deterioration), 변색(變色 ; discoloration)등을 일으킨다. 그러므로 식품은 수확한 후에는 적당한 대책을 세워 저장하여야 한다.

③ 식품은 여러 성분의 복합계를 이루고 있다.

식품이 일단 수확되거나 처리되고 나면 이들 성분의 복합계가 평형을 잃고 있어서 여러가지 복잡한 부정형 반응을 일으키게 된다.

④ 대부분의 식품은 다량의 수분을 함유하고 있다.

이들 식품중의 수분은 각종 성분을 가용화시켜 성분간의 반응을 촉진시키며 미생물의 생육을 촉진한다.

이상과 같이 식품은 그의 특성상 저장하지 않으면 안되도록 되어있다.

식품의 품질보존과 안전성을 유지하기 위해서는 저장이 꼭 필요한 것이다.

식품을 적당히 저장함으로서 얻어질 수 있는 이익은 실로 다양하다. 우선 식품자체의 품질을 유지, 향상시키고 계획적인 식품의 생산, 분배를 통하여 인간의 식생활을 원만하게 영위시키며 이것이 인간생활에 있어 경제적인 면, 산업적인 면, 사회적인 면, 문화적인 면 등 여러가지 면에 지대한 영향을 가져다 줄 수 가 있다.

여기서 주로 식품저장이 산업, 경제적인 면에 가져다주는 이익은 아래와 같다.

① 생산분배가 원만하다.

② 유통, 적재가 유리하다.

③ 식품의 손실을 방지한다.

④ 가격의 안정을 기한다.

4. 식품별 저장방법

4-1. 곡류의 저장

저장된 곡물은 수확 후 생리적으로 비교적 안정한 휴면상태에 있는데, 이 상태에서의 생명력을 잘 보존시키는 것이 중요하다. 그러나 자연조건하에서는 저장곡물 자체가 변화가 일어날 뿐만 아니라, 해충, 미생물 등이 번식하게 되어 피해를 입게 된다.

이와 같은 변화 및 피해에 영향을 주는 여러 가지 요인 중에서 곡물의 수분 및 저장온도가 가장 기본적으로 중요하다.

(1) 수분

우리나라 현미의 수분은 보통 14% 내외, 보리는 13~14% 정도 함유하고 있다.

곡물의 수분함량은 곡물 주위의 습도와 관계가 크다. 즉, 곡물 저장중 곡물과 공기 사이에서 수증기상(水蒸氣相)을 통하여 수분의 교환이 일어나게 되어 곡물 중 수분의 수증기압과 공기의 수증기압 사이에 평형상태를 유지하게 되는데, 이것을 평형수분(平衡水分)이라 한다.

우리나라 쌀의 평형수분 함량을 보면 품종에 따라 약간 다를 뿐 아니라 조정(調整)형태별로도 차이가 있어 현미가 가장 높고, 백미가 다음이고, 벼가 가장 낮다.

현미가 어떤 온도에서 평형수분 함량에 이르는데도 흡습의 경우와 방습의 경우에 따라 약간 다르다. 이런 현상을 이력현상(履歷現象)이라 부르는데, 벼는 그 품종에 따라 이력현상이 조금씩 다르다. 따라서 곡물을 저장할 때는 주위 공기의 상대습도도 중요하다.

곡물의 수분에는 고정되어 있는 결합수와 자유로이 이동할 수 있는 자유수의 두가지로 나눌 수 있다.

곡물중 수분의 변화와 해충 및 미생물에 이용되고 호흡에 관계있는 것은 자유수 부분으로 생각하고 있다.

곡물의 호흡이 현저하게 증가하는 것은 곡물 자체보다는 기생하는 미생물에 기인하는 경우가 많고, 해충의 영향은 그다지 크지 않다. 쌀의 수분함량과 곰팡이의 번식상태를 보면 15%이상을 넘으면 여러 가지 미생물이 크게 번식하게 될 가망성이 많다. 따라서 우리나라에서 벼의 수매규격(收買規格)은 수분함량을 15%이하고 하고 있다.

식생활 진단은 영양 · 식품 · 요리 수준의 섭취상태 등의 식사내용뿐만 아니라 食制(식제)에 관한 것, 즉 언제, 어디서, 누구하고, 어떤 환경에서 누가 만든 것을 지금까지 먹어왔는가, 또한 먹는다는 일을 생활 전체 가운데에서 어떻게 생각하고 있는 가 하는 가치관, 그리고 더 나아가 여러 가지 일어난 현상의 원인을 살펴보는 등 종합적으로 진단을 해야한다.

(2) 온도

일반적으로 곡물의 온도가 20℃ 근처 이상이 되면 곡물의 호흡작용과 해충 및 미생물의 번식이 왕성하게 된다.

그리고 그 이하의 저온이 될수록 이들의 번식이 적어져 유리하게되어 15℃ 이하가 되면 미생물의 활동이 거의 정지된다.

곡질(穀質)의 저하 특히 실질적으로 소모의 최대요인이 되고 있는 해충도 20℃ 이상이 되면 잘 번식되지만, 15℃에서는 번식률이 대단히 적게 되며, 10℃가 되면 거의 번식하지 못하게 된다.

저장 중 곡물의 변화

① 화학적 변화

곡류 저장 중에 일어나는 중요한 화학변화의 내용을 보면 지방이 분해해서 유리지방산이 증가하는 변화가 가장 많고 다음은 전분의 변화가 많다.

단백질의 변화는 비교적 느린 편인데, 지방의 분해는 곰팡이 등의 미생물에 의해서 촉진된다. 저장조건이 나쁘거나 장기저장된 것은 유리지방산이 증가하고, 비환원당의 감소를 볼 수 있다.

이때에 환원당은 증가되는데 그 증가 추세보다도 비환원당의 감소의 추세가 더 심하게 나타난다. 단백질은 저장 중에 묽은 알칼리 용액에 대한 가용성이 감소한다.

무기성분의 변화를 보면 현미의 저장 시에 염소나 칼리는 곡립의 겉층에서 배유부로 이동한다. 비타민 B도 저장 중에 감소되는데 특히 여름을 지나는 동안 심하게 나타난다. 일반적으로 곡물은 저장중에 적정산도가 증가하지만 pH의 변화는 별로 심하지 않다.

② 생리적변화

생리적 변화 중에서 호흡과 발열은 가장 중요한 문제이다. 저장 중의 미맥(米

麥)은 주로 호흡에 의해서 그 성분을 소모시키게 된다. 그런데 호흡작용은 곡립 그 자체와 미생물과 해충의 대사작용과 서로 함수적 관계를 이루고 상당히 복잡한 작용을 갖게된다.

수분과 온도는 호흡의 대소를 결정하는 주 요인이며 이 두 조건이 다같이 낮으면 호흡이 감소되고 따라서 저장성이 좋아진다.

수분이 증가되면 호흡이 증대되고 미생물의 활동이 활발하게 된다. 온도는 이와 같은 대사작용에 관계되고 온도의 상승은 이와 같은 작용을 촉진한다.

③ 생물에 의한 피해

곡물저장의 실제문제로서 해충, 미생물, 쥐 등의 생물에 의한 피해가 가장 크다.

세계적으로 저장곡물의 5%가 해충에 의해서 손실되는 것으로 추정되고 있다.

저장중의 곡물에 기생하는 해충은 수십 종이 보고되어 있으나 그 중에서 중요한 것들을 보면 딱정벌레류와 나방류 및 거미류에 속하는 것들이다.

④ 미생물에 의한 피해

쌀의 변질에 있어서 가장 관계가 깊은 미생물은 곰팡이이다.

해충에 의한 곡물의 피해가 양적 손실이라고 한다면 미생물에 의한 피해는 변화와 착색 등의 질적 손실이라고 할 수 있다. 미생물은 때로는 유독물질을 분비하는 것도 있다.

현재까지 알려진 곡류 저장중의 유독 곰팡이를 보면 수분함량이 비교적 높은 쌀에는 Penicillium islandicum등의 곰팡이가 생육할 수 있으며, 이 곰팡이가 생육된 쌀을 먹으면 간경변을 일으키게 되는데 이때의 독성분은 islanditoxin이다. 이 곰팡이는 쌀에 생육할 때 적황색의 색소를 생산하므로 경계해야 한다. 그리고, 간암을 유발하는 균에는 황국 곰팡이 중에서 aspergikkus flavus가 있는데 이는 저장곡물 등에 번식해서 aflatoxin을 생산한다. 이것은 곰팡이독 중에서 가장 독성이 강한 물질이며 간암을 유발한다.

⑤ 물리적변화

저장중에 쌀은 흡수력과 흡수팽창률이 차차 적어지고 강도는 대체로 높아진다.

충해를 받든 가 또는 변질되었을 때는 쌀의 수분함량이 적어지므로 용적중은 차차 커진다. 그러나 1~2년간은 큰 변화가 없고, 그 후는 약간 변한다.

(3) 곡류의 저장방법

미곡은 벼의 형태로 저장하는 것이 가장 좋은데, 세계 각국의 쌀 생산국의 저장방법은 벼의 형태가 원칙이 되어 있으나, 유독 일본만은 현미형태로 저장하는 습성이 있다.

외피를 벗기지 않은 상태의 벼나 원맥은 저장 중 물리적 장해를 받기 어렵고, 수분이 적당하면 해충이나 미생물, 쥐 등의 피해가 비교적 적다. 따라서 가장 적당한 저장형태라 하겠다. 그러나 벼의 용적은 현미의 약 2배가되므로 창고의 용적이나 수송문제를 생각할 때는 현미로 저장하는 것이 좋다고 보여지기도 한다.

미맥을 가공한 백미나 정맥은 그 저장이 상당히 어려워진다. 이들은 가공처리에 의해서 물리적 변화를 받고 동시에 생명력을 상실하였기 때문에 해충이나 미생물의 침범이 용이할 뿐 아니라, 온도나 습도의 영향을 받기 쉽다.

식미(食味)의 저하도 심하므로 가급적이면 이 방법을 피하는 것이 좋다.

① 상온저장

자연상태의 온도, 습도로 곡물을 저장하는 일반적인 방법으로 경제적이기는 하나 고온다습한 곳에선 품질저하는 불가피하므로 환기와 통풍을 잘해서 온도와 습도조절을 꾀해야 한다.

② 저온저장

일반적으로 곡물저장중의 해충의 피해를 막으려면 15℃ 이하의 저장 온도가 되어야 한다. 저온저장에서는 상대습도를 70~80%정도로 하는 것이 좋다.

미곡을 저온저장하면 얻는 효과

① 해충에 의한 피해의 최소화
② 발아율이 적고 비타민 B의 감소 저하
③ 외관이나 식미가 호전
④ 수분감소에 의한 중량감소 저하

4-2 .청과물의 저장

과실과 채소를 통틀어 청과물이라 부른다. 과실과 채소는 육류, 어패류와는 달리 수확한 후에도 생활작용을 가지고 있는 생체식품이며 수분의 함량이 일반 농산물에 비해 월등히 많고 특유의 맛, 향, 색의 성분을 가지고 있어 신선식품이라 불리워지기도 한다. 따라서 청과물의 저장원리는 그 생활작용을 완만하게 영위시켜 수명을 연장시키는 것이며 청과물의 신선도를 최대한 유지시키는 것이라 할 수 있다.

과실이나 채소는 수확하는 시점이 저장의 출발점이라 볼 수 있다. 이때부터 생활작용은 영양소나 수분의 공급이 없으므로 주로 분해작용이 영위된다. 이 사이에 물질의 변화가 생기고 생활작용이 점점 쇠퇴해감에 따라 미생물이 작용을 가해져 드디어는 식용가치를 상실하게 한다. 그러나 어떤 것은 저장 중에 오히려 품질이 향상되는 것도 있다. 바나나, 서양배 등은 미숙할 때에, 즉 아직 먹을 수 없는 시기에 수확하여 저장하면 생활작용의 진행에 의해서 과육은 연화하여 감미와 방향을 내게되어 식품적 가치를 향상시켜 준다. 또 감은 저장기간 중에 떫은맛이 없어진다.

수확직후에 가장 왕성한 호흡작용은 온도와 습도 및 공기 등의 환경조건에 영향을 받게 되는데 대개 0℃ 부근에서 호흡작용이 가장 느리고 10℃로 올라감에 따라 점점 높아져 30~40℃로 되면 가장 활발하게 된다. 따라서 저장의 최적 온도는 미생물이 번식할 수 없는 0℃부근이라 볼 수 있다. 온도에 비해 습도는 물리, 화학적 요소가 되는데 80~85%의 습도가 적당하다.

과실은 산소가 상당히 감소해도 정상적인 호흡작용을 유지한다. 그러나 극단으로 부족하면 장해가 발생하므로 저장고 내의 탄소가스와 산소를 적당히 조절하여 호흡을 억제해서 신선한 상태를 유지하게 된다.

(1) 청과물의 저장방법

가. 상온저장

옛날부터 많이 응용되어 오는 방법중에는 움저장이 있다.

움저장은 땅속을 깊이 파고 위 뚜껑은 나무로 엮어 덮고 그 뚜껑 위에 흙을 두텁게 덮고 한 쪽에 숨구멍을 내놓아 호흡하는 식품의 공기유통을 갖도록 하는 것이며 겨울에는 짚둥지로 막아 보온조치도 취하는 것이다. 이때의 온도는 대략 10℃로 유지되는 것이 좋다.

식품의 종류로는 감자, 고구마, 무우, 배추, 당근, 배, 사과, 오렌지 등의 채소와 과실 등을 움 속에 저장하는 것이다. 통상 지하 3m(10척)정도되면 기온에 영향을 받지 않고 1년 내내 13℃ 정도 유지된다고 한다.

나. 저온저장

청과물의 냉장온도는 육류나 어류와는 달리 생명력을 유지할 수 있는 최저온도로 해주는 것이 좋다.

생명력이 없는 육류나 어류는 동결함으로써 이상적인 저장조건이 되겠지만, 청과물은 동결하면 생명을 종결시키게 된다. 따라서 저장목적을 이탈한 결과를 가져오게 되는 것이다.

청과물의 저장 최적온도는 0℃ 부근에 있으며 한 편 빙결점은 -1~-2 이다. 또한 이보다도 더 낮은 온도에서는 세포사를 일으켜 급격하게 변질 부패를 가져온다.

다. ICF(ice coating film storage)저장

공기는 저온일수록 적은 수분으로 포화될 수 있으므로 저온으로 저장하면 증산작용이 억제된다.

과실은 완숙하면 당도가 높아지는데 당도의 증가는 빙점의 강하를 가져오게 되므로 0℃이나 그 이하에서도 얼지 않게 된다.

청과물을 그 동결점 바로 위의 온도에서 저장하게 되면 동결에 의한 손상을 받지 않을 뿐 아니라 생명이 살아 있는 그대로 동면저장하는 상태가 되므로 가장 이상적인 방법이라고 볼 수 있다. 그런데 청과물을 0℃ 이하로 저장하면 건조, 저온장해 또는 부분동결 등의 문제들이 나타나게 된다.

이런 문제점을 예방하기 위해서 인공서리, 인공얼음, 인공설 등으로 과피의 표면을 싸게 되는데 이 방법을 ICF 저장법이라 한다.

ICF법은 청과물의 표면에 물을 분무해서 빙결시켜서 표면을 얼음의 피막으로 덮고 -0.8~-1 이하에서 저장하는 방법이다.

이 방법은 배, 양배추, 딸기 등에서 그 가능성을 확인하고 있다.

라. 냉동저장

이 방법은 오늘날 블랜칭(Blanching)이라 부르고 채소의 냉동저장에 널리 이용되고 있다.

블랜칭의 원리는 식물체내에 있는 퍼옥시다아제, 아스코르브산옥시다아제, 폴리페놀옥시다아제 등을 실활(失活)시켜서 동결전, 동결중 또는 해동시에 일어날 수 있는 급격한 화학변화에 의한 품질의 저하를 방지하는 데에 있다.

마. 가스저장 및 플라스틱 필름저장

탄산가스의 농도를 높이면 호흡작용의 억제와 과일의 착색을 방지하고 추숙 중에 일어나는 여러 가지 화학변화를 적게 함으로써 저장과실의 신선도를 유지하는데 효과가 크다.

이 원리을 응용해서 저장고 내의 가스 조성을 적당히 하고 그 안에서 냉장을 겸하면서 청과물을 저장하는 C.A. 저장이 유용하게 이용된다.

바. 피막제의 이용

주로 과실에 응용되고 있는 것인데 과실의 표면에 계면활성제나 합성수지에 속하는 물질을 도포해서 과실의 표면에 엷은 피막을 형성시켜 줌으로써 플라스틱 필름 포장저장에 있어서의 효과와 곁들여서 광택을 좋게 하는 등의 상품가치향상에도 도움을 주고 있다.

오렌지는 왁스처리를 하면 수분증발과 부패하는 것이 적으며 저장 3개월까지는 당, 산, 비타민 등의 소비량이 적고 호흡량이 억제되어 품질 유지에 놓다.

사. 방사선의 이용

방사선 조사에는 질병이 없고 타박상이 없는 깨끗한 과실만을 사용한다.

방사선 조사처리는 임시로 정상적인 성숙과정을 멈추게 하므로 완전히 성숙되지 않은 과실도 처리할 수 있다. 과실은 공기중에서 또는 우발적인 오염에서 재접종되는 것을 방지할 수 있도록 포장되어야 한다.

방사선 조사는 식품 중의 해충구제, 기생충, 기생충알의 사멸 또는 양파, 감자 등의 발아를 억제하는데에 효과적이다.

아. 건조저장

건조법은 많은 종류의 과실들의 수분함량을 15~25%로 줄여 영양소의 농도를 증가시키고, 단위 중량당 단백질, 지방, 탄수화물을 더욱 많이 들어있게 하는 알맞은 저장법이다.

과실을 건조시키는 방법으로 천일건조와 인공건조로 건조시킬 수가 있는데 천일건조는 비타민 C와 caroten함량에 있어서 큰 손실이 있고 인공건조 특히 분무건조는 영양소의 큰 손실없이 건조를 달성할 수 있다.

냉동건조법은 비타민 C와 기타 영양소를 그대로 유지한다.

① 사과 잘 가려 씻어서 껍질을 벗기고 끝손질 후에 다시 아황산처리를 한 후에 킬른(Kilns)식건조기로 건조시킨다.

② 살구, 복숭아와 승도복숭아 : 보통 천일건조를 하는데 살구는 3~4시간, 복숭아와 승도복숭아는 4~6시간 황훈증처리를 실시한다. 이들 과실들은 보통 건조전에 수증기 블랜칭을 한다.

③ 배 : 건조하기 전에 블랜칭하고 황훈증 처리를 한다. 건조에는 보통 24~30시간이 걸린다.

④ 오얏 : 잘 씻은 다음 터널식 건조기에서 18~24시간 건조시킨다.

⑤ 포도 : 건조방법은 부분적으로 포도의 품종에 따라 다르다. 씨가 없는 포도는 알칼리처리한 후 황훈증하여 천일건조한다. 건포도도 황훈증처리를 한 후 터널식 건조기로 건조한다는 점 외에는 같은 처리를 한다.

⑥ 무화과 : 나무에서 상당히 건조가 진행된다. 건조시킬 때에는 수확된 것을 쟁반에 펴서 천일건조하며 잘 씻은 다음 인공건조하기도 한다.

대규모로 건조되는 다른 과실로는 앵두, 로우건베리가 있다.

자. 절임저장

① 당조림 저장

가용성 고체성분이 65% 또는 그 이상으로 농축된, 또는 상당한 양의 산을 함유하고 있는 식품기질은 공기 중의 오염에서 보호만 할 수 있다면 비교적 가벼운 가열처리로도 오랫 동안 그 식품을 저장할 수 있을 것이다. 당의 함량이 70% 이상인 경우에는 산의 함량이 클 필요가 없다. 젤리, 잼, 설탕조림, 마멀레이드, 과실버터 등은 과실이나 기타 식물성 식품을 미생물에 의한 부패가 일어날 수 없는 점까지 수분을 증발하고 농축시킨 후 설탕을 가하여 만든 제품이다. 과실 설탕조림에 있어서의 표면의 곰팡이의 성장은 산소를 제거함으로써 즉 표면을 파라핀으로 덮어둠으로써 억제할 수 있다.

② 소금절임 저장

염장법은 소금의 삼투작용에 의한 식품의 탈수로 세균의 생활에 수분이 줄어들고 묻어있는 미생물도 소금에 의한 높은 삼투압으로 원형질분리가 일어나 생육이 억제된다.

pickling은 소금절임에 의한 것으로 신선한 오이를 소금물용액에 넣으면 24시간 내에 연화가 일어나고 천천히 발효와 부패의 혼합과정이 시작된다.

소금의 첨가는 자연에 존재하는 lactic acid균의 성장을 허용하여 소금의 작용을 보충할 충분한 산이 급속히 생산된다.

소금의 작용

① 호기성 세균의 발육억제로 효소의 용해도를 줄이는 작용
② 미생물에 대한 Cl 이온의 작용
③ 미생물의 CO_2에 대한 감도를 예민하게 하는 작용
④ 단백질 분해효소의 억제작용

4-3. 육류의 저장

육류의 저장은 도살한 순간부터 시작된다고 할 수 있다. 살아 있는 생체조직은 미생물에 대한 저항력도 강하고, 세포 내의 각종 효소는 합성과 분해의 밸런스를 지속하지만 일단 도살된 것은 세균의 침입을 막을 힘이 없고, 효소의 작용체계도 무너져서 변질과 부패의 방향으로만 진행된다. 육류의 사후변화는 빠른 속도로 진행되며, 변질부패에 의하여 인체에 위험한 유독물질이 생긴다.

육류의 사후변화

도살된 동물의 근육은 일정기간 동안 굳게 수축되는 경직이 일어나고, 이것이 최고도에 도달된 후에는 차차 수축이 풀리고 연화된 다음 미생물에 의하여 쉽게 부패되고 만다.

① 사후경직과 자가소화

근육의 수축이 지속되어 굳어지는 현상을 사후경직이라 말한다.

이 경직 중의 고기는 가열조리하여도 굳기 때문에 이 경직이 풀리고 연화된 다음에 이용하도록 한다. 도살 후 경직이 시작될 때까지의 시간은 도살 전의 동물의 상태와 주위의 온도에 따라서 일정치 않으나, 약살된 것은 15시간, 전살 된 것은 20시간, 방혈살 된 것은 40시간만에 경직이 시작되며 그 후 24시간만에 최고에 도달된다.

그 지속시간은 특히 도살 전에 영양이 나빴거나 피로되었던 것은 짧으며, 이러한 경우에는 경직도 빨리 오고 또 약하다. 기온에 따라서 여름철에는 도살 후 약 40시간만에, 겨울철에는 70~80시간만에 경직이 일어난 부위의 순서대로 차차 풀리게 된다. 즉 액토마이오신의 해리 효소에 의한 단백의 가수분해에 의하여 굳어졌던 것이 연화되기 시작하며, 이어 단백은 가용성단백으로 분해되고, 펩타이드, 아미노산등으로 분해된다. 이와 같은 분해작용은 무균상태에서도 근육자체의 효소에 의하여 일어나기 때문에 자가소화라고 한다. 이 분해에 있어서 단백이 아미노산까지 분해되는 경우에는 고기가 연한 동시에 풍미도 향상되며, 이와 같은 변화를 인위적으로 진행시키는게 숙성이며 일종의 연화법이기도 하다.

어느정도 발육된 후에는 일반단백질도 분해하게 되어 사실상 자가소화의 말기는 이미 부패의 첫단계이다. 따라서 경직이 해제되어 연화된 고기는 저장성이 극히 나쁘고 가공원료로서는 적당치 못하다. 다만 아미노산, 기타 정미성분은 풍부하고 연하기 때문에 직접 조리용으로는 적당하다.

② 근육 pH의 변화

동물근육의 사후경직은 근육의 글리코겐이 분해되어 젖산이 발생되기 때문이다. 즉, 젖산에 의하여 산성이 증가되어 근육섬유는 흡수성이 증가되고 이에 따라서 팽화(膨化)되며, 긴장되어 경직현상이 일어나게 되는 것이다.

젖산의 발생은 근육글리코겐이 다 없어지거나 또는 pH가 5.4정도로 낮아져서 분해효소가 작용치 못하게 될 때까지 계속된다. 또 산성증가는 젖산 뿐만 아니라 인산크레아틴 A.T.P의 분해에 의한 인산의 발생에도 원인되며, 이 때 A.T.P는 pH6.5이하로 되어야 그 분해효소는 활성을 띠게 되며 A.T.P와 열도 발생된다.

A.T.P가 분해되면 근장단백의 미오신과 액틴이 결합되어 액토미오신이 되어 근육의 수축, 경직을 일으킨다.

도살 전의 pH는 7.0~7.4이나 도살 후에는 차차 낮아지고 경직이 시작될 때는 pH6.3~6.5이며 pH5.4에서 최고의 경직을 나타낸다. 또 대체로 1%의 젖산의 생성에 따라 pH는 1.8씩 변화되어, 보통 글리코겐함량은 약 1%이므로 약 1.1%의 젖산이 생성되고, 최고의 산도, 즉 젖산의 생성이 중지되거나 끝난 때는 약 pH5.4로 된다.

이 때의 산성은 극한산성(ultimate acidity)이라 하고, pH는 극한산성의 pH(ultimate acidity pH)라 한다.

③ 육색의 변화

식육은 각 동물의 종류 및 부위에 따라서 색이 변화한다.

보통 담홍색 또는 선홍색을 띄며 혹은 암적색인 것도 있다. 이러한 색의 대부분이 헤모글로빈의 색이지만 이외에 육 자체의 색으로는 미오글로빈을 위시하여 카로텐, 크산노필, 리보플라빈 등이 있다.

헤모글로빈은 육 자체의 색은 아니고 근육 중에 무수하게 분포되어 있는 모세

혈관 중에 함유되어 있다. 특히 육의 표면에 있는 것은 쉽게 산화환원에 의해서 색이 변하며, 이러한 변색은 세균이 관여하게 된다. 따라서 미오글로빈도 헤모글로빈도 모두 heme의 철을 함유하고 있지만 헴의 철은 met화 해서 비교적 안정한 Met-Mb 또는 Met-Hb이 된다.

육의 발색을 위해서 질산염으로 처리하면 세균에 의해서 아질산염으로 환원하며, 아질산으로부터 nitroso기가 나와 안정한 선홍색을 갖게 되고 nitrosohemoglobin이 나온다.

혈액은 세균의 좋은 먹이가 되므로 저장을 위하여는 방혈을 잘 할 필요가 있다.

④ 부패

숙성의 도가 넘으면 고기의 독특한 신선취가 없어지고 그 대신 부패취가 나기 시작한다.

이것은 자극취로 변하고 드디어는 참기 어려울 정도의 악취로 변한다.

악취가나기 시작할 때에는 이미 선도는 저하되어 있을 때이며 이런 것은 식용으로 하기가 극히 조심스러운 것이다.

숙성의 초기의 변화는 주로 효소에 의한 자가소화작용이지만 어느 정도 진행하면 세균에 의한 변패가 따르게 된다.

시간 경과에 더불어 산성물질은 감소하고 염기성물질은 증가하는 경향이 있다. 여기에서 휘발성 염기성물질을 보면 암모니아, 트리메틸아민, 피리딘. piperidine 등이고 휘발성 산성물질은 formic acid, acetic acid, propionic acid, butyric acid, valeric acid, caproic acid, caprylic acidm capric acid 등의 존재가 확인되고있다.

부패의 최종산물로는 아민류, 카르보닐류, 암모니아, 피페리딘, 탄산가스, 황화수소, 인돌, skatol, mercaptane,메탄 등이 있다.

4-4. 우유 및 유제품의 저장

우유와 유제품은 다른 식품과 달리, 고급 영양분이 골고루 들어 있는 완전식품이며, 생유와 몇 종의 유제품은 많은 양의 수분을 함유하고 있어서 오염된 미생물이 온도 등의 조건만 좋으면 쉽게 성장하여 부패된다. 우유, 유제품의 보존원리는 다른 식품에서와 같이 다음과 같다.

① 미생물오염의 철저한 방지
② 오염된 미생물의 물리적 제거(여과 및 청정)
③ 오염된 미생물의 활동 및 성장의 억제(냉장 및 건조)
④ 오염된 미생물의 파괴(살균 및 멸균) 등에 의하여 효과적으로 달성 할 수 있다.

(1) 오염된 미생물의 파괴

1 식품내 오염된 미생물의 파괴방법에는 여러 가지가 있으나, 그 중에 열에 의한 방법만이 식품에서 널리 사용되고 있다. 열에 의한 우유내의 미생물 파괴방법으로서는 저온살균(pasteurization)과 초고온처리법(ultra-high treatment, UHT 또는 sterilization)이 주로 사용되고 있다.

2 저온저장

청과물의 냉장온도는 육류나 어류와는 달리 생명력을 유지할 수 있는 최저온도로 해주는 것이 좋다.

생명력이 없는 육류나 어류는 동결함으로써 이상적인 저장조건이 되겠지만, 청과물은 동결하면 생명을 종결시키게 된다. 따라서 저장목적을 이탈한 결과를 가져오게 되는 것이다.

청과물의 저장 최적온도는 0℃ 부근에 있으며 한편 빙결점은 -1℃~-2℃이다. 또한 이보다도 더 낮은 온도에서는 세포사를 일으켜 급격하게 변질 부패를 가져온다.

① 저온살균 : 살균은 우유에 존재하는 대부분의 미생물을 사멸시키는 방법으로서 일반적으로 100℃ 이하의 열처리가 이용되고 있다. 저온살균은 더 심한 열처리를 하면 우유와 같이 제품의 질이 손상될 때, 우유에서와 같이 보통 존재할 가능성이 높은 병원균을 사멸시키려 할 때, 과일쥬스에 효모와 같이 주부패균이 열저항성이 높지 않을 때, 치즈제조에서와 같이 젖산균 스타터를 접종 발효시킬 때에 이상균을 사멸시키기 위한 경우 등에 사용된다.

- 우유를 저온살균하는 목적 --- 우유영양분의 열에 의한 파괴를 최소로 억제하면서 우유에 존재하거나 존재할 가능성이 있는 모든 병원균을 사멸시키고, 대부분의 부패균을 사멸시켜서 제품의 저장성을 증가시키며, 치즈제조에서와 같이 젖산균발효를 시킬 때 다른 미생물을 사멸시켜 원하는 발효가 되도록 도와주며 우유를 변질시킬 수 있는 우유내의 효소를 파괴하는데 있다. 특히 Cream에서 lipase를 열처리에 의해 파괴시키므로 버터지방의 분해를 방지할 수 있다.
- 우유의 저온살균방법 - 저온장시간살균법과 고온단시간살균법이 있으면 전자는 63℃에서 30분간 열처리하므로 살균효과를 얻고, 후자는 72℃에서 15초 정도 열처리하므로 살균목적을 얻는 방법이다. 살균온도와 시간은 어느 방법이든 우유의 고형분 함량과 제품의 종류에 따라 다소 차이가 있다.

② 초고온처리법 : 우유의 UHT처리는 우유를 130℃~150℃ 범위에서 최소 1초이상 열처리하므로 '상업적으로 살균된 우유'를 생산하는 과정을 말하는 것이다.

열에 매우 예민한 우유를 품질에 큰 변화없이 높은 온도에서 살균시킬 수 있는 근본 원리는 온도계수(Q_{10})에 근거하고 있다. 즉 10℃ 증가당 화학반응속도의 증가(Q_{10})는 2~3배로서 열에 의한 우유성분의 변질속도의 증가율은 일정하지만, 내열성 미생물 및 미생물포자의 사멸속도의 증가율은 10 증가당 8~30배라는 사실에 근거하고 있다. 따라서 높은 온도에서 극히 짧은 시간 열처리하므로 영양분의 파괴나 원하지 않는 화학반응을 극소로 억제하면서 살균의 효과를 최대로 높일 수 있는 것이다.

살균의 효과=log10(살균전생포자수/살균 후 생포자수)

(2) 우유와 유제품의 변질

우유와 유제품도 다른 식품과 같이 전체의 생산소비과정을 통하여 여러 가지 미생물에 의하여 끊임없이 오염되어 과학적으로 처리하여 보관하지 않으면 부패하여 식품으로서의 가치를 손상할 뿐만 아니라 때로는 식품중독성 미생물에 의하여 인류에게 식중독이나 식품질환을 일으킬 수 있으므로 우유와 유제품의 안전하고 과학적인 보존에 최대의 노력을 하여야 한다.

우유와 유제품의 변질은 원인미생물의 오염으로부터 시작되며, 본격적인 변질은 오염미생물이 성장할 수 있는 환경 조건이 주어 졌을 때부터 시작된다고 할 수 있다.

우유와 유제품은 영양분이 풍부한 식품이므로 각종의 오염원으로부터 오염된 미생물들은 수분, 온도, 산소, pH 등의 환경조건이 적당하면 성장하게 되며, 우유와 유제품의 성분을 이용하면서 이들의 변질 및 변패를 유발하게 된다.

가장 보편적인 변패는 생유의 산패를 들 수 있고, 우리나라와 같이 생유의 냉각시설이 부족한 경우에 특히 문제가 되고 있다.

우유에 미생물이 성장하여 산을 생성하므로서 쉰 냄새가 나고, 심하면 단백질 응고물이 생성되는 현상을 산패라한다.

각종의 미생물은 우유에 성장하여 특유의 휘발성 물질을 생성하여 이상풍미(異狀風味)를 내며, 산취, 쓴맛, 카라멜풍미, 비누취, 생선취, 부패취, 토양취, 알코올취 등을 낼 수 있다.

4-5. 육류의 저장

(1) 냉장법

식품의 냉장은 저장수단으로서 오늘날 매우 합리적인 방법으로 알려져 있다. 식품 냉장의 특성은 다음과 같다.

· 가격의 안정을 도모하며 등급화에 기여한다.
· 시간과 장소를 초월하여 수급의 원활화를 도모한다.
· 인공적으로 적당한 시기에 사용할 수 있다.
· 날것 상태로 저장되므로 이용가치가 다른 저장품에 비하여 크다.
· 전염병 유행시에도 안심하고 이용할 수 있으며, 동결하므로 기생충의 위험성도 적게 된다.

일반적으로 동물을 도살하면 그 체온이 높아지므로 그 체온을 냉각시켜야 한다. 38℃~40℃의 육온을 그 중심온도가 5℃ 이내로 되게끔 급속히 냉각하는데, 이것에 이용되는 것을 냉각실이라고 한다

(2) 냉동법

① 동결

육류는 동결한 그대로 저장하면 수 년간 보존할 수 있다.

동결의 방법에는 여러 가지가 있지만, 일반적으로 일반동결법, 송풍급속동결법, brine 동결법이 있다.

일반동결법은 육을 저온(-25~30℃)의 동결실에서 수십시간에 걸쳐서 동결하는 방법이며, 송풍 급속동결법은 상기 온도의 동결실내에서 강제 송풍해서 비교적 단시간에 동결하는 방법이다. 이 방법은 일반동결법을 개량한 방법으로 온도, 시간, 환기 등에 대해서 여러 가지 연구가 되어 있으며, 연구자들에 따라서 약간의 차이가 있다.

일반적으로 도살후 냉각을 마친 것은 동결실로 들어가는데 지육의 산도가 높아지면 해동할 대 육의 보수력이 감소하므로 드립이 많아지게 된다. 따라서 드립에 의한 감소가 적어지게 하기 위하여는 도살후 급냉하여 즉시 동결시키지 않고 수일간 발표시킨 후 동결로 옮기는 쪽이 좋다.

② 해동

동결육은 사용할 때 해동시키지 안으면 안된다.

해동법에는 공기, 액체 중 혹은 전기적 해동법 등이 있다. 동결육은 급하게 해동하면 근육조직의 파괴를 일으켜서 육즙이 다량으로 유출하며, 반대로 완만하게 해동하면 곰팡이류가 번식하거나 부패가 일어나지만 원칙적으로는 완만하게 하며 특히 해동실에 넣는다.

액체 중에서 예를 들면 얼음 중에서 해동하는 것도 좋지만, 육의 표피가 노출되는 경우는 밀봉한 폴리에틸렌 주머니에 싸서 해동하면 좋은 결과를 얻는다.

(3) 염장법

원시인은 옛날부터 육류 및 어류 등의 식품을 저장하는 수단으로서 건조, 염장,

훈연 등의 방법을 사용하였다. 그후 희랍인이나 로마사람들에 의해서 이들 방법이 개량되었고, 그 이용도 성행되었다. 오늘날에도 염장법, 훈연법은 단순히 저장만의 의미가 아니고, 그 적용방법에 따라서는 특수한 풍미를 갖게 되며, 과학적으로 충분히 검토되는 많은 발전적 요소를 갖고 있다. 사실상 육류의 가공저장상 소금의 효과는 매우 중대하며, 또한 이러한 것을 잘 활용하면 앞으로 문화적 생활을 즐길 수 있는 충분한 가치가 있다고 생각된다.

① 물간법

물간법은 미리 적당한 소금물(설탕, 초석, 향료 등을 첨가하지 않고 한번 가열한 것)을 만들며, 그 중에 육을 넣어서 그 조직중에 소금을 침투시킨다.

② 마른간법

마른간법은 소금을 다른 조미료나 향신료와 혼합해서 용해시키지 않은 그대로를 육에 바르는 방법이다. 마른간법은 지방이 많은 돈육 등에 좋다.

③ 급속염장법

육중에 급속히 염분을 침투시키기 위하여 개량염장법이 만들어졌는데 그 대표적인 것은 감압법과 주사법이다. 감압법은 육류를 밀폐한 용기에 넣고 감압하고, 근육조직 사이의 공기를 제거한 후 소금물을 주입하는 방법인데 용기제작에 비용이 많이 들므로 사용되지 않는다. 주사법은 염장에 오랜 시간이 걸리는 커다란 덩어리, 즉 햄이나 숄더등에 쓰이며, 주사는 보통 염지전에 하며, 주사부위는 관절부근에 주사한다.

④ 훈연법(Smoking Method)

일반적으로 온훈법을 많이 쓴다. domestic sausage류, lachs ham등이 이것에 적당하다. 온도의 범위는 30℃~50℃이다. 그러나 즉석에서 제조한 제품은 거의 열훈법으로 처리한다. 온도는 50℃~80℃로 이 이상 올라가면 제품이 파열되며, 지방이 용출되어 제품을 손상시킨다. 한편 dry sausage, bacon 혹은 장기저장용의 햄류는 냉훈법에 의하여 15℃~30℃ 정도의 저온에서 오랜 시간 훈연한다.

훈연시 주의사항

· 훈연하기 전에 원료의 표면을 건조시킬 것.
· 훈연초기는 낮은 온도로부터 서서히 온도를 높일 것.
· 장기간의 훈연은 감량이 많음으로 주의할 것.
· 지나친 훈연은 피할 것.
· 훈연의 재료는 어떠한 재료라도 건조시킬 것.

⑤ 건조법

건조에 의해서 식육을 저장하는 방법은 옛날부터 실시되어 왔다. 건조에 의해서 식육은 수분함량이 감소되며, 그 때문에 고형물의 농도가 커지고, 미생물의 번식이 불가능하게 된다. 그리고 식육자체의 효소적 변화도 일어나기 어렵게 되며, 저장성이 증대된다.

식육류의 건조에 쓰이는 건조장치로는 열풍건조기, 감압건조기, 가열면건조기, 동결건조기가 있는데 이중에서 가장 이상적인 것은 감압건조법이며 조직변화도 적고 제품을 흡수 복원시켰을 때 원료에 가까운 상태로 되게 한다.

동결 건조법은 조직의 파괴를 적게 하므로 소육편이나 분말제품의 제조에 적당하다.

건조육은 저장성이 높으므로 영양가가 높고 휴대식 또는 비상식으로 좋으며 이용성이 많고 공급이 편리하고 포장, 수송, 저장이 간편하며 동결건조육, 가미연화건조육, sliced meat,meat powder등의 인스탄트 식품으로 발전할 여지가 많은 점 등의 장점이 있다.

⑥ 밀봉법

미생물에는 각각 열에 대하여 저항하는 최고 한계가 있어서 그 이상의 온도로 올리면 사멸한다. 식품에 부착하는 미생물을 가열살균하여 멸균상태로 만들며, 그 침입을 방지하기 위하여 견고한 용기로 밀폐하면 오랫동안 식품의 부패를 방지하므로 그 원리를 응용한 통조림, 병조림 등의 밀봉 저장법이 있다.

⑦ C.A저장

탄산가스나 질소가스 중에서 저온도로 유지하면서 저장하면 세균이나 미생물이 번식할 수 없다. 따라서 냉동육을 원거리 수송시에는 이 방법이 좋다.

⑧ 살균료에 의한 저장

닭을 도살할 때 활용되는 방법 중의 하나로서 지육을 수세시 50~100ppm의 염소수용액에 씻어내는 방법으로 어느 정도까지는 저장 효과가 있다.

⑨ 방사선 저장

방사선에 의한 살균은 열이 없이 이루어지므로 무열 또는 냉살균이라고도 한다. 이 방법에 의하면 이취, 지방의 산화취 및 비타민의 파괴 등의 부작용이 있고 또 경제적인 이유로 실용성은 희박하다.

4-6. 어패류의 저장

어패류(魚貝類) 는 수분이 많고 조직이 연하고 미생물이 부착하기 쉽고, 취급이 불결하여 육류보다도 더욱 부패하기 쉬운 식품이다. 따라서 식중독의 위험성도 다분히 가지고 있다. 우리나라는 삼면이 바다로 싸여 있고 근해에 좋은 어장들이 있어 비교적 수산물이 풍부한 나라에 속한다. 소비자들은 가급적 신선한 것을 원하지만 어획 후의 취급 부주의나 수송과정의 또는 시장의 판매과정에서 일부 부패되어 소금에 절이는 등의 응급책을 취하기도 한다.

(1) 어패류의 선도

어패류의 선도(鮮度)를 표현할 때 일반 소비자들은 “물이 좋다” “물이 갔다” “변했다”의 3단계로 부르고있다. 어육이 약간 변하기는 했으나 식용하기에 별로 지장이 없는 상태를 “물갔다”라고 하고 식용하기가 거북할 정도의 변화를 “변했다”로 표현하고 있다.

이와 같은 표현과 생리적인 사후변화, 즉 경직, 해경. 부패와 관련시켜서 설명해 보면 “물이 좋다”라고 하는 것은 경직전이나 경직중의 상태이며 “물이 갔다”라고 하는 것은 해경해서 연화된 상태를 가리키는 것이다.

어류가 어획된 후 가급적이면 활어상태(活魚狀態)로 소비자에게 도착될 수 있기를 바라지만 유통중의 어류는 대부분 죽은 상태의 것이다. 어류는 바다를 떠난

후의 생명 지속시간이 비교적 짧고 어체의 대소, 치사조건, 방치조건에 따라서 사후변화의 상태가 각각 달라지므로 소비자에게 도착된 상태는 변한 상태가 아니라 할지라도 해경후의 물이 간 상태가 많은 것이다.

가. 어패류의 선도저하속도에 영향을 주는 요인

① 어종에 의한 차이

바다고기보다는 민물고기가 선도 저하가 더 빠르다. 예로부터 잉어나 장어, 미꾸라지 등이 활어의 상태로 유통되고있는 까닭도 그 때문이다. 바닷고기도 회유성(回遊性)인 붉은살 생선은 도미나 저어(低魚)인 흰살생선보다 물이 가기 쉽다. 예를 들면 고등어나 삼치도 비교적 잘 변하는 편이며 특히 고등어는 바닷고기 중 가장 상하기 쉬운 것 중의 하나로 볼 수 있다.

② 치사조건

고기가 어획된 후 장시간 시달렸다가 죽은 것과 거의 순간적으로 죽은 것을 보면 육질에 명확한 차이점이 생긴다.

㉠ 장시간 시달린 고기와 그렇지 않은 고기의 차이

장시간 시달린 것은 시달림 중에 근육의 강한 수축이 일어나고 ATP가 급격히 소비됨과 동시에 글리코겐이 분해되어 젖산이 생긴다. 따라서 사후경직이 빨리 시작되고 또한 해경도 빨라 와서 연화가 빨리 시작된다. 한편 순간적으로 죽은 것은 근육 속에 상당량의 ATP(adenosin triphosphate)가 남아 있으므로 그 육편은 물에 넣으면 수축현상을 볼 수 있다. 이런 현상은 물고기가 아직 경직전임을 증명하는 것이며 경직 후에 ATP가 감소된 것은 그 육편을 물에 넣어도 수축현상을 볼 수 없다. 이와 같이 물고기의 물이 좋고 나쁨은 그 고기가 죽은 후의 경과시간만 가지고는 판단하기 어렵다. 즉, 고기를 죽이는 방법과도 깊은 관계가 있는 것이다.

㉡ 어획방법에 의한 차이

어획방법에 크게 나누면 그물로 잡는 방법과 낚시로 잡는 방법이 있는데 그물어획에 있어서는 그물에 걸린 고기가 요란하게 움직이다가 배에 올리게 되므로 선도를 유지하려면 낚시로 잡아서 즉시 죽이는 것이 좋다. 또 그물도 정치망(定

置網)인 경우와 저인망(底引網)의 차이점이 있다. 정치망인 경우는 고기가 크게 당황하지 않겠지만 저인망인 경우는 수신간을 시달리다가 끌어올리게 되므로 영향이 크다. 특히 초코 그물에 걸린 고기는 몇시간을 시달리다가 죽기 때문에 선도저하가 빠르다.

㉢ 어획후의 보관온도

근육내의 ATP의 분해속도나 자가소화작용은 온도가 낮을수록 늦어진다. 또 부패세균의 번식도 온도가 낮을수록 더디다. 따라서 경직중의 기간을 길게 하거나 부패를 늦추기 위해서는 저온으로 보관하는 것이 중요하다.

나. 어육의 선도와 맛

어육의 정미성분으로는 inosinic acid, sussinic acid, glutamic acid, carnosin, trimethylamineoxide 등을 들 수가 있는데 육류의 맛은 이들 화학물질의 맛 외에 치아나 혀에 감촉되는 생리적 성질, 즉 texture가 관계하여 상당히 복잡하다.

맛으로 볼 때는 경직전의 것보다 경직중의 것이 가장 좋다고 볼 수 있다. 따라서 경직중의 어류를 가공하는 것이 소비자를 위해서도 좋을 것이다. 또, 참다랭이와 같이 비교적 섬유가 단단한 어육을 회로 할 때는 경직중의 것은 너무 질기므로 조금 연화된 것이 좋다. 또, 도미, 복어 등은 경직전의 신선한 것을 찾게 되는데 그것은 맛보다는 texture가 더 중요시되기 때문이다.

다. 어육의 선도 판정법

채소류는 빛깔, 광택, 싱싱한 정도로 보아 쉽게 판정할 수 있지만, 육류, 어패류 및 그 가공품의 선도는 판정하기 어려우므로 상당히 숙련되어야 한다.

① 관능적 판정법 : 아래와 같은 것이 선도가 좋은 것이다.

㉠ 사후경직을 일으켜 단단하게 되어 있는 것.

㉡ 아가미의 색이 담적색, 또는 암적색인 것.

㉢ 눈이 투명한 것.

㉣ 피부가 습윤한 상태로 보이는 것.

ⓜ 복부가 단단하거나 부풀어 있는 것처럼 보이지 않는 것.

ⓗ 불쾌한 악취, 자극취, 부패취가 없는 것.

② 객관적 판정법

㉠ 물리적 측정법 : 신속한 측정이 가능하기 때문에 물리적 방법에 기대가 걸려 있지만 어종에 따라서 측정치가 심하게 차이가 있으므로 같은 종류끼리만 비교하게 된다. 그 방법으로는 전기저항을 측정하는 법, 안방액의 굴절률, 탄력을 측정하는 방법 등이 있다.

㉡ 부패생산물을 측정하는 방법 : trimethylamin, histamine, 휘발성염기질소, 휘발성 산, 휘발성 환원성물질 등을 측정하는 방법이 있따. 이중에서 트리메틸아민법이 오래 전부터 널리 이용되고 있다.

㉢ 효소적 분해생산물을 측정하는 방법 : 글리코겐의 분해, 또는 젖산을 측정하는 방법, ATP양을 측정하는 방법, catalase나 peroxydase 의 활성을 측정하는 방법이 있으나 ATP법이 더 많이 이용되고 있다.

㉣ 세균학적 방법 : 세균을 직접 검증하는 방법과 간접적으로 측정하는 방법이 있다.

(2) 어류의 저장방법

가. 광선이용법

① 자외선

자외선 살균 등은 형광등과 동일한 원리로서 저압수은등을 사용한다. 이러한 살균 등에 의한 살균 효과는 자외선 자신은 15W정도의 광원에서 1분내외로 대장균을 사멸시킨다. 현재 이러한 살균 등은 냉장고내에 설치하여 고기의 숙성을 촉진시키고 장기보존에 적당하여 사용된다.

② X-선

최근 미국에서 300만 볼트의 고전압의 X-선및 음극선이 세균을 사멸시키는 목적으로 연구되고 있으며 고등어육에 응용되어 세균을 거의 사멸시킬 수 있었다.

나. 첨가물 이용법

① 방부제

현재 어육제품에 허가되고 있는 방부제는 sorbic acid 및 그 염은 경육, 어육연제품, 성게젓 등에 2g/kg이하, 어패건제품, 된장 등에 1g/kg으로 제한하고 타 식품에 첨가를 금하고 있다.

② 산화방지제

어육제품에 많이 쓰이는 산화방부제는 BHA와 BHT으로 어패류의 건제품, 염장품에 대하여는 1kg중 0.2g이하, 어패경육의 냉동품에 있어서는 침지액 1kg 중에 1g이하의 사용이 허가되고 있다.

③ 드립방지제

어육의 해동시 드립방지제로는 당류, 소금, 축합인산염 등의 처리가 효과적인 것으로 알려지고 있다. 냉동어는 보통 해동시 10%전후의 drip loss가 생겨 단백질, 무기질, 기타 수용성 영양분의 손실이 일어난다. 냉동전에 어류 fillet을 폴리인산염에 단시간 침지처리하면 동결중 단백질변성 및 빙결정의 성장을 억제시켜 해동시 드립을 감소시키고 가열 조리로도 보수성을 유지함과 동시에 향미를 개선하게 된다.

④ 발색제

아질산 나트륨, 질산나트륨,― 질산 칼륨, 황산제1철 등이 사용되며 식육제품, 경육제품, 어육소시지, 어육햄에 0.05~0.07g/kg으로 허용되고 있다. 질산염의 발색은 원료 육중의 육색소인 미오글로빈, 혈색소인 헤모글로빈과 결합하여 nitroso-myoglobin, nitroso-hemoglobin으로 되어 육제품 색을 고정시키게 되는 것이다.

다. 저온저장법

① 빙장

이 방법은 재료의 온도를 급속히 내리기 위해서 얼음의 장점을 살린 일반적인 방법이며 수송하는 동안이나, 또는 단기간 저장에 이용된다. 동결저장을 하기 위한 예냉으로 좋은 방법이 된다. 어획한 후 죽은 것은 가급적 속히 빙장함으로써 사후경직을 늦추고 또 경직이 생기면 이것을 길게 끌어 줌으로써 선도를 오랫동안 유지할 수가 있다. 얼음을 이용하는 방법에는 쇄빙법과 수빙법이 있다.

㉠ 쇄빙법(碎氷法) : 얼음조각과 어채를 섞어서 냉각시키는 방법이다. 어체가 납작하고 큰 것은 얼음과어체를 교대로 한 칸씩 놓기도 한다. 아주 큰 어체는 내장을 제거한 공간이나 아가미에 얼음을 밀어 넣는데 이런 것을 포빙법(抱氷法)이라 한다.

㉡ 수빙법(水氷法) : 담수나 해수에 얼음을 섞어서 0℃ 또는 2℃ 이하의 온도로 된 액체에 어체를 투입하여 냉각시키는 방법이다. 청색의 생선을 빙장하면 퇴색이 되는데 해수나 염수를 써서 수빙법으로 저장하면 빛깔이 유지된다.

㉢ 약제얼음이용법 : 선어의 저장과 수송에 가장 널리 채택되고 있는 빙장법에서 사용되는 얼음의 양을 제한하는 것은 해동 후 물이 어육내에 침투하여 세균의 좋은 배식지가 되기 쉬운 결점이 되기 때문이다. 이러한 결점을 보완하기 위하여 종래부터 알려 저온 방부제를 함유시킨 소위 약제빙을 사용하여 빙장하는 방법이 연구되어 왔다.

약제얼음은 보통얼음보다 쉽게 용해되어 어체의 품질을 유지하는데 유효하고 저장 중 약제가 어체에 침투되지 않아 생선맛에는 영향이 없다. 그러나 하나의 결점은 어육의 용해성 물질의 손실이 크게 되고 피부의 색을 변하게 하는 경우도 있다는 점이다.

② 냉각저장

어체를 동결시키지 않고 0℃ 정도로 저장하는 방법은 단기간일때 흔히 이용한다. 이런 때는 반드시 미리 쇄빙법이나 수빙법으로 빙장한 것을 냉장하도록 해야한다. 냉장온도는 얼음이 약간씩 녹을 수 있는 상태, 즉 0℃ 보다 약간 높은 온도가 좋고, 어종에 따른 특별한 기준온도는 없다.

③ 동결저장

어체의 크기 또는 다음 과정의 가공을 미리 감안해서 어느정도 미리 가공하여 냉동하기도 한다. 예를 들면 고래고기는 스테이크상태로, 멸치, 꽁치 등은 라운드상태로 냉동하기도 한다. 큰 새우는 유두(有頭), 유두유족(有頭有足),무두무족(無頭無足),박각(剝殼 ; 생으로 벗기는 방법과 익혀서 벗기는 방법), 발장(拔腸 ; 등쪽으로 통하는 장관을 핀셋으로 빼냄) 등의 가공을 한 상태로 냉동한다. 게는 소금물로 증숙(蒸熟)한 후 탈각한 고기만으로 또는 증숙한 통째로 냉동한다. 오징어는 통째로 하거나 펴서 냉동하고, 낙지는 소금에 약간 절인 상태, 또는 열탕에 데친 것을 동결시킨다. 바지락이나 굴은 내용물만을 모아서 냉수로 충분히 씻어서 세균을 감소시키고 냉동한다. 한편 지방성 어류는 냉동중에 산패할 우려가 있으므로 항산화 수단을 가한다.

얼음층으로 식품을 감싸주는 빙의형성(glaze)법과 비타민 C, ACM(비타민 C와 구연산의 혼합물)등의 항산화제를 이용하는 방법이 있다. 새우는 흑변하기 쉬우므로 $NaHSO_3$의 1%수용액에 20~30분간 담갔다가 동결한다.

④ 수산가공품의 저온 냉장

수산가공품 중에서 어육 소시지, 어육햄, 건조된 어포류, 절임류, 조림류, 젓갈류, 훈제품 등은 그대로도 어느 정도 저장성이 있는 것들이다. 그런데 근래에는 어묵이나 어육 소시지, 어육 햄을 제외한 것들은 -10~-20℃ 로 동결저장하여 품질의 향상을 도모하고 있다.

4-7. 난류의 저장

달걀은 일종의 생체식품이다. 두류나 종실류의 생체식품에 비하여 수분이 매우 많은 편(70%)에 속하므로 저장중의 온도의 영향을 크게 받는 식품이다.

달걀의 저장중의 초기변화는 주로 생활작용에 기인하는 변화이며 우유 · 육류 · 어패류 등의 변화가 자가소화나 부패 등의 사후변화인 것과는 대조적이다. 달걀은 과실류에 비하면 변질 부패의 과정이 비교적 단순하며 저장방법도 비교적 간단한 편이다.

(1) 달걀의 구조

달걀은 배반과 그 영양물(흰자위와 노른자위) 및 이것들을 보호하는 껍질로 구성되어 있다. 달걀의 본래의 사명은 배반이 성장하여 병아리가 될 때까지의 장소이므로 껍질에는 병아리가 호흡하는 산소를 통과시킬 수 있는 미세한 많은 기공이 있다. 달걀의 부패는 껍질에 있는 기공을 통하여 외부에서 미생물이 침입함으로써 되는 것이며 따라서 미생물의 침입을 막는 것이 달걀 저장의 중요한 요령이라 볼 수 있다.

달걀은 산란 후에 바로 건조되어 초자막 이라고 불리는 엷은 막이 형성된다. 달걀껍질 내부에는 내외의 두 겹으로 된 달걀껍질막이 있고, 그 안에 흰자위와 노른자위가 존재한다.

초자막과 달걀껍질과 내외 두 겹의 달걀껍질막은 서로 협동하여 외부로부터의 기계적 충격이나 미생물의 침입에 대한 안전태세를 갖추며 또한 내부로부터의 수분의 발산을 막아 주는 구실을 담당한다. 그러나 달걀껍질에 물이 묻거나 장기간 저장하거나 또는 기계적 마찰이 있었을 때는 기공을 막고 있던 초자막이 벗겨져 기공이 직접 외부의 용기에 노출되므로 미생물이 침입하게 된다. 그런데 신선란의 흰자위 속에는 리소짐(lysozyme)이라고 하는 항균성효소가 존재하여 상당히 강력하게 침입하는 미생물을 살균해 버린다.

신선란의 흰자위는 50,000배로 희석하여도 여전히 그 속에 있는 리소짐은 세균에 대하여 살균력을 나타낸다고 한다.

리소짐의 살균작용은 온도 · 습도 · 동요 등의 영향을 받아 시간이 경과함에 따라서 약해져간다.

(2) 달걀의 저장방법

달걀은 봄철에 가장 많이 생산되고 겨울철에는 또한 가장 적게 생산된다. 따라서 연중 균일한 공급을 하기 위해서는 저장이라는 수단을 빌릴 수밖에 없다.

그 저장법으로는 냉장법 · 냉동법 · 가스저장법 · 도포법 · 침지법 등이 있다. 이들 저장법 중 냉장법 · 가스저장법 · 도포법 · 침지법 등은 달걀을 통째로 저장하는 방법이며, 냉동법에 있어서는 껍질을 제거한 액란(液卵)의 상태인 최소용적으로 하여 냉동하므로 대량소비에 대비한 방법이라 할 수 있다.

또한 더 적극적인 저장 수단이라고 할 수 있는 건조란을 제조할 수 있다.

가. 신선란의 저장법

가공(加工)하지 않은 상태의 신선란을 난각이 있는 상태(intact eggs)로 저장하는 데는 아래와 같은 방법이 있다.

① 냉장법

신선한 달걀을 갑(匣 : carton)에 넣고 다시 상자에 포장하여 이것을 먼저 2℃~3℃로 예비냉각을 한 다음에 -1℃~1℃, 평균 0의 냉장고에 넣어 저장한다. 달걀의 동결점은 약 -1℃이며 난각이 있으면 -1.5℃~-2.0℃에서도 잘 동결되지 않고 견딜 수 있으나, 그 이하의 온도에서는 동결되어 깨어진다. 습도는 70~80%가 적당하며 90%이상이 되면 곰팡이가 발생하기 쉽다. 또 어류와 같은 것을 같은 냉장고에 저장하면 냄새가 옮아가므로 주의해야 한다. 제대로 잘 저장한다면 약 1년도 할 수도 있으나, 한 번 저장했던 것은 쉽게 변질되므로 되도록 속히 소비해야 한다.

② 가스저장법

신선한 달걀에는 CO_2(이산화탄소)가 들어 있으나, 이것이 차차 배출되어 달걀 내용물은 알칼리(alkali)로 된다. 따라서 달걀의 이산화탄소량을 신선란과 같이 유지하면 그만큼 오래 저장할 수 있게 된다. 즉 신선란의 저장상자를 대형의 가압솥 속에 넣고, 그 내부를 감압(減壓)한 다음 CO_2와 N_2의 혼합가스를 써서 CO_2가 3~5%로 되게 주입한다. 이어서 내부의 압력을 외부보다 30mmHg 높인 다음에 저장하게 된다. 이 방법으로 저장한다면 1년이 되어도 신선란과 별로 차이가 없다고 한다.

③ 도포법

난각표면에 기름, 파라핀 또는 콜로디온 등을 칠하여 난각의 기공을 막고 미생물의 침입을, 또 수분증발, CO_2의 일산(逸散)을 방지하여 달걀의 부패와 변질을 방지하여 저장하는 방법이다. 이 도포법은 한 번에 많은 수의 달걀을 처리할 수 없는 결점이 있다.

④ 침지법

달걀을 3%의 물유리(水硝子 ; Na2SiO_3) 용액이나 또는 생석회(生石灰 : CaO)의 포화용액에 담그는 저장법이다. 약 3개월은 저장이 되나 일종의 취기(臭氣)가 나고 질도 나빠지므로 요리용 및 제과용으로 쓰일 뿐이다.

나. 액란의 저장

달걀의 껍질을 깨어 내용물만을 분리한 것을 액란이라 하며 전액란, 노른자, 흰자로 구분하여 저장한다.

① 액란의 살균

달걀의 살균은 달걀의 성분에 주는 영향을 최소로 저하시키면서 액란에 오염된 유해미생물을 사멸시켜서 위생적으로 안전하고 이용 저장율이 높은 액란제품을 만드는 데에 그 목적이 있다. 일반적으로 살균된 액란은 약 5%정도의 용량감소와 식품성능의 감소가 생기지만 유해한 변화는 없으며, 흰자는 열변성 때문에 어려운 점이 더 많다. 일반적으로 흰자를 54℃~60℃로 가열하면 포립성이 떨어지며, 57℃ 이상에서 수분과 가열하면 흰자의 성능이 손상된다. 노른자가 섞인 흰자는 가열에 의해 포립성이 개선된다. 흰자의 단백질 응고는 pH, 각종 첨가물 등에 따라서도 영향을 받는다.

② 액란의 냉동

위생적이며 청결한 액란조제질에서 신선란을 한개 한개씩 깨어 내용물을 쏟아 혼합기로 난백과 난황을 완전히 균일하게 혼합한 액란을 만들어 저란조에 넣어 2℃~4℃로 예비냉각한다. 이것을 미리 살균하여 준비한 냉동관에 넣어 -18℃~-21℃에서 2일간 동결하거나 또는 -23.3℃~-28.9℃에서 급속동결하여 -15에 저장한다. 약 2년은 저장할 수 있으나, 1년 이내에 이용하는 것이 좋다. 사용할 때는 7℃~10℃에서 되도록 짧은 시간에 해동하여야 한다.

③ 액란의 건조

달걀의 건조제품에는 전란분, 난백분, 난황분이 있고, 이들 건조법에는 천반법, 분무법, 벨드법이 있다. 천반법은 별로 많이 쓰이지는 않는 방법이나 난백분은 이 방법으로 제조된 것이 용해도가 높고 좋다. 분무식건조법은 전란분과 난황분의 대부분은 이 방법에 의하여 제조된다. 즉 분유제조와 같은 방식으로 공기여과기를 통과하고 약 110℃로 가열된 열풍을 송풍기로 건조실에 보낸다. 벨트식건조는 액란을 회전하는 알루미늄베트에 도포하여 35℃~40℃의 건조실에서 건조된 것을 삭소기로 긁어 떼어 이것을 분쇄하여 가루로 만든다. 따라서 원래의 제품은 박편상이며 건조세편전란 및 건조세편난황 등이 있다.

④ 액란의 제당

난분의 품질을 좋게하기 위하여 액란을 건조시키기 앞서 그중에 함유되어 있는 당분을 제거시키는 공정이다. 신선액란으로 만든 난분은 저장중에 용해도의 감소, 식품성능의 감소, 변색, 이취생성 등의 변화가 일어난다. 이러한 품질의 변화는 주로 달걀에 이취생성 등의 변화가 일어난다. 이러한 품질의 변화는 주로 달걀에 있는 glucose와 단백질 및 인지질간의 반응, 즉 glucose-Maillard reaction과 glucose-cephalin 간의 반응에 기인한다. 따라서 이를 방지하기 위해서는 액란에서 일단 glucose를 제거시킨 후 건조시켜야 한다.

다. 기타 달걀의 가공 저장 방법

① 피단

피단은 중국에서 달걀을 저장하는 한 방법으로 발달한 것이다. 원래는 오리알이 이용되었었는데 달걀을 이용해서 할 수도 있다. 달걀을 소금 · 석회 · 목회 · 탄산소오다 등을 섞어서 물에 갠 것 속에 담가 두면 강한 알칼리 성분때문에 내용물이 응고함과 동시에 조미성분의 침투로 인해서 독특한 풍미와 암색을 띠게 된다. 피단 제조의 한 예를 들면 홍차 0.65kg, 석회 2.25kg, 소금 2.25kg, 목회 1.5kg을 물과 혼합하여 반죽을 만들고 여기에 달걀 100개를 침지하여 밀봉하고 3~6개월 저장한다.

② 함단

피단과 비슷한 중국식 가공란이다. 제조법은 피단과 비슷하며 소금 1125kg, 홍차 끓인 것 540ml, 황주(米酒) 1225g, 볏짚재 2880ml를 물로 버무려서 여기에 달걀 100개를 침지하고 20~30일간 숙성시킨다.

③ 염지란

달걀을 포화식염수에 담가둔다. 또 소금물에 향신료를 넣어두면 독특한 풍미의 제품이 얻어진다.

④ 훈제란

달걀을 물이나 희석된 염산 등으로 씻고 건조한 것을 소금물에 수일 동안 침지하여 내용이 응고된 후 2~5시간 훈연 (50℃~55℃)을 하면 독특한 풍미와 보존성이 있는 제품이 얻어진다.

라. 계란의 올바른 저장법

계란의 저장은 저온 저장이 가장 좋고 5℃에서 습도 80%의 조건이 가장 양호하다.

달걀은 일종의 생체 식품으로 수분이 많은 편이어서 저장 중에 온도의 변화를 크게 받는 식품이다.

37℃에서 2일간 저장한 것은 25℃에서 5일간, 16℃에서 20일간, 2℃에서 100일간 저장한 것보다도 품질이 나쁜 결과를 초래한다.

달걀은 냉장고에 보관했다고 해서 무조건 안심하는 것은 금물이다.

달걀은 3~5주 이내, 완전히 익힌 달걀은 1주일 정도 보관할 수 있다. 달걀은 가급적 씻지 않는다 하더라도 간혹 조리하기 전에 달걀을 깨끗하게 씻어 보관하는 경우가 있다.

달걀에는 얇은 막이 형성되어 있어 미세한 구멍으로 세균이 침투하는 것을 막아주는데 씻을 경우 이 막이 파괴되어 세균이 들어가 상하기 쉽다.

달걀은 껍질이 까칠까칠한 난각층으로 이뤄져 여기에 난 작은 구멍으로 호흡하는데, 껍질이 얇은 것일수록 세균이 침입하기 쉽고, 주변의 냄새도 배어들게 되므로 달걀을 보관할 때는 씻지 않고 그대로 보관하는 것이 좋다. 또 달걀 껍질에 금이 발생하면 달걀 속의 지방 성분이 산화돼 품질 변화가 발생하게 된다.

신선도를 유지하기 위해서는 계속 호흡할 수 있도록 뾰족한 부분이 밑으로 향하게 하여 보관한다.

계란은 충격을 받으면 노른자가 풀어지는 등 신선도가 떨어지므로 충격을 가하거나 흔들리지 않게 해야 한다. 특히 냉장고 문쪽 보다는 안쪽에 보관하는 것이 좋다.

달걀의 껍질에는 일 만개 내외의 기공이 열려있어 이곳으로 호흡을 하기 때문에 냄새가 강한 식품과 함께 두지 말아야 한다.

4-8. 버섯의 저장

버섯류는 고등식물과 달라 엽록소가 없기 때문에 광합성을 하지 못하여 다른 유기물체에 기생하여 필요한 영양분을 섭취한다.

버섯류라 함은 균류 중에서 매우 큰 자실체를 만드는 것을 총칭한다.

그 수는 수천에 이르지만 사실상 식용으로 이용되는 것은 극히 적은 수에 지나지 않는다.

버섯류는 분류상 진균류의 담자낭균류에 속하는 것이 대부분이고 일부 자낭균류의 것도 있다. 버섯은 형태, 색깔, 크기 등에 따라 여러 가지가 있는데 담자낭균류에 속하는 것 중 식용으로 이용되는 것은 표고버섯, 송이버섯 등이 있으며 기타 싸리버섯, 느타리버섯 등이 있다.

버섯은 그 신선미와 향기로서 식용으로 애용되고 있으나 일반적으로 수분 함량이 많고(90%이상) 각종 효소를 가지고 있어서 쉽게 부패하는 단점이 있다.

고로 보통 통조림으로 이용하는 수가 많고 소금절임 또는 말려서 이용한다.

가. 표고버섯

표고버섯은 참나무, 밤나무, 물가리나무 같은 등걸에 기생하는 것이다(인공재배가 대대적으로 이루어지고 있다). 큰 것의 삿갓은 직경10cm 이상에 이른다.

전신이 육질로 차 있고 삿갓 상면은 회갈색이고 띠는 백색이지만 건조하면 흑변한다.

햇볕에 말린 것을 먹는 것이 풍미가 좋다.

나. 송이버섯

송이버섯은 적송림에 생기는 것으로 높은 향기를 갖는 버섯이다.

큰 것은 삿갓의 직경이 20cm나 되는 것이 있다.

균사가 소나무의 실뿌리에 붙어서 외생근이라는 특별한 조직을 만드므로 산 뿌리에만 기생한다.

송이버섯은 과식해도 위장에 지장을 주지 않는다. 이유인즉 여기엔 전분이나 단백질을 소화하는 효소를 가지고 있어서 소화력을 돕기 때문이다. 그러나 탄수화물의 이용이 원활하지 못하여 일량원으로서의 가치는 없다.

다. 양송이버섯

양송이버섯은 야생이었으나 오랫동안 인공재배하는 과정 중 미국에서 최초로 순수종균이 생산됨으로써 현재는 세계적으로 인공재배되고 있는데 야생종보다 품질이 훨씬 우수하다.

원래 양송이는 북반구의 따뜻한 산야에서 봄, 가을에 찬바람과 비를 맞고 자극을 받으면 땅위로 버섯이 솟아 나온다.

라. 느타리버섯

느타리버섯은 송이과에 속하며 늦은 가을에 각종 활엽수(참나무, 오리나무, 미루나무, 포플라, 버드나무)에 발생하여 생 버섯으로 비교적 오랫동안 보존되어서 우리들의 구미에 맞는 버섯이다.

삿갓은 지름이 3~15cm정도이며 부채 모양 또는 반달 모양을 이루고 겉면은 밋밋하여 회백색이다.

육질은 백색이고 유연하며 맛이 훌륭하여 널리 식용된다.

마. 목이버섯

목이버섯에는 목이, 털목이 및 흰목이 등이 있고, 갓의 지름은 3~12cm이며 갈색, 회색, 백색이고 뽕나무, 딱총나무, 참나무류의 고목에 자란다.

표면질은 한천질이지만 건조하면 연골상이 되며 주로 중국요리에 많이 사용된다.

◉ 식품군별 적정 저장온도

식품류	저장온도(℃)	최대저장기간	보존방법
◈ 육 류			
로스트, 스테이크, 찹스테이크	0~2.2	3~5일간	보존용기로 싼다.
간 것과 국거리감	0~2.2	1~2일간	보존용기로 싼다.
각종 육류	0~2.2	1~2일간	보존용기로 싼다.
햄 한덩어리	0~2.2	7일간	보존용기로 싼다.
햄 반덩어리	0~2.2	3~5일간	보존용기로 싼다.
햄 조각	0~2.2	3~5일간	보존용기로 싼다.

햄 통조림	0~2.2	1년	통조림상태로 보관
Frankfurters (독일소시지)	0~2.2	1주	본 포장상태로 보관
베이컨	0~2.2	1주	보존용기로 싼다.
Luncheon Meats (런천미트)	0~2.2	3~5일간	보존용기로 싼다.
남겨진 조리된 고기	0~2.2	1~2일간	보존용기로 싼다.
육수	0~2.2	1~2일간	완전 식혀서 보관
◈ 가 금 류			
생통닭, 칠면조	0~2.2	1~2일간	
거위, 오리	0~2.2	1~2일간	보존용기로 싼다.
가금류 냉장	0~2.2	1~2일간	가금류와 별도로 싼다.
스터핑	0~2.2	1~2일간	뚜껑있는 용기에 보관
조리된 가금류	0~2.2	1~2일간	뚜껑있는 용기에 보관
◈ 생 선 류			
고지방 생선	-1.1~1.1	1~2일간	보존용기로 싼다.
비냉동 생선	-1.1~1.1	1~2일간	냉동된 상태를 그대로 유지하면서 보관하여야 한다.
냉동 생선	-1.1~1.1	3일간	얼음으로 인해 생선살이 망가지지 않도록 한다.
◈ 조개류	-1.1~1.1	1~2일간	뚜껑있는 용기에 보관
◈ 계 란 류			
계란	4.4~7.2	1주	물에 씻지말 것, 계란판에서 꺼내둔다.
남겨진 노른자, 흰자	4.4~7.2	2주	노른자를 물에 띄워둔다.
건조계란	4.4~7.2	1년	뚜껑을 단단히 덮어둔다.
가공된 계란	4.4~7.2	1주	계란과 같은 방법으로 보관
계란, 육류, 우유, 생선	0~2.2	당일조리	
가금류 등의 조리식품		당일소비	
크림패스츄리	0~2.2	당일소모	
◈ 유 제 품 류			

액상우유	3.3~4.4	용기에 표시된 날짜로부터 5~7일간	본 용기에 밀봉해서 보관할 것
버터	3.3~4.4	2주	카톤팩에 보관
고형치즈	3.3~4.4	6개월	습기방지를 위해 단단히 봉해 둘 것
고터지 치즈	3.3~4.4	3일	밀봉
기타 소프트치즈	3.3~4.4	7일	밀봉
농축밀크	10~21.1	밀폐된 상태에서 1주	개봉 후 냉장
탈지우유	10~21.1	〃	〃
가공탈지우유	3.3~4.4	밀폐된 상태에서 1주	액상우유와 같은 방법으로 보관
◈ 과 일 류			
사과	4.4~7.2	2주	완전히 익을 때까지 상온에 보관
아보카도	4.4~7.2	3~5일간	〃
바나나	4.4~7.2	3~5일간	〃
체리, 딸기류	4.4~7.2	2~5일간	냉장고에 놓기 전에 물로 씻지 말 것
감귤	4.4~7.2	1개월	본 용기에 보관
크랜베리	4.4~7.2	1주	
포도	4.4~7.2	3~5일간	완전히 익을 때까지 상온에 보관
배	4.4~7.2	3~5일간	〃
파인애플	4.4~7.2	3~5일간	〃
◈ 채 소 류			
고구마, 양파, 호박	15.6	실내온도 : 1~2주간	양파는 통풍이 잘되는 장소와 용기에 보관
순무		15℃ 이상 : 3개월간	
감자	7.2~10	30일간	
기타 모든 채소	4.4~7.2	최장 5일 양배추나 근채소류는 최장	저장시에는 물로 씻지말고 보관

냉동식품의 보존기간

식 품 류	-23.3℃~-17.7℃상에서 최장보존기간
◈ 육 류	
쇠고기 : 로스트와 스테이크	6개월
쇠고기 : 간 것, 국거리감	3~4개월
돼지고기 : 로스트와 저민 것	4~8개월
돼지고기 : 간 것	1~3개월
양고기 : 로스트와 저민 것	6~8개월
양고기 : 간 것	3~5개월
송아지 고기	8~12개월
쇠간과 혀	3~4개월
햄, 베아로, 소시지, 쇠고기 통조림	2주간(냉동보관은 바람직하지 않음)
조리된 육류의 잉여분	2~3개월
쇠고기 육수	2~3개월
고기를 넣은 샌드위치류	1~2개월
◈ 가 금 류	
생통닭, 칠면조, 거위, 오리	12개월
Giblets	3개월
조리된 가금류	4개월
◈ 생 선 류	
고지방 생선(고등어, 연어)	3개월
기타	6개월
조개류	3~4개월
◈ 기 타 류	
보관 아이스크림	3개월, 본 용기에
과일	(최적온도는 -12.2℃)
과일주스	8~12개월
채소류	8~12개월
후렌치후라이드용 감자 2~6개월	8개월
제과류	2~6개월
케이크	4~9개월
케이크 반죽	3~4개월
과일파이	3~4개월
파이껍질	1.5~2개월
쿠키류	6~12개월
이스트를 넣은 빵류	3~9개월
이스트를 넣은 빵 반죽	1~15개월

◉ 건식자재의 보존기간

식 품 류	개폐후 최장 보존 기간
◈ 베이킹 재료	
베이킹 파우더	8~12개월
제과용 초콜릿	6~12개월
고당분 초콜릿	2년
전분가루	2~3개월
식용녹말	1년
인스턴트 커피	8~12개월
엽차	12~18개월
인스턴트 차	8~12개월
탄산음료	무한정
◈ 캔 류	
일반적인 과일 캔	1년
밀감, 딸기, 체리 등	6~12개월
과일주스	6~9개월
해산물	1년
식초절임생선	4개월
스푸	1년
야채류	1년
토마토와 독일산 양배추 김치	7~12개월
◈ 유 제 품	
가루형 크림	4개월
농축밀크	1년
증류밀크	1년
도너츠 가루	6개월
반만 익힌 쌀	9~12개월
현미	냉장
◈ 양 념 류	
향신료	무한정
화학 조미료	무한정
겨자	2~6개월
일반소금	무한정
스테이크용 소스, 간장	2년
허브	2년 이상
고추가루	1년
이스트	18개월
베이킹 소다	8~12개월

◉ 건식자재의 보존기간

식 품 류	개폐후 최장 보존 기간
◈ 음 료	
커피(진공포장)	7~12개월
일반커피	2주
가공소금	1년
식초	2년
◈ 당 미 료	
알갱이 설탕	무한정
정제설탕	무한정
흑설탕	냉장
시럽, 꿀	1년
◈ 기 타	
마른콩	1~2년
크키, 크래커	1~6개월
마른과일	6~8개월
젤라틴	2~3년
말린자두	1년
쨈, 젤리	1년
너트류	1년
피클, 단무지	1년
포테이토 칩	1개월
◈ 식용유와 지방	
마요네즈	2개월
샐러드 드레싱	2개월

5. 저장실의 통제

식품저장실에서 대부분 품목에 관한 통제는 빈 카드(Bin card)를 이용함으로써 행하여진다. 빈 카드는 수치 또는 무게에 의해 검수된 수량(구매), 나가는 수량(주방에의 출고), 그 결과로써 지금 가지고 있는 잔량을 나타낸다.

빈 카드는 식재료가 저장되는 곳에 매달아 놓거나 선반에 핀으로 꽂아 놓아야 한다. 매주 또는 15일마다 정기적으로 현장 계산이 이루어져야 하고, 빈 카드와 비교한 결과가 차이를 나타내면 즉시 조사되어야 한다.

[그림 8-1]
Bin-Card의 예

DESCRIPTION ____________________ CODE NO ____________________

UNIT ______________ MIN.STOCK ________ MAX.STOCK ____________

DATE		REC'D	ISSUED	ON HAND	REMARK	DATE		REC'D	ISSUED	ON HAND	REMARK

냉동육류와 생선은 저장실 내의 냉동상자에 저장되기 때문에 수량을 통제하기 위한 빈 카드의 사용은 효율적이지 못하다. 대신 미트 텍(Meat tag)에 의한 통제가 수행된다.

미트텍은 두 부분으로 나누어지며 줄 구멍이 있는 줄을 따라 찢어서 분리할 수 있다. 육류 또는 생선이 냉동상자에 무게를 재어 보관될 때 텍의 양부분에 기입되며, 하나의 잘라낸 부분은 육류와 생선에 붙어있고 다른 부분은 보관목적을 위하여 저장실에 놓여 있는 청서에 부착되어진다. 그러므로 보드 위에 걸쳐있는 냉동상자에서의 육류 또는 생선의 양을 나타내게 된다.

※ 실제로 냉동 저장실에서는 냉동고에서 품어져 나오는 냉기 때문에 미트텍이나 Bin card를 사용하지 않는다.

〔그림 8-2〕
Meat Tag의 예

No. 34259	No. 34259
Date Rec'd ________	Date Rec'd ________
Item ________ Grade ________	Item ________
Weight ________ Lbs.ⓐ ________	Weight ___ Lbs.ⓐ ___
Dealer ________ Extension ________	Ext. ________
Date Issued ________	Dealer ________
WHITNEY DUPLICATING CHECK CO., NEW YORK I.N.Y	Date Issued ________

식료품을 물품 검수원이 검수를 마쳤을 때는 이를 직접 주방 또는 창고로 입고시켜야 한다. 특히 창고의 물품들은 냉장, 냉동으로 구분 보관하는 것이 매우 중요한 관리이다.

식자재 저장의 목적은 적량의 식자재를 유지하고 그의 품질을 보존하여 절도나 부패에 의한 식자재의 손실발생을 최소화하려는 데 있다.

식자재 손상의 주요인은 부적당한 저장조건에 있고 그 결과는 곧 원가상승으로 나타나기 때문에 저장온도, 기간, 환기, 재료간의 간격, 위생조건 등 적당한 저장조건의 조성과 유지는 저장관리의 본질적인 기능이며, 이것은 원가통제상 긴요한 기초를 구축 제공하게 될 것이다.

식품 창고 담당직원은 부패를 방지하기 위하여 조심하며 항시 경계하여야 한다. 부패성이 심한 물품은 매일 점검하여 부패가 의심이 나는 물품은 철저하게 제거하고 재고회전이 느린 품목에 대하여서는 주방장에게 수시로 보고하여 주의를 환기시켜준다.

모든 식품은 "입고 우선 출고 우선(First In-First Out)으로 창고 회전원칙에 입각하여 저장하고 불출이 이루어져야 한다.

6. 식자재 저장관리의 4가지 원칙 (Four Principles of Food Storage)

6-1. 안전성(Safety)

상하기 쉬운 식품은 배달로부터 저장까지의 시간이 가장 중요하며 급속히 그리고 효과적으로 다루어져야 한다. 주문 혹은 청구에 의한 모든 품목들이 제과정의 작업이 취해져 있는 지 세심한 주의를 기울여야 한다.

중량으로 가격이 매겨지고 주문되는 상품의 무게를 재는 저울은 수령하는 장소에 있어야 하며, 지정된 식품 수령인이 받아야 한다. 수령한 품목의 중량이나 수량은 배달과 구입 주문시에 수령인이 서명하여 소정의 양식에 의거 기록되어야 한다.

건조된 물품의 경우에는 손상, 부패, 유해물, 곤충 등과 물품의 위생적인 수명은 바꿀 수 있는 다른 요인이 있는 지를 검사해야 한다.

창고 운용상의 안전사고에 대비한 인명 안전 및 물자안전을 위한 적재방법, 사닥다리, 선반설비, 냉장고의 내부에 설치된 개폐 장치를 안전제일의 원칙에 유의해야 한다.

6-2. 위생(Sanitation)

모든 창고는 청결하여야 하며, 곤충이나 벌레 또는 박테리아 등의 오염으로부터 보호되어야 한다.

6-3. 지각(Sense)

보관된 물품의 배열, 재고조사 대장의 순서에 의한 진열, 출하회수에 의한 입구 근처의 위치선정, 선입 선출 방법, 재고카드의 부착, 식품 특성에 의한 분리, 저장 등 합리적으로 운영이 되어야 한다.

6-4. 창고 보안(Security)

Key 관리, 창고 출입자의 제한 비상용 키의 관리 절차 등 재고자산 보호방안이 강구되어야 한다.

창고 열쇠는 창고 책임자와 그 직원에게 위탁된 것이므로 창고의 폐회기간(저녁과 휴일)에는 모든 창고 열쇠는 회사규정에 의해 정해진 장소에 보관되어야 한다.

창고를 정식으로 폐문한 동안은 긴급한 경우에 한하여 출입할 수 있으며, 긴급한 경우에도 창고를 열어야 할 때는 당직 지배인 혹은 회사 간부가 입회하여 열쇠를 수교 및 반납하여 입회 지배인이 창고 출입에 직접 동행하여야 한다.

7. 저장 관리요령

식자재 저장관리 목적은 수요에 신속히 그리고 경제적으로 적응할 수 있도록 재고를 최적상태로 유지 관리하는데 있으며, 가능한 최소의 재고를 보유하면서도 자재의 품질로 인한 손해발생과 재고 유지비용 및 자재 발주비용을 최적화하여 총 재고관리 비용을 최소화함에 있다고 하겠다.

관리자가 유의할 점은 수량의 발주시 언제 발주시기를 결정하고, 불확실성에 대비 어떠한 물품의 재고를 유지하여 다품종 소량 발주인 식자재 매입과 재고 보존의 방침을 결정해야 한다.

7-1. 저장의 충돌

식품을 저장하는 데는 기본적으로 3가지로 분류하는데 이에 대한 운영방법 및 저장의 관리가 필요로 하는 것이다. 저장 온도는 30℃ 이상은 저장할 수 없으며 18℃~20℃ 이내의 온도를 항시 유지해야 하며, 저장기간은 최고 1년, 최저 6개월 이상을 저장해야 한다.

커피, 티, 밀가루, 쌀 등은 나쁜 곳에 저장을 할 경우에는 품질이 부패될 우려가 있어 항시 조심해야 한다.

(1) 식품 잡화 저장(Grocery Stores)

완전하게 포장이 되어 있어야 하며 캔류 혹은 병종류 및 가곡이 되어 있는 식품들인 것이다. 캔류는 이상유무를 확인하면서 색깔이 변했다든 가, 녹이 슬었던 지 혹은 운반도중 찌그러졌다는 품목은 일체 인수하지 말고 반납하여야 한다.

이 창고에는 저장의 온도에 있어 내·외부에서의 기온의 영향을 받지 않아야 하며, 쥐 및 곤충의 벌레 등이 다니지 않도록 항시 조심하고 청결하여야 한다.

(2) 농식품(Persihables)

저장 기간이 짧으며 식품의 회전율이 빠른 신선한 과일류, 야채류, 고기류 등의 품목이 저장되어 창고원은 이에 대한 품목마다 선입선출 방식과 주방장은 다량의 주문은 필요치 않는 것으로 고객의 식료 판매 예측과 메뉴 관리에 대한 철저한 계획을 세워 소요량을 집계하여야 한다.

소규모 업체에서는 치즈류, 버터류 등은 낙농식품과 같이 저장하지만 대규모 업체에서는 별도의 창고를 설치하여야 하고 부패성이 빠른 물품이기 때문에 온도와 습도의 일지를 1일 2회씩 기재 이상유무를 항시 기록하여 두어야 한다.

(3) 냉동류(Forezen Foods)

주품목을 이루는 고기류 및 장기간 보관 사용하는 품목으로써 냉동을 해두었다가 사용할 수 있는 식자재 이므로 영하 25℃~30℃의 온도를 유지하는 창고인 것이다. 상기와 같이 일반적으로 식료품의 저장에 대해서 크게 말할 수 있다면 하기와 같은 것을 알 수 있을 것이다.

품 목	온 도		습도(%)	저장기간
	최 저	최고		
야채류, 과실류	2℃~7℃	0℃~2℃	85~95	1~2 주
잡화식품류	18℃~20℃	20℃~22℃	65~75	다양성
생선류	-1℃~1℃	-2℃~0℃	75~85	5일
냉동식품	22℃~25℃	25℃~28℃	75~85	다양성

저장의 종류 가운데 냄새를 방출하거나 냄새가 흡수되는 성징이 있는 품목에 대하여 식자재 관리원은 알아둘 필요가 있는 것이다. 예를 들면 다음과 같은 것이다.

품 목	냄 새		품 목	냄 새	
	방출성	흡수성		방출성	흡수성
사 과	○	○	계 란	×	○
복숭아	○	×	버 터	×	○
감 자	○	×	밀크크림	×	○
무	○	×	치 즈	○	○
양배추	○	×	생선,어류	○	×
밀가루	×	○	쌀	×	○
양 파	○	×	치즈크림	×	○

7-2. 도난 방지(Prevention of Pilferage)

각종의 도난행위를 예방하는데 가장 중요한 것은 식자재 원가개선과 관련된 각각의 종업원의 태도이다.

식자재는 즉 현금이다라는 사실을 경영자는 전 종업원에게 주지시켜야 하며, 식자재의 관리 및 책임에 대한 똑같은 배려가 행해져야 한다.

창고내의 보안을 통한 도난방지를 위하여 다음 사항에 유의를 해야한다.

① 자물쇠 관리

② 창고 책임자의 권한과 책임 명시화

③ 창고내의 출입자 제한

④ 입·출고의 절차 규정화 및 실행

7-3. 부패 방지(Prevention of Spoilrage)

식자재가 부패하는 이유는 여러 가지가 있으며 식자재의 부패를 예방 또는 감소시킬 수 있는 최선의 방법은 각 식자재의 최적 저장조건에 대한 종합적인 지식을 기초로 해서 적절한 저장계획 및 저장시설을 갖추어져 있어야 한다.

식자재의 부패 주요 원인은 저장 기간의 장기화 및 위생의 문제와 보관시 저장 간격의 협소함에도 있으며 창고내부의 온도를 철저히 점검치 않아 수리를 못할 경우도 있는 것이다.

창고를 지을 때 통풍을 잘 해주어야 하며, 창고 책임자는 장기간 창고에 식자재를 방치해서는 안된다.

이와 같이 창고 관리는 식품 저장에 소요되는 제반의 방법 및 업무의 절차 과정을 통제하는 역할을 의미하며 양질의 식자재가 매입되어 입고되고 그것이 최선의 상태로 저장되기 위해서는 다음 사항이 유의되어야 한다.

① 저장 구역이 항시 깨끗하고 건조하며 통풍이 잘 되어야 한다.

② 식자재가 변질·부패되지 않도록 장기간 보관이 없어야 한다.

③ 적당한 온도가 일정한 상태로 유지되어야 한다.

④ 창고내의 모든 시설 장비가 제 기능을 발휘해야 한다.

⑤ 창고 책임자는 항시 창고내를 점검해야 한다.

(Food Issuing Controls)

구매가 생산활동으로 연결되는 최종단계가 곧 출고이며, 이러한 직무수행에 효율화를 기하려는 것이 출고관리인 것이다. 적정 구입량의 문제도 재고 관리상 중요하지만 적정재고량의 보유를 위해서는 출고관리의 효율성이 전제되어야 한다.

일정 수준의 재고량을 유지한다는 것은 항시 변동하는 불규칙한 수요로 인해 굉장히 어려운 문제이므로 표준 재고관리의 응용은 변동량 조절에 있어 다소간 용이하며 효과적이라 하겠다.

출고 원재료는 반드시 선입선출 원칙으로 입고 순서에 따라 출고하도록 하며 부패된 원재료는 항시 명시하여 점검을 해야 한다.

1. 출고절차(Issuing Procedures)

창고로부터 식자재를 수령하려면 먼저 각 업장 책임자는 식자재 출고의뢰서(Food Store Room Requisition)를 작성하여 조리장에게 의뢰하면 조리장은 이를 검토한 후 양식에 사인한 식자재 출고의뢰서를 식자재 창고 담당자에게 제출 물품을 직접 수령토록 한다.

출고된 내용은 청구서에 확인 기입되며 수령자는 청구서의 수령자 난에 서명을 한 후 청구서의 사본과 함께 식자재를 해당 주방에 운반하면서 출고지점으로부터 사용지점으로 직송되어야 하며 업장 주방 책임자는 운반된 물품에 대하여 가끔 수량, 중량 및 품질을 점검해 주어야 한다.

2. 출고의뢰서(Food Requisition)

출고 의뢰서는 대단히 중요한 서류이며 회사에서 지정한 인쇄된 일련번호 순으로 장부를 사용한다. 주요 이유는 식자재 출고의뢰서 1매로써 고가인 품목이 창고로부터 불출되며 대단위 호텔의 경우에는 여러 군데의 주방이 구성되어 다양한 종업원이 근무하는 관계로 혼란을 줄 때가 있는 것이다.

출고의뢰서를 작성시 유의할 점은 다음과 같다.

① 식자재 출고의뢰서는 책임자의 서명이 되어 있어야 하며, 등록된 명단을 창고에 부착되고 이 명단에 있는 서명에 한하여 접수한다.

② 청구서에는 청구품명, 규격, 수량, 중량 등을 명기하여야 한다.

③ 청구서를 식음료 관리자에게 인계하기 전 창고계는 청구서의 전품목 가격 합계 및 총합계를 청구서에 기재하여야 한다.

④ 창고계는 청구품목 중 재고가 없으면 그 품목을 삭제한다.

⑤ 물품 불출은 항상 선입선출 원칙에 의해 불출한다.

⑥ 글씨는 정자로 또박또박 누구나 쉽게 알아볼 수 있게 써야한다.

⑦ 내용의 정정 및 추가 기입 등은 상호 확인 후 서명토록 한다.

3. 출고업무의 통제

출고업무의 수행상태를 심사하고 통제하는 기능을 각각 해당 부서의 책임자가 하지만 또한 식음료 관리자는 그의 직무권한을 갖고 필요시 실제적인 확인업무를 점검한다.

① 창고의 재고 카드 수량과 보유수량을 확인해 본다.
② 운반중인 적재된 품목 등을 출고 의뢰서에 기재된 수량과 대조 검사해 본다.
③ 주방 및 주장에서 보관하고 있는 출고의뢰서의 사본을 수시 원본과 대조 이상유무를 확인해 본다.

4. 재고조사의 실시

통상 식음료 관리자와 창고 책임자가 공동으로 재고조사를 실시하며 필요시에는 관계부서의 입회하에 실시하기도 한다. 재고조사의 방법은 정기 재고조사, 임시 재고조사, 월말 재고조사, 창고 재고조사, 주방 및 주방장의 재고조사, 일일 재고조사 등이었다. 매월말의 실제 재고조사는 창고 재고금액을 산출하는 회계자료이므로 임의로 처분해서는 안된다.

식음료 창고재고 조사를 실시할 때는 다음과 같은 사항을 유의해야 한다.

① 월차 식음료 재고조사를 식음료 관리자 혹은 경리 책임자가 지명한 자가 실시하여야 하며, 수량, 중량, 총재고금액 합계 금액 등을 계산해야 한다.
② 매월 말 식음료 창고 재고조사는 당일의 수납저장 및 당일 불출을 완료하기 전에는 재고조사를 시작하여서는 안된다.
③ 매월 말인 영업종료 후 각 주방, 주방장 식음료 물품에 대한 재고 조사를 실시하여야 한다.
④ 창고 재고조사를 매월 말일에 실시하면서 재고조사 기록카드에 기록해야 한다.
⑤ 창고 재고조사 중에 판매의 불출, 수납행위가 있을시 합계를 끝낸 후 수정을 할 수 있다.

10 재고관리

(Inventory Control)

재고관리는 공급업자로부터 생산까지의 자재의 흐름과 분배 부서를 통해서 고객에게 연속하는 제품의 흐름에 관여하며, 자재와 최종제품의 계획, 보관, 이동, 및 통계를 맡는다. 재고관리는 최소의 비용으로 원하는 서비스 수준을 유지하기 위하여 적절한 물품을 적절한 가격으로 적절한 시기에 구입하고자 하는 것이 목적이다.

1. 재고의 정의

재고는 경영계획에서 미래에 사용을 목적으로 비생산적인 상태로 유지되는 자원 전체를 말한다.

① the stock on hand of materials at a given time : a tangible asset which can be seen, measured, and counted.

② an itemized list of all physical assets.

③ (as a verb) to determine the quantity of items on hand.

④ (for financial and accounting records) the value of the stock of goods owened by an organization at a particular time.

2. 재고관리의 목적과 기능

2-1 재고관리의 목적

재고관리는 수요와 공급사이의 불일치에 대한 완충작용을 도모하여 원활한 작업이 이루어지도록 하는 것으로 그 효과는 비용을 절감하고, 가외 운영자본을 조성하고 투자수익을 향상시키고, 또한 고객 만족도를 증진시킨다. 이러한 목적에 따른 문제로서 다음의 두가지 중요한 의사결정을 하여야 한다.

- 한번에 얼마만큼 주문할 것인가?
- 언제 주문할 것인가?

2-2 재고관리의 기능

재고의 기능은 다음과 같다.

① 소요 시간

제품이 최종 소비자에게까지 도달하는데는 긴 소요시간이 필요한데, 재고는 이러한 시간의 한계를 극복시킬 수 있게 한다.

② 불연속성

제품의 흐름은 납품업자→공장→창고→도매업자→소매업자→고객이며, 각 흐름사이에는 실시간으로 흐르지 못하고 서로 독립적으로 운영되기 때문에 재고가 필요하게 된다.

③ 불확실성

재고는 수요 예측의 오차 납기지연 등으로 인하여 발생 가능한 품절 가능성을 완화시켜준다.

④ 경제성

재고는 다량구매에 의한 할인이나 수송비절감 통한 주문비의 절약을 도모 할 수 있고 또한 자재비의 상승에도 대처할 수 있게 한다. 또한 제조원가를 절감하기 위하여 평준화 생산을 달성하여 비수기에도 지속적인 생산을 하여 성수기에 대처할 수 있도록 한다.

2-3 재고관리의 유형

재고는 경제적 가치있는 유휴자원으로 원자재,부품,반조리품,완제품,소모품등 물적자원과 인적자원, 자본, 에너지, 장비 등까지 포함한다.

① 완제품

② 원료

③ 재공품

④ 지급품

(1) 재고의 기능에 따른 재고분류

① 안전재고 또는 완충재고

운송의 지연이나 계획에 없는 생산중단의 위험 또는 예기치 못한 고객수요의 증가 등에 대비한 재고로서 미래의 불확실성에 대한 보호기능을 갖고 있다.

② 분리재고

생산률을 동일하게 맞춰 나갈 수 없는 이웃하는 공정이나 작업들 사이에 필요한 재고이다.

③ 예상재고 또는 계절재고

계절적인 성수기의 수요에 대비하는 예상재고를 축적해 나감으로써 생산요소를 평준화 할 수 있다.

④ 안전재고(Par Stock)

한번 주문한 양으로 다시 주문할 때까지 재고가 존재하는데 이 재고를 안전재고 또는 경제적 주문량 재고라 한다.

⑤ 운송중재고

주문은 이루어졌지만 아직 납품이 이루어지지 않고 운송중에 있는 재고이다.

⑥ 투기재고

원자재의 부족 내지는 고갈이나 인플레이션 등에 따른 가격인상에 대비하여 미리 확보해두는 재고이다.

(2) 수요의 성격에 따른 재고분류

① 독립수요

기업에서 생산되는 품목의 수요와 아무런 관계가 없는 품목의 수요로서 완제품 또는 수리부속품 등의 수요이다. 독립수요는 수요예측에 의해 결정되며, 고정주문량 시스템과 정기주문 시스템에 의해 통제된다.

② 종속수요

기업에서 생산되는 다른 품목의 수요에 의해 수요가 결정되는 품목의 수요로서 원자재, 부품, 구성품의 수요이다. 종속수요량은 상위품목의 수요에 의해 결정되며 그 양과 시기는 자재소요계획에 의하여 통제된다.

2-4 재고관리의 문제점

(1) 재고관리의 원천적인 문제

① 반복성의 여부

주문의 횟수에 대한 문제로 단일발주와 반복발주이냐에 대한 것이다.

② 공급원: 외부공급과 내부 조달

③ 미래에 수요에 대한 지식

④ 납품기간의 사전 지식

⑤ 재고시스템 체계

(2) 조직규모에 따른 재고문제

조직규모와 형태에 따라서 재고문제는 다르게 나타난다.

2-5 재고관리의 시스템

(1) 재고관리 시스템의 종류

① ABC분석 시스템

주로 재고 관리에 사용되는 방법으로 팔레토 분석이라고도 한다. 효율적인 층별 관리와 중점 관리를 하기 위한 방법이다. 전 취급품목에 대해 중요성과 금액, 수량, 관리의 복잡성 등의 순서에 따라 누적 비용 곡선을 그린다. 일반적으로 ABC의 3등급으로 분류하여 분석하고, 그 결과에 따라 각 등급에 적합한 관리 방법과 기준을 설정하고 관리하는 방식이다.

***ABC 곡선을 이용한 재고 분석기법**

-A급 : 총 매출액의 70~80% : 전체 품목 수 10~20%

-B급 : 총 매출액의 10~20% : 전체 품목 수 20% 정도

-C급 : 총 매출액의 10%정도 : 전체 품목 수 60~70%

***ABC분류에 의한 자재 통제법**

-A급 품목

기업의 매출 기여도가 높은 중점 품목이므로 관리 비용이 높더라도 중점관리해야 한다.

-B급 품목

매출의 기여도나 품목 수가 모두 중간적 성격을 띠고 있어 결코 소홀히 할 수 없으므로 중간 관리 방식을 채택한다.

- C급 품목

품목 수가 많아도 매출 기여도가 매우 낮으므로 관리비를 들여서 중점관리를 하더라도 기업 이익에 큰 도움을 주지 못하고 관리비 부담만 가중시킨다.

② ROP 시스템

ROP 시스템은 재고가 일정 수준으로 내려갔을 때 발주하는 방법으로, 발주점법이라고도 한다. 발주량은 원칙적으로 정량을 발주하며, 주로 단가가 적은 것에 적용한다.

***경제적 발주량**

재고를 많이 가지고 있으면 재고 유지비가 많이 들고, 재고를 적게하면 수시로 발주를 하게되어 비용이 많이 든다. 경제적 발주량은 재고 유지비와 발주 비용의 합을 최소화하기 위해 조정한 발주량을 말한다.

***정량 발주 방식**

재고가 일정 수준의 주문점에 이르면 정해진 주문량을 주문하는 시스템이다. 매회 주문량을 일정하게 하고 다만 소비의 변동에 따라 발주시기를 변동한다. 조달기간 동안의 실제 수요량이 달라지더라도 주문량은 언제나 동일하므로 주문 사이의 기간이 매번 다르고, 최대 재고 수준도 조달 기간의 수요량에 따라 달라진다.

- 발주할 때마다 일정량을 발주하되 발주 시기는 비정기적이다.
- 계산이 편리해서 관리하기 쉽다.
- 재고 관리 총 비용이 최소화된다.
- 발주 비용이 싸다.
- 충분히 주의해서 재고량을 감시하는 활동을 하지 않으면 실효성이 없다.

***정기 발주 시스템**

발주 간격을 정해서 정기적으로 발주하는 방식으로 단가가 높은 상품에 적용되며, 발주할 때마다 발주량은 변하는 것이 특징이다. 발주량은 문제가 된다.

- 일정기간마다 발주하되 발주량을 일정하게 유지하지 않는 방식이다.
- 변화 대응력이 뛰어나다
- 재고를 감소시킬 수 있다.
- 품절 및 재고 증가를 항상 체크 할 수 있다.
- 상기석인 변동에 잘 견딜 수 있다.

*TWO BIN SYSTEM

가장 오래된 재고 관리 기법으로 가격이 저렴하고 사용 빈도가 높으며 조달 기간이 짧은 자재에 대해 주로 적용하는 간편한 방법이다. 2개의 부품 상자 중 한 상자의 부품을 모두 사용하고 난 뒤 정량을 발주하며, 그 뒤의 수요는 두 번째 부품 상자의 것을 이용한다. 저가품에 주로 적용되며 재고 수준을 계속 실시할 필요가 없다는 장점이 있다.

〔ROP 시스템의 한계〕

수요예측이 어렵기 때문에 많은 양의 안전재고를 유지해야 하며, 재주문점을 사용하면 미래 주문에 전혀 대체할 수 없다. 또한 ROP 시스템은 변화에 바로 대처할 수 없다는 한계가 있다.

③ MRP 시스템

MRP 시스템은 재고관리 및 생산 일정계획에 이용되는 기법으로, 최종 제품의 수요에 맞추어 종속 수요 품목의 소요량과 소요시기를 결정하기 위해 개발된 기법이다. 생산계획을 통해 최종 제품에 관한 재고 상태 정보를 이용하여 원자재, 부분품, 구성품, 하위 조립품 등에 대한 재고를 통제할 수 있고, 일정관리를 효율적으로 할 수 있게 된다. MRP는 전산화된 프로그램을 사용하기 때문에 정보를 신속하게 분석할 수 있어서 생산 시스템과 관련된 계획과 통제의 기초가 된다.

***MRP 시스템의 목적**

MRP 시스템의 목적은 전통적 EOQ/ROP 재고 방식에서 야기되는 과잉 재고나 재고 부족 현상을 최소화하고, 적량의 품목을 적시에 부문하여 재고수준을 낮게 유지할 수 있도록 한다. 우선 순위 계획과 생산 능력 계획을 수립하는 데 필요한 정보 제공에 그 목적이 있다.

***MRP 시스템의 장점**

주먹구구식으로 산출된 안전재고를 유지하기보다는 일정 계획을 재수립 할 수 있는 신축성이 있기 때문에 재고를 줄일 수 있다.

- 보다 안정적인 계획 생산으로 잔업이나 유휴시간을 줄일 수 있다.
- 주일정 계획을 수정할 수 있으며, 시장 변화에 신속하게 대응 할 수 있다.
- 재고 및 생산 비용이 줄어들어 제품 가격이 낮아지고 매출액이 늘어난다.
- 생산 능력 및 우선 순위 계획에 도움을 준다.
- 복잡한 제조/생산 시스템에서 컴퓨터를 사용하여 효율적으로 관리할 수 있는 동적인 시스템이다.
- 최종 제품만 고려해도 각 부품수준까지 계획이 가능하다.
- 변화가 심한 시스템에도 잘 적응한다.
- 고객까지의 제품인도기간을 감소시킨다.

- 정확한 수요예측을 통해 운영 효율을 높인다.

***MRP 시스템의 단점**

- MRP 시스템을 도입할 경우 시스템의 변화로 많은 노력이 필요하다. 즉, 정보 전달 체계 및 방법도 새로 개발해야 하고 정보를 검색 할 수 있는 절차도 개발해야 한다. 새로운 재고 관리 방법과 기술 수준의 변화를 체크하는 방법 개발도 필요하다.
- MRP 기능을 수행하는 컴퓨터 시스템을 도입, 유지하는 비용이 크다.
- 조립 제품일 경우에 적합하다.
  대일정 생산계획, 재고기록 등이 필요하다.

④ DRP 시스템

DRP 시스템은 MRP의 논리에 따라 창고의 재고를 보충할 때의 주문량과 주문시기를 결정하는 계획이다. 최종 완제품에 대한 수요로부터 하위 부품에 대한 발주 정책을 설정하는 체계적인 절차를 지니며, 동일한 개념을 판매에도 적용하는 것이다. DRP 시스템은 ROP 시스템보다 유통 시스템에서 효과적이다.

⑤ JIT

입하재료를 재고로 두지 않고 그대로 사용하는 상품관리방식이다. 즉, 발주회사의 생산에 필요한 자재를 공급업체로 하여금 적기에 공급하도록 함으로써 발주회사의 재고 유지비용을 극소화하는 것으로 도요타 생산관리 시스템이라고도 한다. 다품종 소량 생산에 있어 소루트 생산 또는 반복 생산을 중심으로 하는 하나의 효율적인 생산 관리 시스템으로 '재고 제로' 및 '무결점'을 목표로 등장했다. JIT는 필요한 물품을 필요한 양만큼 필요할 때에 조달, 조립, 예산을 설정하기 위해 설계되었으므로 판매되는 시점에서는 완제품을, 완제품이 조립되는 시점에서는 반제품을, 반제품을 생산하는 시점에서는 원자재를 조달 할 수 있다.

CHAPTER 11

업장에서 표준설정의 실제

표준의 설정은 설정된 표준에 의하여 식음료 상품인 요리에 관한 품질과 가격과 이윤이 좌우될 만큼 중요한 것이며 모든 표준들이 상부 경영자에 의하여 설정되어야 한다. 중요한 것은 모든 표준들이 상부 경영자에 의하여 설정되어야 한다. 이 의미는 표준들에 대한 최종 승인은 담당 최고 책임자나 그 권한을 위임받은 사람이 한다는 뜻을 말한다.

식당경영에 있어서 식자재 표준원가 관리의 토대가 되며 제조 활동과정에서 발생될 가능성이 있는 과다한 낭비 요인의 파악과 그의 시정 대책 수립의 기준설정을 목적으로 사용되는 표준화의 대상업무는 다음과 같다.

① 요리의 표준 분량 규격(Standards Portion Sizes)

② 요리의 표준 조리량 목표(Standards Recipes)

③ 자재의 표준 구매명세서(Standards Purchase Specification)

④ 자재의 표준 산출율(Standards Yield)

식음료 자재가 구입되어 조리로서 가공되어 서비스 요원에 의거 고객에게 판매되기까지의 업무를 철저하게 표준화함으로써 각 단계에서의 원가를 측정할 수 있는 계량화 업무의 기초를 수립하기 위해서는 부단한 실측작업과 그의 분석이 이루어지지 않으면 안 된다.

선진국에서는 4가지의 표준에 대하여 수량적으로 정확히 파악 효율적으로 사용하고 있지만 우리 나라 업계의 실정으로는 아직은 시작단계에 불과하다고 볼 수 있다.

또한 표준원가계산의 절차는 아래와 같다.

① 원가의 표준(이상적인 원가기준)을 설정한다.
② 원가표준에 의한 원가를 계산한다.
③ 실제원가에 의한 원가를 계산한다.
④ 표준원가와 실제원가의 비교를 통해 그 차이를 산정한다.
⑤ 원가의 차이를 분석한다.
⑥ 분석결과를 보고하고 다음단계로 이어진다.

1. 요리의 표준분량규격 (Standard Portion Sizes)

표준분량 규격이란 메뉴에 표시된 가격으로 식당의 고객에게 판매되는 모든 요리에 대한 주재료의 중량, 분량, 수량 등의 규격을 나타낸 것이다.

표준 분량 규격 설정은 각 단계별 요리인 전채, 주요리, 야채류, 후식, 음료 등이 그 대상이 된다.

표준 분량 규격 설정의 주요 목적은 두 가지 이유가 있는데 첫째로, 식당 고객은 자기가 지불하고 있는 금액에 해당하는 음식의 양을 제공받아야 하기 때문이다. 한 테이블의 고객에게는 180g의 소안심을 제공했는데 옆의 고객에게는 170g의 양을 제공해서는 안되는 것이다. 둘째로, 소안심 가격이 180g으로 결정되었다면 200g의 중량으로 제공될 때는 식당은 손해를 보는 것이다. 즉, 적정의 원가율 유지를 통한 목표이익의 실현에 있다.

1-1. 요리의 표준분량 규격 결정방법

고객이 지불하는 요금을 기준으로 얼마만큼의 원가에 해당되는 분량의 요리를 제공할 것인가를 결정하는 원가적 접근방법과 식당을 이용하는 대다수의 고객이 원하는 분량규격의 수량을 중심으로 하는 결정방법 등이 있다.

능률적인 분량규격 관리를 위하여서는 표준의 설정과 종업원에 대한 교육과 작업과정의 검사를 통한 실행여부 확인 등 부단히 식음료 경영자에 의하여 이루어져야 한다.

1-2. 요리의 표준 분량규격의 관리절차

분량규격은 대단히 중요하며 규격활동에 대한 일일 점검이 필요하다. 이 점검으로 인해서 설정된 표준분량을 확립할 수 있으며 경영자는 항시 저울을 사용하도록 해야 하는 것이다.

2. 표준산출량(Standard Yield)

산출(Yield)이라는 용어는 구매된 상태의 식자재로부터 자재의 손길작업의 결과로 얻어진 순 중량(Net weight) 다시 말해서 식자재가 가공되어 고객에게 판매될 수 있게된 상태에서의 수 또는 중량을 의미하는 것이다.

식자재에 대한 구매된 당시의 중량과 판매할 수 있게끔 된 상태에서의 중량간의 차이발생을 작업상의 손실(Loss)이라 하며, 이 요리 작업의 단계는 식자재 기초손길의 작업과 조리작업의 단계로 구분되며 주요리(Main Dish)의 경우에는 표준 분량규격의 작업단계가 추가되기도 한다.

이러한 조리작업 단계 즉 원가의 흐름 과정상에서 발생되는 상태별의 수량 감량은 손실을 의미하기 때문에 그의 최소화를 위한 관리방법의 하나가 산출량 표준화인 것이다.

표준 산출율의 측정은 두 가지의 중요한 목적으로 사용되는데 첫째, 식자재 원가산출에 사용되는 원가인수 설정과 요리량의 원가배수 등의 산정에 있다.

둘째, 보다 높은 산출 획득을 위한 각종의 조리방법의 개선책의 강구에 있다.

2-1. 표준 산출률의 산정공식

① 판매가능한 재료의 산출률(Ratio of Servable Weight)

$$\frac{\text{서비스 무게}}{\text{최초의 무게}} \times 100$$

② 판매가능한 재료의 단가(Cost Per Servable Weight)

$$\frac{\text{구 매 단 가}}{\text{판매가능한 재료의 산출률}}$$

③ 원가인수(Cost Factor)

$$\frac{\text{판매가능한 재료의 단가}}{\text{구 매 단 가}}$$

④ 규격 요리당 원가(Portion Size Per Cost)

$$\frac{\text{1kg당 판매원가}}{\text{1kg당 생산가능 규격의 수}}$$

⑤ 규격 요리당 원가배수(Portion Cost Multiplier)

$$\frac{\text{원가인수}}{\text{1kg당 1인분 수}}$$

육류의 Yield

텐더로인
Whole Tenderloin

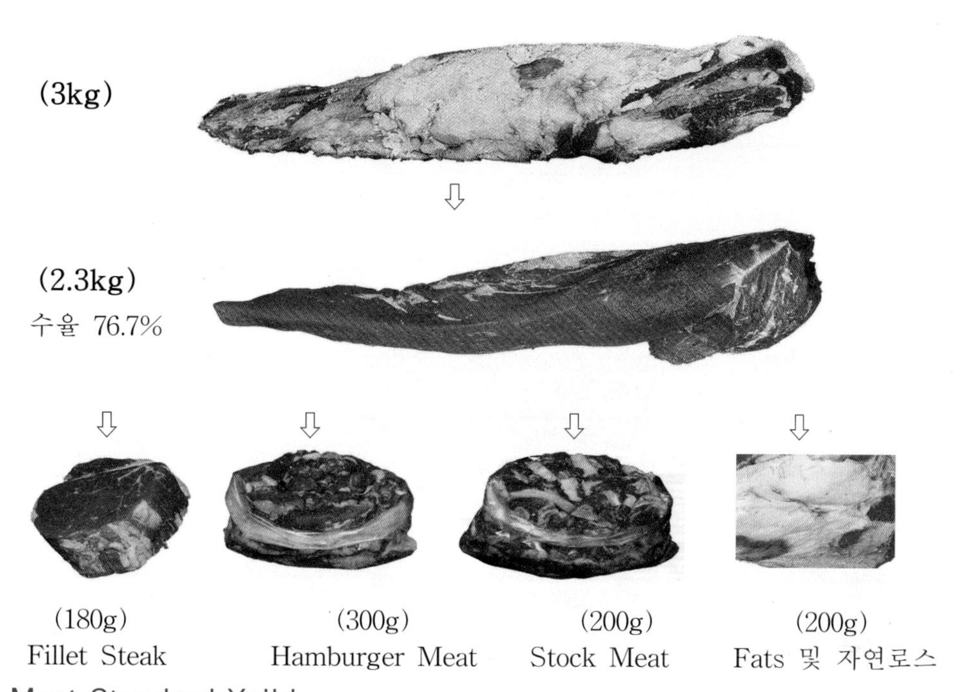

가. Meat Standard Yeild

상기 홀 텐더로인에서 이해하기 쉽게 설명하고 있다.

트리밍(Triming)하지 않은 상태의 쇠고기 안심을 Yield하여 각 부산물의 정확한 중량을 달고 각 용도에 맞는 가격을 도입하여 그 금액을 뺀 나머지 금액을 트리밍 된 나머지 안심에 적용하여야 정확한 안심의 원가가 산출된다.

*** 산출방법**

품명	규격	단가	감량	가격
Whole Tenderloin	kg	20,000원	× 3kg	= 60,000원
Hamburger Meat		8,000원	× 0.3	= 2,400원
Stock Meat		2,000원	× 0.2	= 400원

안심의 3kg 구입가 60,000원 - 2,400 - 400 = 57,200 ÷ 2.3kg = 24,870원

안심의 kg당 원가는 24,870원이며, Filet Steak 1인분의 분량이 180g일 때, 순수원가는 0.18 × 24,870 = 4,477원이 된다.

육류의 Yield

Whole Striploin

(13.3kg)

⇩

(7.53kg)
수율 56.6%

⇩

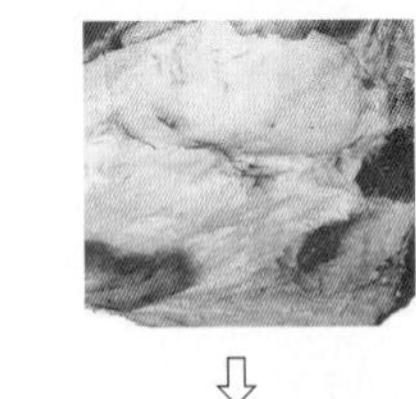

⇩	⇩	⇩		⇩
(0.2kg) (Steak)	(0.99kg) (Hamburger Meat)	(1.05kg) (Stock Meat)	(3.18kg) (Fats)	(0.27kg) (Loss)

* 원가 계산

위에서 설명된 것은 Yield 되지 않은 등심 13.3kg을 표준산출량에 맞게 각 부위를 떼어 내어 보니 실제로 Steak용으로 사용할 수 있는 양은 7.53kg이다.

* 계산방법

원재료단가 - (Burger Meat단가 × 산출량) - (Stock Meat단가 × 산출량) - (Fat 단가 ×산출량) =사용단가 ÷ 산출률 = 사용원가

등심 구입가 18,000원 × 13.3kg = 239.400원 - (햄버거 밑단가 8,000원 ×0.99kg = 7,920원) -스톡밑단가 2,000 × 1.05kg = 2.100) - (Fat 단가 200원 × 3.18kg = 636원) = 228,744원 ÷7.53kg = 30,378원이 사용원가이다. Sirloin Steak 200g이 1인분의 량이면 0.2kg × 30,378원 = 6,076원이 순수 원가가 된다.

육류의 Yield

Ribeye Roll

(10.55kg)

(8.26kg)
수율 78.3%

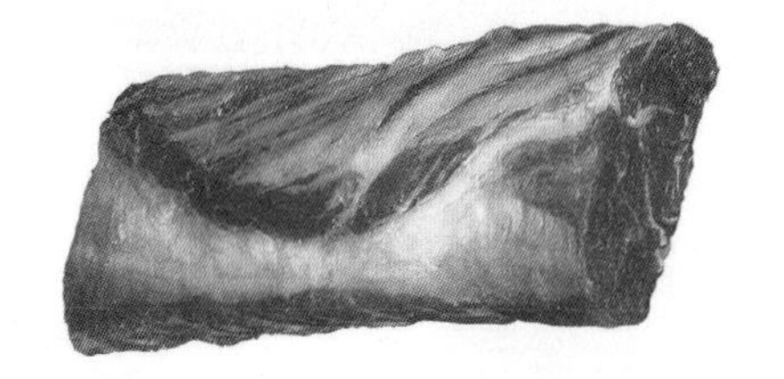

⇩

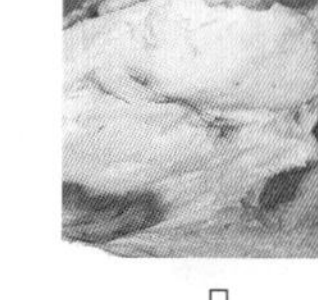

⇩	⇩	⇩	⇩	
(200g)	(330g)	(450g)	(900g)	(410g)
(Ribeye Steak)	(Hamburger Meat)	(Stock Meat)	(Fats)	(Loss)

* 산출방법

품명	규격	단가		감량		가격
Ribeye Roll	kg	19,000	×	10.55	=	200,450원
Hamburger Meat	Kg	8,000	×	0.33	=	2,640원
Stock Meat	Kg	2,000	×	0.45	=	900원
Fats	Kg	200	×	0.9	=	180원

* 립아이롤 구입가 200,450원 - 2,640 - 900 - 180 = 196,730 ÷8.26Kg = 23.818원 이Kg당 립아이롤의 원가이며 립아이 스테이크 200g의 원가는 × 23.818 =4.764원이다.

육류의 Yield

Whole Veal Loin

(11.85kg)

(2.9kg)
Veal Loin

(1.26kg)
Veal Filet

⇩
(2.08kg)
(Veal Bone)

⇩
(1.93kg)
(햄버거 Meat)

⇩
(1.66kg)
(Stock Meat)

⇩
(1.35kg)
(Fats)

(0.67kg)
(Loss)

*** 원가계산**

Wholc Loin단가 12,000원 × 11.85kg = 142,200원 - (햄버거Mcat단가 8,000원 × 1.93kg =15,440원) - (Bone단가 1,800 × 2.08kg =3,744원) - (Stock Meat단가 2,000원 × 1.66kg = 3,320원) - (Fat단가 200원 × 1,35kg = 270원) = 119,426원
119,426 ÷ 4.16kg =28,708원이 Veal Loin의 kg당 원가이다.
4.16kg의 계산은 Loin과 Filet를 더한 값이다

* 1인분을 180g으로 하면 180g × 28,708원 = 5,167원이 1인분의 순수 원가이다.
로인의 수율(35.1%)

육류의 Yield

Rack of Lamb

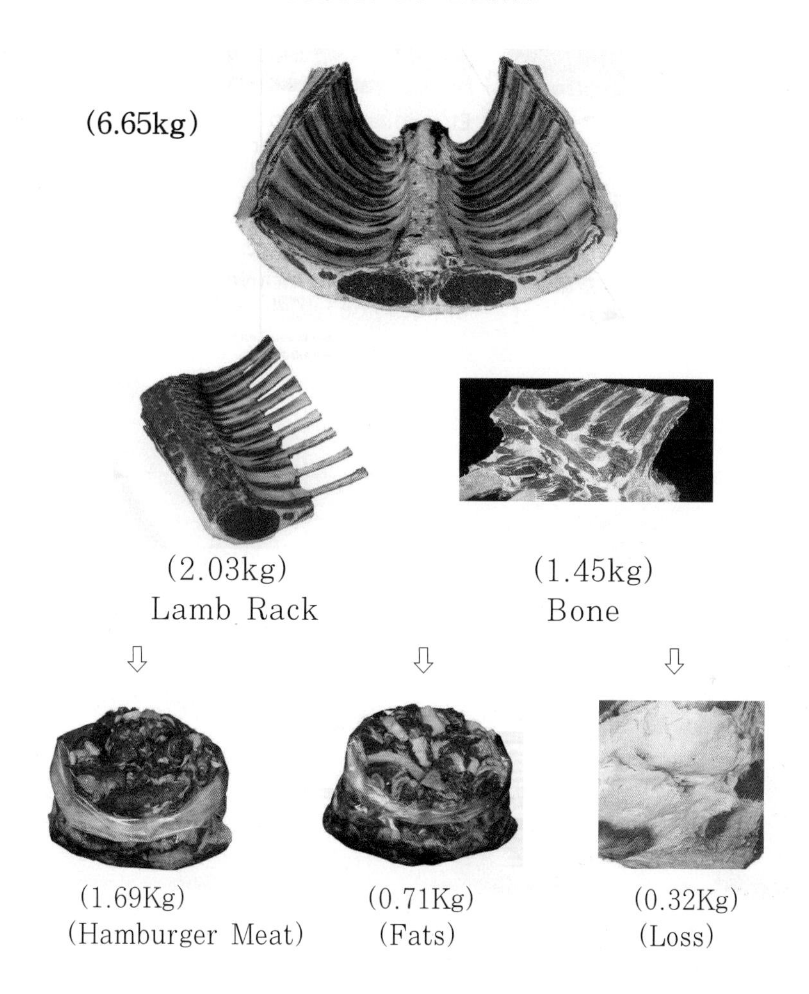

* 계산

원재료단가 7,000X6,65kg = 46,550 - (햄버거 Meat단가 7,000원X1.69kg = 1,183) - (Bone단가1,800원 X 1.45kg = 2,610원) - (Stock Meat 단가 2,000원 X0.46kg = 920원) - (Fat 단가200원 X0.71kg = 142원) = 41,695 ÷2.03kg =20,539원이 실제 사용할 수 있는 Rack of Lamb의 kg당 원가이다.

210g이 1인분이라면 0.21kg X 20,539원 = 4,313원이 1인분의 순수 원가이다.

육류의 Yield

Lamb Leg Roast

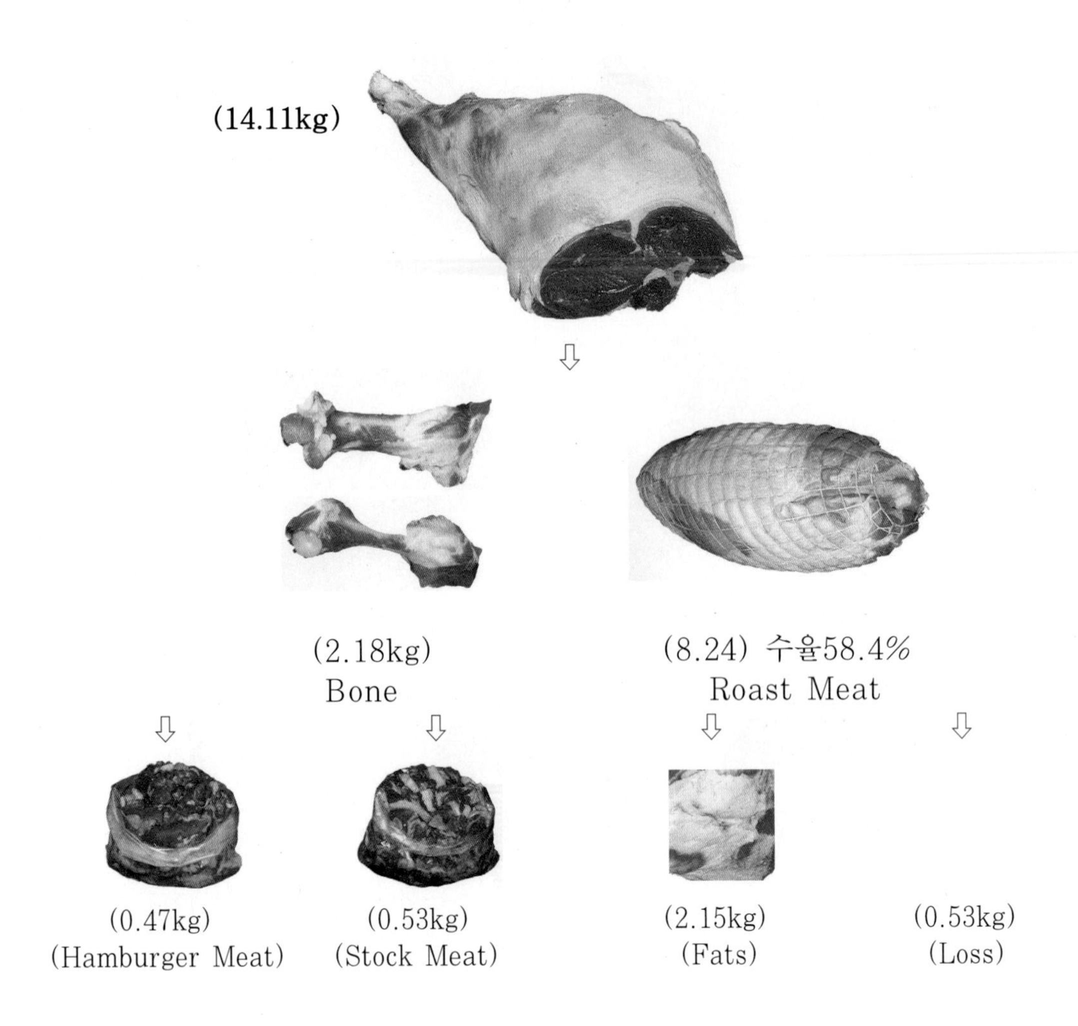

* 원가계산

Lamb Leg의 구입단가 4,700원 × 14.11kg = 66,317원 - (햄버거 Meat단가 4,700원 × 0.47kg = 2,209원) - (Bone단가 1,800원 × 2.18kg =3,924원)-(Stock Meat단가 2,000원 ×0.53kg =1,060원) - (Fat단가 200원 × 2.15kg =430원) =58,694원

58,694원 ÷ 8.24kg = 7,123원이 Lamb Leg Roast의 kg당 원가이다.

* 보통 쇠고기의 경우 햄버거 Meat의 적용가격은 Round 의 구입가를 적용하며 Lamb이나 veal은 최초 구입단가를 적용한다. 또한 Bone또는 Stock Meat은 쇠고기 Bone과 Stock Meat단가를 그대로 적용한다.

육류의 Yield

Pork Belly

(35.88kg)

⇩

(8.26kg)
수율 59.5%
Bacon Belley

⇩ ⇩ ⇩

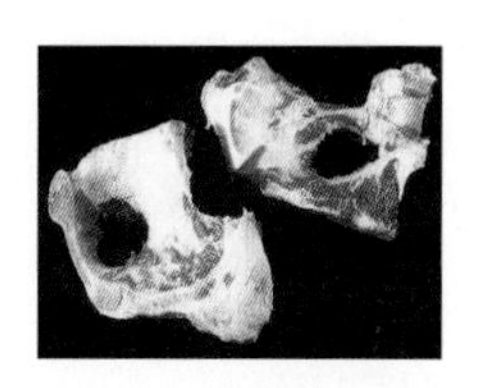

(7.88kg) (Pork Bone) (6.4kg) (Ground Meat.) (0.26kg) (Pork Fat)

* **원가계산**

Pork Belley 구입단가 3,800원 × 35.88kg = 136,344원 - (Ground Meat 단가 3,800원 × 6.4kg = 24,320원) - (Pork Bone단가 800원 × 7.88kg = 6,304원) - (Fat단가 800원 × 0.26 = 208원) =105, 512원 ÷ 21.34kg = 4.944원이 Bacon Belley 1kg의 원가다.

육류의 Yield

Duckling

(10.01kg)

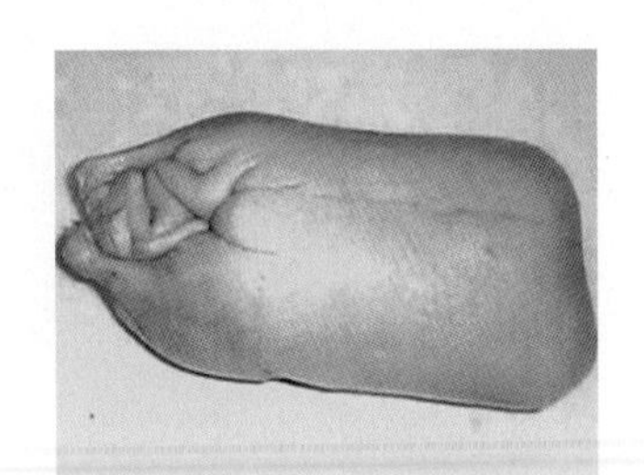

⇩ ⇩

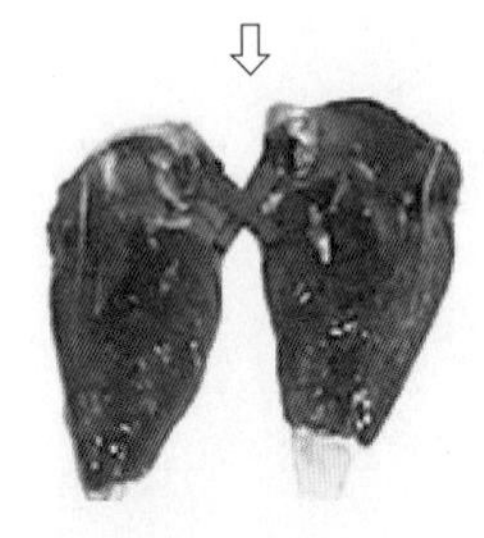

(1.82kg)
Duck Brest.

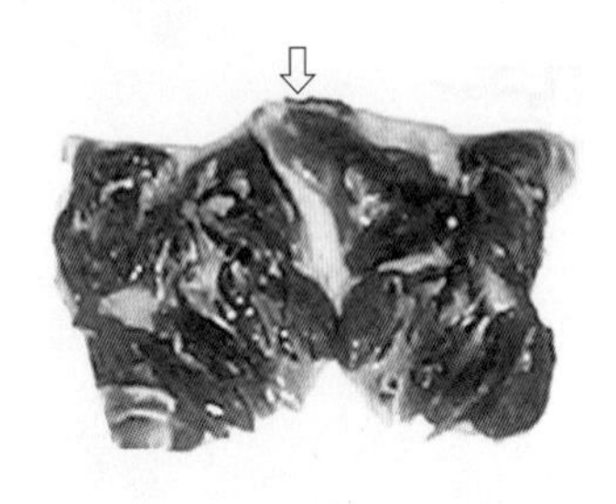

(2.39kg)
Boneless Meat.

(3.25kg)
Duck Bone.

(2.19kg)
Fats.

(0.36kg)
Loss

* 원가계산

Duck 구입가 3,500원 × 10.01kg = 35,035원 - (Duck Bone단가 800원 × 3.25kg = 2,600원) -(Fat단가 200 × 2.19 = 438원) =31,997원

31,997원 ÷ 4.21kg = 7,600원이 kg당 원가이다(수율 42%).

육류의 Yield

Chicken

(13.26kg)

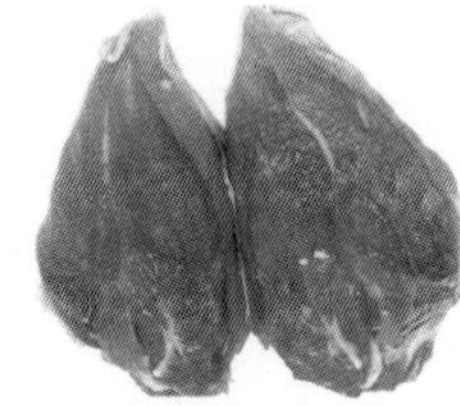

(3kg)
Chicken Brest.

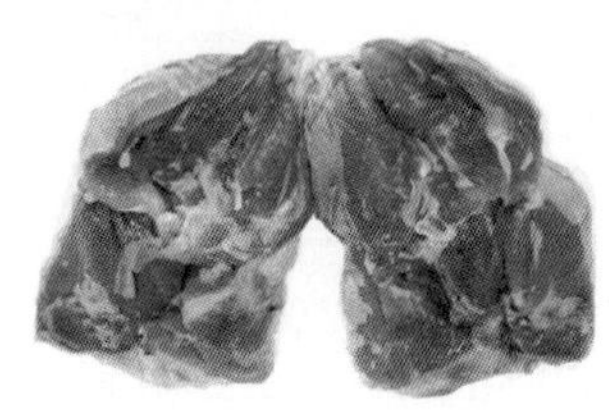

(3.98kg)
Boneless Meat

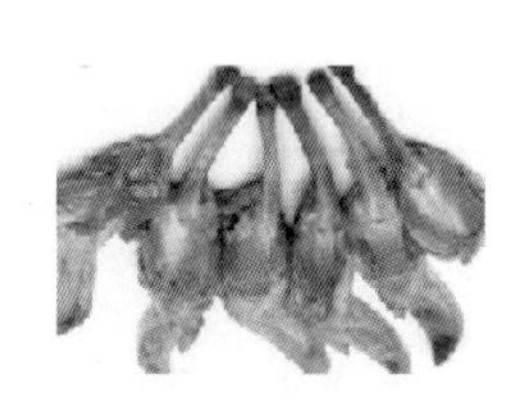

(0.49kg)
Chicken Wing.

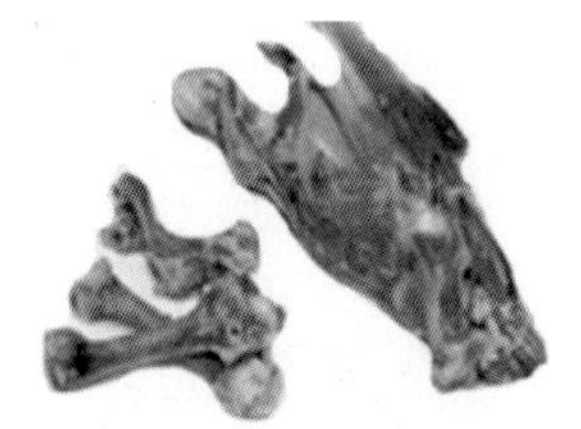

(5.02kg)
Chicken Bone.

(0.25kg)
Fats.

(0.52kg)
Loss.

* 원가계산

Chicken의 구입가 1,800원 × 13.26kg = 23,868원 - (Wing단가 1,600원 × 0.49kg =784원)-(Bone단가 800원 × 5.02kg = 4,016원)-(Fat단가 200원×0.25kg=50원)=19,018원 ÷ 6.98kg =2,725원이 Boneless Chicken 1kg의 원가이다(수율 52.6%).

육류의 부위별 Yield

품 명	수량	규격	단가	표준산출양		다른 용도의 사용양			표준원가	비고
			원	%	kg	햄버거	스톡	Fat 및 Loss	원	
텐더로인	3	kg	20,000	76.6	2.3	0.3	0.2	0.2	24,870	
써로인	13.3	kg	18,000	57.7	7.53	0.99	1.05	3.45	29,732	
립아이	10.55	kg	19,000	79.3	8.37	0.33	0.45	1.31	23,504	
갈비(찜용)	10.87	kg	11,195	96.1	10.45			0.42	11,644	
갈비(구이용)	17.36	kg	11,195	88.1	15.3		1.56	0.5	12,500	
라운드	62.9	kg	8,175	91.7	57.67		4.43	0.8	8,763	
척	15.42	kg	5,748	78.8	12.15		2.47	0.8	7,297	
브리스켓	14.92	kg	3,923	64.5	9.62		4.6	0.7	5,128	
소혀	6.75	kg	10,923	77.6	5.24		1.0	0.51	12,751	
Lamb Rack	6.65	kg	7,000	30.5	2.03	0.71	0.46	2.0	18,577	
Lamb Leg	14.11	kg	4,700	58.3	8.24	0.47	2.71	2.68	7,123	
Veal Loin	11.85	kg	12,000	35.1	4.16	1.93	3.74	1.35	28,708	
Pork Belley	30.2	kg	3,800	70.6	21.34	6.4	7.88	0.26	3,933	
폭 라운드	13.93	kg	3,700	83.4	11.6		1.45	0.88	4,436	
돼지 족발	100	kg	2,300	75	75		15	10	3,067	
오리고기	10.01	kg	3,500	42	4.21		3.25	2.55	7,600	
닭 튀김용	6.84	kg	2,290	95.4	6.53			0.31	2,399	
닭 뼈제거	13.26	kg	1,800	52.6	6.98	0.49	5.02	0.77	2,725	

나. 표준산출량(Standard yeild)의 원가 계산

(1) 갈비(찜용) 수입품일 경우에는 Loss 부분이 많지 않다.

계산 : 구입단가 11,195원×10.87kg = 121,689원÷수율량 10.45kg = 11,644원
11,644원이 갈비찜용 kg당 원가이다.

(2) 갈비구이용에서는 Stock용과 Loss가 발생한다.

이런 경우에는 Stock용을 계산하여 빼준 나머지 금액을 산출하여야 한다.

계산 : 구입단가 11,195원×17.36kg = 194,345원 - (Stock Meat 1.56kg × 단가 2,000원 = 3,120) = 191.225 ÷ 수율량 15.3kg = 12,500원이 구이용 갈비 kg당 원가이다.

(3) 햄버거용 라운드에서도 Stock Meat과 Loss부분이 나온다.

계산 : 구입단가 8,175원×62.9kg = 514.208원이 라운드 kg당 원가이다. -8,860원) = 505,348원÷수율량 57.67kg = 8.763원이 라운드 kg당 원가이다.

(4) 브리스켓의 경우에도 Stock용과 Loss 부분이 있다.

계산 : 구입단가 3,923원×14.92kg = 58.531원 - (Stock Meat 4.6kg×단가 2,000원 = 9,200) = 49,331원÷수율량 9.6kg = 5,128원이 kg당 원가이다.

(5) 소혀의 경우에도 예외없이 Stock Meat과 Loss부분이 나온다.

계산 : 구입단가 10,195원×6.75kg = 68,816원 - (Stock Meat 1kg×단가 2,000원 = 2,000원) = 66,816원÷수율량 5.24kg = 12.751원이 소혀 kg당 원가이다.

*** 표준 산출 시 원가 계산 공식**

구매단가×수량 = 총구매단가

총구매단가 - 다른용도 사용양의 단가

나머지금액÷표준산출량 = kg당 표준원가

인당 사용량×kg당 단가×100 = 인당 사용원가

*** 주의사항**

특히 육류의 경우 비닐 등에 쌓여 있는 경우 이 비닐의 중량이 자연 Loss 부분이 될 수 있으며 해동과정에서 수분이 빠지므로 필연적으로 Loss가 발생한다.

이것을 무시해서는 절대 안된다.

Triming 할 때마다 몇 kg 중 얼마만큼의 Loss가 발생했는 지 기록, 유지되어야 한다. 그렇지 않으면 나중에 감사시 또는 경영자나 관리자 등에게 오해를 받을 수도 있다.

해산물의 Yield

광어(Halibut)

(3kg)

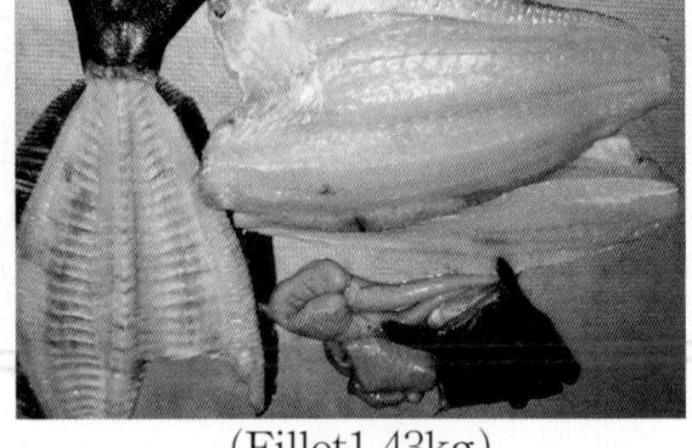
(Fillet1.43kg)

사시미용 살	매운탕용	뼈. 내장
(1.43kg)	(300g)	(1.27kg)

* **원가계산**

광어구입단가 kg당 23,500원 ×3kg = 70,500원

Fillet살 수율 1.43kg = 1.43kg÷3kg = 47.6%

70.500원 - (매운탕생선단가 5,000원 × 0.3 = 1,500원) =69,000원

69,000원 ÷ 1.43 = 48,252원이 사시미용 순 생선살의 kg당 원가이다.

* 매운탕용은 잡어가를 도입한 것이며 뼈는 Stock용으로 사용하지만 쇠고기에서처럼 뼈값을 계산하지 않는다.

적도미(Red Seabream)

(2.8kg)

(Fillet 780g)

사시미용살	매운탕용	뼈 및 내장
(780g)	(500g)	(1.52kg)

* **원가계산**

도미구입단가 24,000원 × 2.8kg = 67,200원 - (매운탕 용 단가 5,000원 ×0.5kg = 2,500원) = 64,700원 ÷ 0.78kg = 82,950원이 사시미용 도미살 kg당 원가이다.

해산물의 Yield

농어(Sea bass)

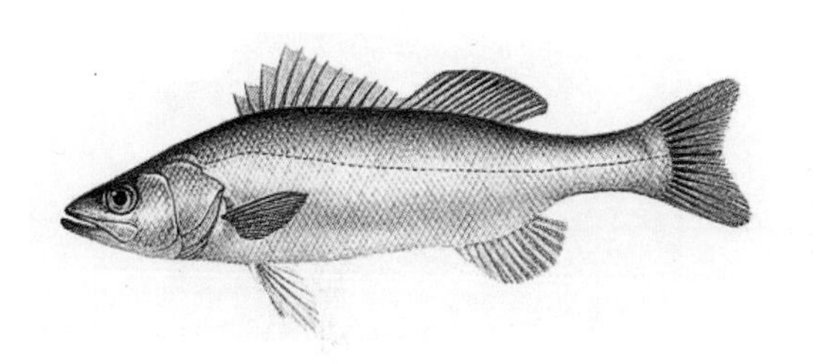

(3kg) (Fillet 1.35kg)

Fillet	매운탕용	뼈 및 내장
(1.35kg)	(400g)	(1.25kg)

* 원가계산

농어구입단가 24,500원 × 3kg = 73,500원

구입가 73,500원 - (매운탕용 단가 5,000원 × 0.4kg = 2,000원) = 71,500원

71,500원 ÷ 1.35kg =52,962원

52,962원이 사시미용 농어살의 kg당 원가이다(수율 45%).

연어(Salmon)

(4kg) (Fillet 2.6kg)

홀 연어	Fillet	구이용	뼈
(4kg)	(2.6kg)	(300g)	(1.1kg)

* 원가계산

연어구입단가 15,500 × 4kg = 62,000원

62,000원 - (구이용단가 5,000원 × 0.3kg = 1,500원) = 60,500원

60,500원 ÷ 2.6kg = 23,270원이 연어살 kg당 원가이다(수율 65%).

해산물의 Yield

전복(Abalone)

(4kg)
(전복 껍질)

(2.6kg)
(내장)

수율34%　(3.4kg)
(전복 살)

* 원가계산

전복총중량의 단가 90,000원 × 10kg = 900,000원

900,000원 ÷ 3.4kg =264,705원이 전복살 1kg의 원가이다.

전복살100g의 원가가 26,470원 이라는 결과가 나온다.

참고 : 전복 껍질은 별도로 외부에 판매하기도 하지만 대부분 영업외 수입으로 잡으며 내장역시 다른 용도로 사용하기도 하지만 단가에 적용하지 않는다.

해산물의 Yield

떡조개	떡조개살	수율	내장	껍질
5kg	1.1kg	22%	0.8kg	3.1kg

* 원가계산

구매단가 13,000원 × 5kg = 65,000원

65g000원 ÷ 1.1kg =59,090원

59g090원이 떡조개살 kg당 원가이다.

떡조개

가리비	관자살	수율	내장	껍질
5kg	1.25kg	25%	1kg	2.75kg

* 원가계산

구매단가 11,500원 × 5kg = 57,500원

57,500원 ÷ 1.25kg = 46,000원

46,000원이 관자살 kg당 원가이다.

가리비

피조개	조갯살	수율	내장	껍질
5kg	1kg	20%	1kg	3kg

* 원가계산

구매단가 9,000원 × 5kg = 45,000원

45,000원 ÷ 1kg = 45,000원

45,000원이 피조개살 kg당 원가이다.

피조개

대합조개 — 1kg

* 원가계산

대합조개는 대게 살을 빼지 않고 그대로 굽거나 전골냄비 등에 사용한다. 이런 경우에는 kg당 단가 나누기 수량으로 원가계산을 한다

kg당 단가 5,000원 ÷15개 = 334원

대합조개의 개당 원가는 334원이다.

대합조개

해산물의 표준산출량

품 목	수량	규격	단가	표준산출양		다른 용도의 사용양			표준원가	비고
			원	%	kg	매운탕용	스톡용	내장, 껍질	원	
활광어	3	kg	23,500	47.6	1.43	0.3	0.5	0.77	69,000	
활도미	2.8	kg	24,400	27	0.78	0.5	0.8	0.72	82,950	
활농어	3	kg	24,500	45	1.35	0.4	0.7	0.55	52,962	
마구로 1급	10	kg	70,000	78	7.8			2.2	89,743	
사요리	10	kg	16,000	50	5.0			5.0	32,000	
지리복어	10	kg	25,000	75	7.5			2.5	33,333	
연어	4	kg	15,500	65	2.6	0.3		1.1	23,270	
방어	10	kg	17,500	46	4.6	1.2		4.2	36,739	
생삼치	10	kg	8,800	66	6.6			3.4	13,333	
메로	10	kg	10.500	72	7.2			2.8	14,583	
바다장어	10	kg	9,000	70	7.0			3.0	12,857	
병어	10	kg	7,000	61	6.1			3.9	11,475	
문어	10	kg	13,500	74	7.4			2.6	18,243	
갑오징어	10	kg	4,400	21	2.1			7.9	20,952	
전복	10	kg	90,000	34	3.4			6.6	264,705	
떡조개	5	kg	13,000	22	1.1			3.9	59,090	
피조개	5	kg	9,000	20	1			4.0	45,000	
가리비	1	kg	11,500	25	1.25			3.75	46,000	
대합조개	10	kg	5,000						개당 334	15개
한치	10	kg	12,000	40	4.0			6.0	30,000	
자라	10	kg	50,000	18	1.8			8.2	277,778	
바다가재	10	kg	38,000	77	7.7			2.3	49,350	
민물장어	10	kg	24,000	49	4.9			5.1	48,980	
흑해삼	10	kg	12,000	26	2.6			7.4	46,154	

다. 해물류의 표준산출

*원가계산

(1) 마구로1급(참치), 10kg 구입단가 700,000원 ÷ Yield후 중량 78%

700,000원 ÷0.78 ×100 = 89,743원이 kg당 표준 원가이다.

(2) 지리복어, 10kg 구입단가 250,000원 ÷ Yield후 중량 75%

250,000원 ÷0.75 ×100 = 33,333원이 kg당 표준 원가이다.

(3) 생 삼치, 10kg 구입단가 88,000원 ÷ Yield후 중량 66%

88,000원 ÷ 0,66 ×100 = 13,333원이 kg당 표준 원가이다.

(4) 바다장어, 10kg 구입단가 90,000원 ÷ Yield후 중량 70%

90,000원 ÷ 0,7 ×100 = 12,857원이 kg당 표준 원가이다.

(5) 문어, 10kg 구입단가 135,000원 ÷ Yield후 중량 74%

135,000원 ÷ 0,74 ×100 = 18,243원이 kg당 표준 원가이다.

(6) 갑오징어, 10kg 구입단가 44,000원 ÷ Yield후 중량 21%

44,000원 ÷ 0,21 ×100 = 20,952원이 kg당 표준원가이다.

위에서 보는 것과 같이 문어와 갑오징어의 경우 최초 구입단가에서는 문어가 갑오징어 보다 훨씬 비싸지만 실제 사용할 수 있는 표준산출량을 내고 원가를 분석하여보니 갑오징어의 원가가 더 비싸다는 것을 볼 수 있다. 따라서 수율 분석 없이 주먹구구식 계산을 하면 안된다.

(7) 전복, 10kg의 구입단가 900,000원 ÷ Yield후 중량 34%

900,000원 ÷ 0.34 ×100 = 264,705원으로 사시미용 전복살 100g당 원가는 26,470원으로 매우 비싸다는 것을 알 수 있다.

이러한 분석을 통하여 정확한 원가를 계산하여야 하며 이러한 결과를 조리사들에게 주지시켜 비싼 식재료를 소중히 다룰 수 있도록 하여야 한다.

채소의 Triming

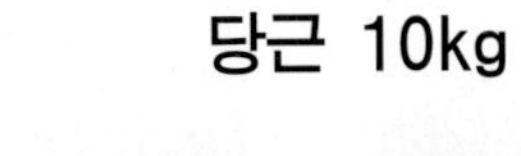

당근 10kg

구입단가 kg당 1,300원
1.300원 × 10kg = 13,000원
표준수율(86%) = 표준수량 8.6kg
13,000원 ÷ 8.6kg = 1,512원
1인분 80g이면
0.08kg × 1,512원 = 121원이
당근 80g의 원가이다.

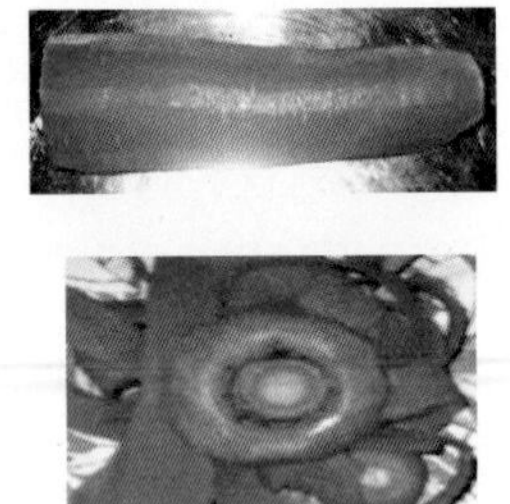

오이 10kg

구입단가 kg당 1,250원
1,250원 × 10kg = 12,500원
표준수율(91%) =표준수량 9.1kg
12,500원 ÷ 9.1kg = 1,374원
1인분 40g이면
0.04kg × 1,374원 = 55원이
오이 40g의 원가이다.

셀러리 10kg

구입단가 kg당 1,350원
1,350원 × 10kg = 13,500원
표준수율(66%) = 표준수량 6.6kg
13,500원 ÷ 6.6kg = 2,045원
1인분60g이면
0.06kg × 2,045원 = 123원이
셀러리 60g의 원가이다.

* 이와 같이 각 품목마다 그 수율이 다르므로 하나하나 계량되고 조사되어야 한다.

채소의 Triming

커리훌라워 10kg

구입단가 kg당 2,300원 ×10kg = 23,000원
표준수율(65%) = 표준수량 6.5kg
23,000원 ÷ 6.5kg = 3,538원이 kg당 원가이다.
1인분 60g이라면
0.06kg × 3,538원 = 212원이 커리훌러워 60g의 원가이다.

토마토 10kg

구입단가 kg당 1,200원 × 10kg = 12,000원
표준수율(85%) = 표준수량 8.5kg
12,000원 ÷ 8.5kg = 1,412원이 kg당 원가이다.
1인분 40g이라면 0.04kg × 1.412원 = 57원이 토마토 40g의 원가이다.

피망 10kg

구입단가 kg당 2,300원 × 10kg = 23,000원
표준수율(79%) = 표준수량 7.9kg
23,000원 ÷ 7.9kg = 2.911원이 kg당 원가이다.
1인분 30g이라면 0.03kg × 2.911원 = 87원이 피망 30g의 원가이다.

대파 10kg

구입단가 kg당 800원 × 10kg = 8.000원
표준수율(82%) = 표준수량 8.2kg
8,000원 ÷ 8.2kg = 976원이 kg당 원가이다.
1인분 15g이라면 0.015kg × 976원 = 15원이 파 15g의 원가이다.

채소의 Triming

가지 10kg

구매단가 kg당 3,200원 × 10 kg = 32,000원
표준수율 (75%) = 표준수량 7.5kg
32,000원 ÷ 7.5kg=4.267원이 가지의 kg당 표준원가이다.
1인분 50g이면
0.05kg × 4,267원 = 213원이 가지 50g의 원가이다.

레드 캐비지 10kg

구매단가 kg당 1.100원 × 10kg = 11.000원
표준수율(76%) = 표준수량 7.6kg
11.000원 ÷ 7.6kg =1.447원이 레드 캐비지의 kg당 원가이다

브로콜리 10kg

구매단가 kg당 2,100원 × 10kg = 21,000원
표준수율(65%) = 표준수량 6.5kg
21,000원 ÷ 6.5kg = 3,231원이 부로꼬리의 kg당 원가이다.

무우 10kg

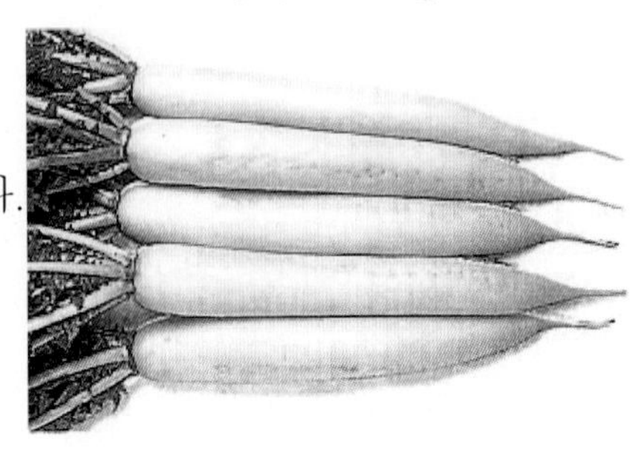

구매단가 kg당 600원 × 10kg = 6,000원
표준수율(73%) = 표준수량 7.3kg
6,000원 ÷ 7.3kg = 822원이 무우의 kg당 원가이다.

*모든 채소류는 구매된 상태로 사용할 수 있는 품목이 거의 없다. 때문에 껍질을 벗기고 다듬어서 실제로 사용할 수 있는 상태에서 그 값을 계산하여야 정확한 원가가 산출된다.

채소의 표준산출량

품 목	수량	규격	단가	표준산출양		표준원가	비고
			원	%	kg	원	
감자	10	kg	2,300	83	8.3	2,771	
당근	10	kg	1,300	86	8.6	1,512	
무우	10	kg	600	73	7.3	882	
배추	10	kg	900	76	7.6	1,184	
양배추	10	kg	800	75	7.5	1,067	
세러리	10	kg	1,350	66	6.6	2,045	
양상치	10	kg	1,800	70	7.0	2,571	
상치	10	kg	1,200	85	8.5	1,412	
치커리	10	kg	1,600	85	8.5	1,882	
오이	10	kg	1,250	91	9.1	1,374	
가지	10	kg	3,200	75	7.5	4,267	
토마토	10	kg	1,200	85	8.5	1,412	
애호박	10	kg	900	74	7.4	1,126	
브로꼬리	10	kg	2,100	65	6.5	3,231	
커리훌라워	10	kg	2,300	65	6.5	3,538	
대파	10	kg	800	82	8.2	976	
양파	10	kg	800	84	8.4	952	
실파	10	kg	750	79	7.9	949	
피망	10	kg	2,300	79	7.9	2,911	
콩나물	10	kg	900	65	6.5	1,385	
시금치	10	kg	1,200	73	7.3	1,644	

* 원가계산

구매단가 × 수량 = 총구매 단가

총구매단가 ÷ 표준산출량 = kg당 표준원가

채소의 경우 껍질 등을 Stock이나 Soup에 사용하기도 하지만 별도로 계산하지 않는다.

라. 채소류의 표준산출(Vegetable Yield)

* 원가계산

(1) 감자는 구매된 것을 사용용도에 알맞게 껍질을 벗겼을 때 83%의 수율이 나온다.
구입가 23,000 ÷ Yield량 8.3 = 산출원가 2,771원이 된다.
(2) 당근 구입가 13,500 ÷ Yield량 7.8 = 산출원가 1,730원이 된다.
(3) 양파 구입가 8,000 ÷ Yield량 8.4 = 산출원가 952원이 된다.
(4) 무 구입가 6,000 ÷ Yield량 7.6 = 산출원가 789원이 된다.
(5) 배추 구입가 5,000 ÷ Yield량 7.5 = 산출원가 667원이 된다.
(6) 세러 구입가 13,000 ÷ Yield량 6.6 = 산출원가 1,969원이 된다.
(7) 대파 구입가 9,000 ÷ Yield량 5.5 = 산출원가 1,636원이 된다.

* 모든 야채는 반듯이 다듬고 껍질을 벗겨 그대로 사용할 수 있는 상태로 하여 그 중량을 계산하여야 하며 Recipe 작성시에도 표준 산출된 중량을 표시하여야 정확한 원가계산이 될 수 있다.

▶ 과일의 원가계산

과일의 원가계산방법은 구매형태와 검수기준에 의한 계산 방법을 채택해야 한다.

과일은 그 종류와 유형에 따라 구매형태를 달리한다. 즉 개당 몇 원, 또는 kg당 몇 원, 한상자에 몇 원 등 또한 사전에 검수기준을 정하여 그 기준에 맞게 구매한다.

사과

* 원가계산

사과, 35개 한 Box 가격 26,000원
26,000원 ÷ 35개 = 745원이 사과 1개의 원가이다.
8쪽으로 나누어 사용한다면 745원÷8쪽 = 93원이 쪽당 원가가 되는 것이다.
배, 20개 한 Box 가격 30,000원
30,000원÷20개 = 1,500원이 개당 원가이다.
10쪽으로 나누어 사용한다면 1,500원 ÷10쪽 = 150원이 쪽당 원가이다

배

수박 구매기준 5kg이상 개당4,500원

큰 쪽으로 16등분한다면 4,500원÷16쪽
= 281원이 큰쪽당 원이다
다시 작은 쪽으로 5등분 한다면
281원÷5쪽 = 56원이 작은 쪽당 원가이다.

수박

머스크 메론 구매기준 800g 이상 개당 6,000원

개당 쪽수 8등분한다면 6,000원 ÷8쪽 = 750원이
쪽당 원가이며 다시 이등분한다면
750원÷ 2 = 375원이 작은 쪽당 원가인 것이다.

머스크 메론

바나나 kg당 구매단가 1,200원

개당 200g인것이 5개라면 1,200원 ÷ 5개 = 240원
2/1개를 사용한다면 240원 ÷ 2 = 120원이
바나나 10/1의 원가가 되는 것이다.

바나나

포도 kg당 구매단가 1,800원

포도알을 떼어서 사용한다면 채소와 마찬가지로
포도알을 전부 떼어내고 그 수율을 측정하여
kg당 표준 수율가를 분석하여 이를 적용하여야
한다.

적포도

계산 : 수율을 분석하여보니 86% 가 나왔다면
1,800원 ÷ 0.86 = 2,093원이 포도 kg당 수율
원가인 것이다.

체리 kg당 구매단가 4,500원

체리의 경우 kg단위로 구매가 되는데 알이 작기 때문에 개수가 많다. 이런 경우에는 100g 당 가격인 450원으로 계산하기도 하며 한 두개의 원가를 계산하려면 kg당 개수를 확인하고 구매단가 ÷ kg당 수량으로 계산하면 된다.

체리

딸기 kg당 구매단가 2,400원

딸기같이 그 규격이 일정하지 않고 채소와 같이 다듬어 사용하여야 하는 경우에는 표준 산출량을 구하고 kg당 구입단가 ÷ 표준산출량으로 계산하여야 한다. 수율이 75%라면 2,400원 ÷0.75 = 3,200원이 딸기 kg당 표준 원가인 것이다.

딸기

오렌지 구매단가 개당 800원

오랜지 같은 경우는 대개 개당 몇원으로 구입한다. 때문에 몇 등분으로 잘라 사용하느냐에 따라 개당원가 ÷ 쪽수로 계산하면 된다.

오렌지

레몬 구매단가 개당 450원

레몬도 마찬가지로 몇 등분으로 잘라 사용하느냐에 따라 개당 원가 ÷ 쪽수로 계산하면 된다.

레몬

마. 표준산출에서 지켜져야 할 사항

(1) Yield Test는 그 정확도를 높이기 위하여 소량보다는 많은 분량을 실측하여 정확히 산출되어져야 한다.

(2) Triming 등에 의한 손실이 있는 식재료는 전 품목별 Yield Test가 실측되어 표준 산출량이 작성되어야 한다.

(3) Standard Recipe가 정확히 작성되려면 필수적으로 정확한 Standard Yield(표준 산출량)가 실측되어져야 한다.

(4) 품목에 따라 계절별 또는 분기별로 재실측하여야 보다 정확한 표준 산출이 될 수 있다.

(5) 가격 변동이 있을 시에는 그 때 그 때 조정하여야 한다.

(6) Standard Recipe에 기재되는 각 Item별 중량은 Yield Test후 결정된 표준 산출량이 기재되어야 정확한 원가 계산이 된다.

3. 요리의 표준조리 양목표 (Standard Recipes)

표준조리 양목표는 식당의 경영목적에 합치하는 자체 표준으로서의 품질과 분량규격에 맞는 특정의 요리를 생산하기 위하여 설정된 요리의 표준에 대한 기술서이다.

그러므로 각종 상품생산에 소요되는 식자재의 품류별 수량과 요리특성 및 조리방법 등에 관한 내용이 요구되는 처방서라고 할 수 있다. 이것을 작성해야 하는 목적은 다음과 같다.

(1) 요리에 대한 식자재 원가산정의 기준이 되며 원가에 의한 판매가격의 산출에 기여한다.

(2) 표준 식자재 원가의 산정에 기여한다.

(3) 요리생산에 일관성을 유지한다.

(4) 요리 및 제품의 표준화와 식자재의 공급 및 관리에 기여한다.

(5) 조리사들의 업무, 숙련도 측정 및 교육훈련 등의 관리에 기여한다.

※ 판매가의 결정은 식당의 형태와 요리에 따라 차이가 있으나 일반적으로 원가의 2.5~3배 선에서 정한다.

※ Cost Percentage : $\dfrac{\text{Portion Cost}}{\text{Sale Price}} \times 100(\%)$

가. Standar Recipe Card

NO OF PORTION	B.S PORTION SIZE	ITEM CORD	P.CH.S. SPECIFICATION & PRICE	
2인분				

QTY	UNIT	INGRDIENTS	DATE:		DATE:	
			AT	AMOUNT	AT	AMOUNT
100	g	새우(껍질채)				
100	g	백합조개(껍질채)				
50	g	양파				
1	쪽	마늘				
30	g	Butter				
20	g	밀가루				
30	ml	White Wine				
100	g	Tomato Paste				
1	개	계란				
50	ml	Fresh Cream				
1	Ts	다진 파슬리				
		소금, 후추 약간				
		TOTAL COST	₩ 2,853			
		COST PER PORTION	₩ 1,427			
		SALES PRICE	₩ 5,000			
		COST PERCENTAGE	28%			
NO :	ITEM : Vellutata Di Gambertti					

PROCEDURE

1. 조개는 잘 씻어 500ml 물에 넣어 STOCK을 만든다.
2. 새우는 껍질을 벗기고 조갯살과 같이 분쇄한다.
3. 새우껍질은 10g Butter에 넣어 볶다 1번 Stock을 넣어 끓인다.
4. 다른 팬에 Butter 20g을 넣고 다진마늘, 양파를 넣어 볶다 밀가루를 뿌려 다시 볶은 후 Tomato Paste와 Dice를 넣어 볶는다.
5. Stock을 넣어 끓이고 와인 넣어 간하고 다시 걸은 다음 별도로 준비한 크림에 계란 노른자위 섞은 것을 넣어 마무리한다.

나. 판매가의 Cost 계산

(1) 위의 Standard Recipe Card에 기재되어 있는 내용을 정확하게 이해하여야 한다.

(2) 표준산출된 양과 가격을 정확하게 계산되어 기재되어야 한다.

(3) 위의 새우크림수프에 들어가는 모든 재료와 가격을 계산하여보자

(4) 가격을 전부 더해주면 2,853원이 된다 이것은 위에 기재되어 있는 것처럼 2인분의 새우크림 수프의 원가인 것이다.

(5) 판매가는 5,000원이다 1인분의 원가는 2,853 ÷2 = 1,427

1인분 원가 1,427 ÷ 판매가 5,000 = 0.2854 × 100 = 28.54% 이다

* 조리 책임자는 모든 요리의 Standard Recipe를 만들고 그 요리의 Cost가 몇%인가를 확인하고 관리하며 조리사들에게 주지시키고 교육시킬 의무가 있다.

다. 표준양 목표 작성의 실제

예 우리가 곰탕을 만들어 판매한다고 하자 그렇다면 그 곰탕 1인분의 생산 원가가 얼마인가를 분석하여야 이익이 창출되는 판매가를 결정할 수가 있는 것이다.

그런데 단순히 곰탕 한 그릇의 원가가 산출된다고 해서 판매가를 결정할 수는 없는 것이다. 왜냐하면 곰탕 한 그릇을 고객에게 판매하기 위해서는 부수적으로 따라가는 밑반찬인 김치, 깍두기, 나물, 또는 젓갈류, 밥 등의 생산 원가가 계산되어져야 하기 때문이다.

이들의 생산 원가를 산출하기 위해서는 품목 하나하나의 표준양 목표가 만들어져 원가가 산출되어져야 하기 때문이다.

(1) 곰탕 2인분

재료 : 사골곰국 700ml, 양지고기 200g, 실파 100g, 밥 300g, 배추김치 200g, 깍두기200g, 콩나물 200g, 부추 겉절이 200g, 오징어젓갈 100g, 소금20g, 후추가루 5g이 손님에게 제공된다고 한다면 이들 품목에 대한 하나하나의 표준양 목표와 생산원가를 산출하여 보자.

여기에는 먼저 각종 식재료의 품목별 표준 산출율과 표준 원가가 사전에 계산되어져 있는 것을 전제로 한다.

순서로는 가장 기본적인 것부터 Recipe를 작성하고 그 원가를 분석하여야 한다.

• 곰탕국물 Standard Recipe Card

NO OF PORTIONS		B.S PORTION SIZE	ITEM CORD	P.CH.S SPECIFICATION AND PRICE			
20인분(7L)							
QTY	UNIT	INGREDIENTS		DATE :		DATE :	
				UNIT C.	AMOUNT	AT	AMOUNT
2	kg	쇠사골		6,000원	12,000원		
2	kg	잡뼈		1,800원	3,600원		
500	g	대파		900원	450원		
30	g	통후추		3,000원	90원		
80	g	통마늘		1,600원	128원		
2	kg	양지머리		5,128원	10,256원		
		TOTAL COST			16,268원		
		COST PER PORTION			813원		
		SALES PRICE					
		COST PERCENTAGE					
NO:	ITEM : 곰탕 국물			RESTAURANT NAME:			

PREPARATION AND SERVICE	
	사진
* 단 양지머리는 국물용이 아니므로 국물원가에 포함하지 않으며 별도 고기값으로 계산한다.	
양지머리의 계산 10,256원 ÷20인분=513원	

• **배추김치** **Standard Recipe Card**

NO OF PORTIONS		B.S PORTION SIZE	ITEM CORD	P.CH.S SPECIFICATION AND PRICE			
20kg							
QTY	UNIT	INGREDIENTS		DATE:		DATE:	
				UNIT C.	AMOUNT	AT	AMOUNT
20	kg	배추		1,500원	30,000원		
1	kg	호렴		800원	800원		
3	kg	무		750원	2,250원		
400	g	갓		1,200원	480원		
800	g	미나리		900원	720원		
400	g	실파		1,100원	440원		
400	g	대파		900원	360원		
200	g	마늘 (다진 것)		1,600원	320원		
100	g	생강 (다진 것)		1,800원	180원		
500	g	생새우		3,500원	1,750원		
300	g	새우젓		3,200원	960원		
300	g	멸치젓		3,600원	1,080원		
2	kg	고추가루		3,500원	7,000원		
800	g	소금		950원	760원		
400	g	설탕		2,500원	1,000원		
		TOTAL COST			48,100원		
		COST PER PORTION			241원		
		SALES PRICE					
		COST PERCENTAGE					
NO:	ITEM : 배추김치			RESTAURANT NAME:			
PREPARATION AND SERVICE				사 진			
1인분을 100g 으로 계산하면241원이 김치의							
생산원가이다.							

• 깍두기 Standard Recipe Card

NO OF PORTIONS		B.S PORTION SIZE	ITEM CORD	P.CH.S SPECIFICATION AND PRICE			
5kg							
QTY	UNIT	INGREDIENTS		DATE:		DATE:	
				UNIT C.	AMOUNT	AT	AMOUNT
5	kg	무		750원	3,750원		
1	kg	실파		1,100원	1,100원		
1	kg	미나리		900원	900원		
400	g	새우젓		3,200원	1,280원		
200	g	마늘 (다진 것)		1,600원	320원		
100	g	생강 (다진 것)		1,800원	180원		
300	g	고추가루		3,500원	960원		
300	g	소금		950원	285원		
100	g	설탕		2,500원	250원		
		TOTAL COST			9,025원		
		COST PER PORTION			181원		
		SALES PRICE					
		COST PERCENTAGE					
NO:	ITEM : 깍뚜기			RESTAURANT NAME:			
PREPARATION AND SERVICE				사진			
1인분을 100g 으로 계산하면181원이 깍뚜기의 생산원가이다.							

• 콩나물 Standard Recipe Card

NO OF PORTIONS		B.S PORTION SIZE	ITEM CORD	P.CH.S SPECIFICATION AND PRICE			
5kg							
QTY	UNIT	INGREDIENTS		DATE:		DATE:	
				UNIT C.	AMOUNT	AT	AMOUNT
5	kg	콩나물		900원	4,500원		
100	g	대파		1,100원	110원		
50	g	마늘 (다진 것)		1,600원	80원		
50	g	깨소금		6,000원	300원		
50	ml	참기름		9,000원	450원		
10	g	실고추		3,200원	32원		
50	g	소금		950원	48원		
		TOTAL COST			5,525원		
		COST PER PORTION			111원		
		SALES PRICE					
		COST PERCENTAGE					
NO:	ITEM : 콩나물			RESTAURANT NAME:			
PREPARATION AND SERVICE				사진			
1인분을 100g 으로 계산하면111원이 콩나물의							
생산원가이다.							

• 부추겉절이 Standard Recipe Card

NO OF PORTIONS		B.S PORTION SIZE	ITEM CORD	P.CH.S SPECIFICATION AND PRICE			
5kg							
QTY	UNIT	INGREDIENTS		DATE:		DATE:	
				UNIT C.	AMOUNT	AT	AMOUNT
5	kg	부추		1,800원	9,000원		
100	g	깨소금		6,000원	600원		
20	ml	참기름		9,000원	180원		
20	g	고추가루		3,500원	70원		
100	g	소금		950원	95원		
		TOTAL COST			9,945원		
		COST PER PORTION			199원		
		SALES PRICE					
		COST PERCENTAGE					
NO:	ITEM : 부추겉절이			RESTAURANT NAME:			
PREPARATION AND SERVICE				사진			
1인분을 100g으로 계산하면199원이 부추겉절이의							
생산원가이다.							

• 오징어 젓갈 Standard Recipe Card

NO OF PORTIONS		B.S PORTION SIZE	ITEM CORD	P.CH.S SPECIFICATION AND PRICE			
5kg							
QTY	UNIT	INGREDIENTS		DATE:		DATE:	
				UNIT C.	AMOUNT	AT	AMOUNT
5	kg	오징어 젓갈		1,100원	5,500원		
100	g	깨소금		6,000원	600원		
20	ml	참기름		9,000원	180원		
20	g	고추가루		3,500원	70원		
100	g	대파 (다진 것)		1,100원	110원		
50	g	마늘 (다진 것)		1,600원	80원		
		TOTAL COST			6,540원		
		COST PER PORTION			65원		
		SALES PRICE					
		COST PERCENTAGE					
NO:	ITEM: 오징어 젓갈			RESTAURANT NAME:			
PREPARATION AND SERVICE				사진			
1인분을 50g으로 계산하면 65원이 오징어젓갈의 생산원가이다.							

• 곰탕 Standard Recipe Card

NO OF PORTIONS		B.S PORTION SIZE	ITEM CORD	P.CH.S SPECIFICATION AND PRICE			
2인분							
QTY	UNIT	INGREDIENTS		DATE:		DATE:	
				UNIT C.	AMOUNT	AT	AMOUNT
700	ml	곰탕국물		2,324원	1,627원		
200	g	양지수육		5,128원	1,026원		
100	g	실파		1,100원	110원		
300	g	밥		300원	600원		
200	g	배추김치		2,410원	482원		
200	g	깍뚜기		1,810원	362원		
200	g	콩나물		1,110원	222원		
200	g	부추겉절이		1,990원	398원		
100	g	오징어젓갈		1,308원	131원		
20	g	소금		950원	19원		
5	g	후추		2,300원	12원		
		TOTAL COST			4,989원		
		COST PER PORTION			2,495원		
		SALES PRICE			7,500원		
		COST PERCENTAGE			33.27%		
NO:	ITEM: 곰탕			RESTAURANT NAME:			
PREPARATION AND SERVICE				사진			

* 해설

상기의 곰탕에서 보듯이 곰탕이 제공되면 곰탕 한 그릇만 제공되는 것이 아니고 부수적으로 제공되는 밑반찬 또는 밥, 양념 등도 전부 하나하나의 생산 원가가 계산되며 표준 Recipe가 만들어지고 각각 원가가 나온 후에야 비로소 곰탕 한 그릇의 원가를 산출해 낼 수가 있다.

이번에는 서양요리 중에서 경양식당에서 제공하는 간단한 정찬에 대한 원가를 계산하여 보기로 하자.

Set Menu, A

Cream of Mushroom Soup

Fresh Vegetable Salad

Tenderloin Steak W/ Red Wine Sauce

Fresh Fruits

Coffee or Tea

A 양식당에서 상기와 같은 Set Menu를 내놓고 1인분에 20,000원에 판매를 하고 있다면 이 식당 경영자나 조리 책임자는 적정한 가격에 판매되고 있는 지 Cost는 적당한 지를 분석하여 보아야 할 것이다.

그런데 이것 역시 코스 하나하나 마다 Standard Recipe가 있어야 하고 각각 생산 원가가 나와야만 A코스의 Set Menu 원가를 알 수 있다.

수프는 수프의 생산원가가 나와야 하며 샐러드는 샐러드의 생산원가가 나와야 하며 Steak 에서도 곁드려 나가는 모든 재료와 빵이나 버터까지도 전부 계산되어져야 정확한 생산 원가를 산출할 수가 있다.

* 산출의 실제

• Cream of Mushroom Soup, Standard Recipe Card

NO OF PORTIONS		B.S PORTION SIZE	ITEM CORD	P.CH.S SPECIFICATION AND PRICE			
10인분(1.5L)							
QTY	UNIT	INGREDIENTS		DATE:		DATE:	
				UNIT C.	AMOUNT	AT	AMOUNT
1	kg	Fresh Mushroom		5,000원	5,000원		
1	L	Chicken Stock		900원	900원		
100	ml	Fresh Cream		1,800원	180원		
100	g	Onion		1.300원	130원		
200	g	Roux		1,200원	240원		
10	g	소금		950원	10원		
3	g	후추		2,300원	7원		
		TOTAL COST			7,367원		
		COST PER PORTION			737원		
		SALES PRICE					
		COST PERCENTAGE					
NO:	ITEM : Cream of Mushroom Soup			RESTAURANT NAME:			
PREPARATION AND SERVICE				사진			
* Mushroom Soup 1인분이 150 Ml 일때의 생산원가는 737원이다.							

- **Fresh Vegetable Salad Standard Recipe Card**

NO OF PORTIONS		B.S PORTION SIZE	ITEM CORD	P.CH.S SPECIFICATION AND PRICE		
5인분						
QTY	UNIT	INGREDIENTS	DATE:		DATE:	
			UNIT C.	AMOUNT	AT	AMOUNT
400	g	양상치	2,571원	1,028원		
500	g	양배추	1,067원	534원		
200	g	오이	1,374원	275원		
250	g	토마토	1,412원	883원		
100	g	레드캐비지	1,320원	132원		
150	g	치커리	1,882원	282원		
250	Ml	드레싱	2,500원	625원		
		TOTAL COST		3,759원		
		COST PER PORTION		752원		
		SALES PRICE				
		COST PERCENTAGE				
NO:	ITEM: Fresh Vegetable Salad		RESTAURANT NAME:			

PREPARATION AND SERVICE	
*샐러드 1인분의 생산 원가는 752원이다.	사진

• Tenderloin Steak Standard Recipe Card

NO OF PORTIONS		B.S PORTION SIZE	ITEM CORD	P.CH.S SPECIFICATION AND PRICE			
1인분							
QTY	UNIT	INGREDIENTS		DATE:		DATE:	
				UNIT C.	AMOUNT	AT	AMOUNT
180	g	쇠고기 안심		24,870원	4,477원		
60	g	감자		2,771원	166원		
60	g	당근		1,512원	91원		
50	g	브로꼬리		3,231원	162원		
40	g	가지		4,267원	171원		
60	Ml	레드와인소스		2,500원	150원		
10	g	소금		950원	10원		
3	g	후추		2,300원	7 원		
20	g	버터		1,800원	36원		
		TOTAL COST			5,270원		
		COST PER PORTION			5,270원		
		SALES PRICE					
		COST PERCENTAGE					
NO:	ITEM : Tenderloin Steak			RESTAURANT NAME :			
PREPARATION AND SERVICE				사진			

- Fresh Fruits　　Standard Recipe Card

NO OF PORTIONS		B.S PORTION SIZE	ITEM CORD	P.CH.S SPECIFICATION AND PRICE			
1인분							
QTY	UNIT	INGREDIENTS		DATE:		DATE:	
				UNIT C.	AMOUNT	AT	AMOUNT
4/1	개	사과		745원	186원		
4/1	개	바나나		240원	60원		
32/1	개	수박		4,500원	141원		
		TOTAL COST			387원		
		COST PER PORTION			387원		
		SALES PRICE					
		COST PERCENTAGE					
NO:	ITEM : Fresh Fruits			RESTAURANT NAME :			
PREPARATION AND SERVICE				사진			

• Set Menu, A. Standard Recipe Card

NO OF PORTIONS	B.S PORTION SIZE	ITEM CORD	P.CH.S SPECIFICATION AND PRICE	
1인분				

QTY	UNIT	INGREDIENTS	DATE:		DATE:	
			UNIT C.	AMOUNT	AT	AMOUNT
1	인분	Mushroom Soup		737원		
1	인분	Fresh Vegetable Salad		752원		
1	인분	Tenderloin Steak		5,270원		
1	인분	Fresh Fruits		387원		
1	인분	Coffee		300원		
2	개	Bread	25원	50원		
20	g	Butter	1,800원	36원		
		TOTAL COST		7,532원		
		COST PER PORTION		7,532원		
		SALES PRICE		20,000원		
		COST PERCENTAGE		37.7%		

NO:	ITEM: Mushroom Cream Soup	RESTAURANT NAME:
PREPARATION AND SERVICE		사진
*일반적으로 Food Cost가 33% 범위안에서		
판매가가 결정되는 것이지만 이러한 Set Menu		
에서는 그 식당의 정책적인 판매 전략에 의해서		
약간 Cost가 높은 경우에도 내놓고 있다.		

4. 월말 식자재 실제원가 (Monthly Actual Food Cost)

매월 말에는 총소비된 식자재 원가와 순판매분 식자재 원가의 두 가지를 산출하도록 되어있으며 그의 공식은 다음과 같다.

① 총소비 식자재원가(Gross Cost of Food Consumed)

기초창고 및 업장주방 재고액(Opening Storeroom & Outlets Kitchen Inventory)

+

월간 창고 및 직도 구입액(**Storeroom & Direct Purchase)**

—

기말창고 및 업장주방 재고액(**Closing Storeroom & Outlets Kichen Inventory**

=

총소비 식자재 원가

② 순판매 식자재 원가

총소비 식자재 원가(**Gross Cost of Food Consumed)**

—

기타 소비분 원가(**All Other Credits)**

+

조리용 음료원가(**Beverage to the Kitchen)**

=

순판매 식자재 원가

4-1. 식자재의 실제원가

실제원가란 실제의 재고액을 산정하기 위한 재고조사의 실시를 경유한 결과를 기준으로 산출한 식자재 원가를 의미한다.

즉, 추정원가와 대조를 이루는 개념이며 그의 계산은 "기초 재고액 + 기간 구입액 - 기말 재고액 = 식자재 실제원가" 인 것이다.

4-2. 식자재 원가(Food Cost)

식당에서 판매한 요리의 제조에 사용할 목적으로 구입된 식료원자재이며 매입원가를 뜻하며 검수보고서에 해당 식자재로 분류되고 해당 식자재의 거래 명세표에 원가항목의 분류가 표기된다.

그러므로써 식자재 창고에 입고되거나 직도분의 경우에는 주방으로 직송된다. 요리용 식자재는 사람이 음식물로써 먹을 수 있는 식품만을 뜻한다.

4-3. 음료자재 원가(Beverage Cost)

음료의 제조에 사용할 목적으로 구입된 음료자재의 매입원가를 뜻하며 호텔의 음료자재는 모두 창고 저장매입을 원칙으로 한다.

4-4. 식자재 원가의 월말보고서

다음은 W호텔의 원가보고서의 일부를 표본으로 하여 식자재의 실제원가 계산과 관련된 항목별의 내역을 기술한 것이다.

(1) 식료 매출액(Food Sales)

Night Auditor Food Sales Report에 나타난 순수한 식료매출액(세금 봉사료 미포함)의 월간 합산액인 것이다.

(2) 음료 매출액(Beverage Sales)

Night Auditor Beverage Sales Report에 나타난 순수한 음료 매출액(세금 봉사료 미포함)의 월간 합산액인 것이다.

(3) 매출조정(Alloqance)

매출 발생시에는 알 수 없었으나 추후 발견된 매출할인 및 과다 징수분에 관한 환불로 인한 매상액의 에누리 조정액을 기입한 것이다.

(4) 순식료 매출액(Net Food Sales)

월간 합산액으로부터 매출공제액을 조정한 매출액이며 영업회계과나 경리과가 확정하는 금액이다.

(5) 기초 창고재고(Opening Store Room Inventory)

기초 창고재고분 전월 기말 재고액이 그대로 이기된다.

(6) 기초 주방재고(Opening Production Inventory)

기초 주방재고는 각 업장내의 재고금액을 의미하며 전월 기말 주방재고액이 그대로 이기된다.

(7) 당기구입(Purchase)

식음료 일일 검수 보고서와 거래명세서로부터 산출한 일별 매입액의 월간 합산액이며 Store Room Inventory Control Record로 관리된다.

창고 매입과 직도매입은 구매의뢰방법, 발주방법, 검수가 완료된 이후의 인도장소 그리고 소비로 간주하여 원가에 삽입하는 시기 및 방법에 의한 구분이며 식자재의 어떠한 특성, 특히 주 · 부재요인에 의한 분류는 아니다. 그러므로 동일 품류의 육류를 구매함에 있어서도 그의 매입당시의 주방이나 창고 여건에 의하여 창고구입으로도 매입이 가능하며 직도분 구입으로도 매입이 가능한 것이며 외 · 내자로 구분 기입한다.

(8) 음료용 식료(Beverage for Cooking and Flaming)

요리에 필요한 음료를 주방에서 요구하여 사용한 경우 식료에 포함한다.

(9) 식료용 음료(Food for Mixing)

음료 즉 주조에 필요한 식자재는 주방에서 요구하여 사용한 경우 상호 대차하여 차감한다.

(10) 총가능원가(Total Charge or Availables)

기초재고 + 당기매입 + 대체 = 월간 총가능원가

(11) 기말재고(Closing Inventory)

매월 말에 실시한 재고조사로써 확정시킨 창고 및 현장의 재고금액이며 Inventory Book에서 얻어진다. 각 업장 현장의 재고금액은 업장 주방장과 같이 입회하에 실시하며 다양한 품목별 자재가 반제품, 완제품, 원자재, 가공중이거나 준비상태 등의 복잡한 형태로의 자재를 평가한다는 것이 어려운 일이지만 원가관리에 보관되어 있는 모든 자료를 참고하여 산출하여야 한다.

(12) 대기(원가)(Credit)

고객에게 판매한 목적 이외의 용도로 소비된 식음자재 원가와 비판매 원가성 금액의 차감을 뜻하다.

(13)식음재료비의비율(Cost Percentages of F & B Sold)

식음료 매출액 100원에 대하여 소비된 식음료 직접 재료비의 크기를 나타낸 백분율이며 Net Cost of Sold ÷ Net Sales로 산출한다.

실제 원가의 계산은 일별, 월별로 계산하며 효율적인 호텔의 식자재 원가관리의 목적은 상품인 요리의 수량 및 품질가치의 지속적 보존으로 원가율을 일정수준으로 유지하는데 있는 것이다. 이러한 F.B.C의 목적을 달성하기 위하여 일별 원가계산을 통한 계수에 의한 관리방법의 채택이 당연함에도 불구하고 대다수의 호텔들이 월말 결산서의 식음재료비 산출의 목적에 입각한 재무회계 치중의 식음료 원가관리를 수행하고 있는 실정인 것이다.

월간에 영업이 진행되어감에 따라 식음료 재료의 원가율은 변동하게 된다. 그의 원가율이 일정의 기준선으로부터 이탈하였을 때 경영자는 그 원인을 규명하고 신속한 시정조치를 취하여 요리의 품격유지와 동시에 이익확보를 실현해야 한다.

그러한 업무를 수행함에 있어서 나침반처럼 작용하여 방향을 제시하는 지수가 원가율이며 그 원가율의 신속 정확한 산출과 그의 보고를 행하여야 할 중요한 관리자가 곧 F&B COST CONTROLLER인 것이다.

12 식자재 원가상승의 주요원인

1. 식자재 구매

① 과다수량의 일시적 매입
② 높은 구매원가에 의한 매입
③ 매입자재에 관한 표준 자재명세 미설정 또는 불사용
④ 자유공개 경쟁입찰에 의한 거래선 결정의 미실시
⑤ 구매 결정권과 책임의 분산
⑥ 구매 예산제도의 미실시
⑦ 납품 및 대금지불 청구서에 관한 심사업무 결여
⑧ 비탄력적인 구매방법
⑨ 투기적인 자재매입
⑩ 구매자의 수뢰 및 부정직한 행위
⑪ 경영자의 구매권 행사 및 지시로 인한 구매행위
⑫ 구매자의 시장조사 미실시로 인한 정보 미숙
⑬ 납품업자의 속임수에 의한 구매행위

⑭ 식자재에 대한 충분한 지식 결여
⑮ 계절별 식자재 구매시기가 부적합
⑯ 구매자의 교육 부재

2. 검 수

① 검수인의 부정행위
② 식자재 검수업무의 미숙
③ 불량 및 파손품의 반품처리 결여
④ 검수 업무 심사의 불이행
⑤ 저울 기기의 불비 및 결여
⑥ 검수장 및 검수시설의 결여
⑦ 검수 업무일지의 불작성
⑧ 가변성 식자재의 장시간 방치
⑨ 검수자 이외의 근무자가 검수 입고되는 식자재
⑩ 검수원의 교육부재

3. 창고저장

① 창고내 물품의 특성별 배열 및 분리저장의 결여
② 부적합한 창고내부의 냉 · 온도 문제
③ 창고 내부의 비위생 및 벌레 발생
④ 창고 내 도난발생
⑤ 장기 누적 및 사장자재 발생
⑥ 비효과율적인 재고조사 실시
⑦ 창고 책임의 분산 및 키 보관 결여

⑧ 불출시의 유사한 식자재 불출
⑨ 창고원의 업무 미숙으로 인한 불출 및 저장
⑩ 업자간의 부정 결탁
⑪ 창고원의 교육 부재

4. 자재 청구 및 출고

① 자재관리 대장 및 출고 기록 업무의 미숙
② 출고의뢰 및 출고 결정에 의한 권한의 분산
③ 출고 단가의 부정확
④ 강제 출고(변질 원자재)제도의 불용
⑤ 청구서 기재 사항과 상이하게 출고된 경우
⑥ 식자재 과다 청구로 인한 업장보관의 장기화

5. 메뉴계획

① 자연 및 지역적 여건과 계절, 익일 등 마케팅 환경에 부적합한 메뉴 계획
② 수요창출에 역행하는 조잡한 메뉴의 작성
③ 단조로운 메뉴의 구성
④ 과다, 과소한 메뉴의 품목수
⑤ 고원가 메뉴 품목수와 저원가 메뉴 품목수 간의 불합리한 배합
⑥ 수익적인 저원가 메뉴의 판매실적 부진
⑦ 식자재 조달을 위한 공급여건에 불합리한 메뉴 계획
⑧ 요리의 분량과 판매가격의 조화 결여
⑨ 판매가격 책정의 실패
⑩ 식당별 특성을 활용치 못한 메뉴구성

⑪ 각 메뉴간의 조화를 이루지 못한 메뉴 구성
⑫ 주방기구와 장비 및 그의 운용비용을 배려치 않은 메뉴 계획
⑬ 영업시간을 고려치 않고 작성한 다양한 메뉴
⑭ 인건비, 동력비 및 기타비용의 과다를 고려하지 않은 메뉴선정 및 판매가책정

6. 조리준비

① 불충분한 작업도구 및 정비불량
② 과다한 식자재 손질(작업 LOSS)
③ 원자재 수익관리의 불실시
④ 잔품 자재사용의 미숙
⑤ 식자재 부패 확인 미실시
⑥ 조리사의 교육 부재
⑦ 표준양목표 미작성
⑧ 식자재를 미리 준비하지 못하여 고가재료 사용
⑨ 예약에 의거 준비된 재료가 취소시
⑩ 식자재 선입선출 방식 미실시

7. 조리작업

① 과잉 생산(조리)
② 부적합한 조리방법 및 기술
③ 부적합한 조리온도
④ 과열조리로 인한 감량 발생
⑤ 조리와 서비스 상의 시간 계획 결여
⑥ 표준 조리양목표의 미활용

⑦ 고장난 조리기구 사용
⑧ 조리용구의 불균형
⑨ 비과학적인 조리대 설치 및 조리기구 동선배치
⑩ 조리기구 및 기계사용법 미숙
⑪ 조리사간의 협조심 결여
⑫ 조리사의 과잉 시식
⑬ 식자재 잔여분 및 반품의 미 활용

8. 판매 및 서비스

① 요리 표준 규격화의 결여
② 서비스 방법 및 용기 표준화의 결여
③ 잔여분 자재의 미활용
④ 자재수량 및 메뉴 판매량의 차이분석 미실시
⑤ 대고객 판매기술 결여에 의한 반품 발생
⑥ 부주의에 의한 낭비요인 발생
⑦ 주문된 음식이 메뉴와 불일치
⑧ 서비스맨의 판매전략 미숙

9. 요금수납

① 접객 종사자의 부정행위
② 요금 수납원의 부정행위
③ 담합에 의한 집단 부정행위
④ 불충분한 판매분석 및 감독
⑤ 신메뉴 개발 및 관리의 미숙

⑥ 조잡한 품질의 메뉴 및 식당 분위기

⑦ 빈약한 판촉활동 및 광고

⑧ 수납원의 미숙으로 인한 빌 포스팅

⑨ 수납원의 교육부재

10. 원가통제

① 매출액 관리 및 심사업무 결여

② 예산매출 및 원가계획의 결여

③ 자재 시장동향 및 물가정보 부재

④ 부문별 책임자 집중관리 결여

⑤ 제도적 관리의 부재

⑥ 관리서식 및 절차의 불합리

⑦ 판매목적 외 사용자재 관리 결여

⑧ 낭비적 비용 발생 제거적 예방관리 부재

⑨ 일일 결산관리에 의한 신속한 상황판단 및 대응조치의 미숙

⑩ 식당 기물의 관리소홀

⑪ 음료의 과다 및 고가 식자재 사용

원가계산을 위한 절차 13

1. 원가계산의 목적

F.B.C의 기능은 경영방침 또는 이익 계획에 입각하여 결정된 상품으로서 요리와 음료의 품질과 합당한 식음자재의 구매제조, 판매를 실행하여 가능한 최대의 이윤이 확보되도록 하기 위한 재료원가 관리에 있다.

2. 준비절차

2-1. 식자재 구입가격 확정

A. 수입식자재

B. 저장자재

C. 일일식자재

2-2. 재료별 수율가 분석

A. 육　　류
B. 생 선 류
C. 야 채 류
D. 일반재료

A. 육류의 수율가 분석

품　명	단위	단가(원)	주산물	햄버거용	기름과 피로스분	국물용	수율가
안 심	Kg	13,450	75	8	10	7	17,002
등 심	Kg	7,680	60	10	15	15	11,060
Chuck	Kg	5,480	70		10	20	7,393
국산갈비	Kg	7,500	50		15	35	13,932
잡 뼈	Kg	1,450	95		5		1,526
수입갈비	Kg	8,250	90		5	5	8,322

○ 계산방법

안심 13,450원(단가) - 햄버거용 80그램의 수율가 591원 - 국물용 수율가 107원 = 12,752 ÷ 주산물 75% = 17,002원

B. 생선류

품　명	단위	단가(원)	수율(%)	수율가	비고	
					국물용	로스분
선도미	Kg	11,000	60	18,333	25	15
서해광어	Kg	7,000	70	10,000	20	10
참치아까미1급블럭	Kg	13,000	85	15,294		15
광어살대	Kg	9,000	95	9,473		5

C. 야채류

품 명	단위	단가(원)	수율(%)	수율가	비고
샐러리	Kg	1,800	70	2,571	
양상치	Kg	2,700	80	3,375	
오 이	Kg	800	90	889	
토마토	Kg	2,800	95	2,947	

D. 일반재료

구입가 ÷ 사용량

토마토 Catsup 1병 : 555원 사용량 1/2병 = 277원

2-3. Recipe 작성의 원칙

A. 양목표의 작성은 단일 품목일 경우 5인분을 합산하여 계산하는 것이 편리하다. 어떤 재료는 아주 조금 사용되기 때문에 1인분을 계산하면 금액산출이 곤란할 때가 있기 때문이다. 20인분 100인분을 합산하여 놓으면 요리시 재분배하여야 하기 때문에 불편하다.

단, 소스나 수프 등은 100명, 150명 단위로 작성하여 계산하는 것이 정확하다.

B. 양목표의 작성은 요리를 만들어 가며 직접 실측하는 것이 제일 정확하며 맛, 또는 양적인 문제가 있을 시는 조절하고 즉시 원가관리원에게 통보하여야 한다.

C. Cost상에 원가율이 너무 높거나, 낮은 양목표가 되어서는 안된다.

D. 조리사는 양목표를 숙지하여 언제, 어디서, 누가 같은 음식을 만들어도 맛, 질, 양 등의 변화가 있어서는 안되며 주방장, 총주방장은 양목표대로 생산되고 있는 지 수시로 체크하여야 한다.

2-4. ITEM별 원가분석

A. 작성된 Recipe는 원가관리원에게 보내져 원가분석이 되어져야 한다.

B. 가격이 사전에 정해져 있을 경우 가격에 맞추어 양목표이 조정되어야 하고 사전에 Recipe를 작성하여 가격을 정할 경우 원가에 맞는 판매가를 제시하여 재가후 판매되어야 한다.

2-5. 판매가 결정

식당에서 판매하는 특정의 요리에 대한 판매 가격의 책정은 다음의 요인에 의하여 결정되어져야 한다.

① 요리의 원자재 원가
② 요리의 조리에 소비된 노무원가
③ 원자재 및 노무비를 공제한 매출 총이익의 비율 및 크기
④ 요리에 대한 판매성향
⑤ 요리에 곁들여 제공되는 부대 재료비
⑥ 동종 호텔의 동급 식당에서의 판매가격
⑦ 목표이익 달성에 타당한 판매가격
⑧ 판매가격의 책정에 대한 그 밖의 요인들로써 요리와 서비스의 질적수준과 식당의 장식 및 분위기도 중요한 요인에 속한다.

3. 음료의 구분관리(Code Number)

가. 음료의 구분관리

(예) 주류-1

1-01(와인)

Champagne & Sparkling Wine(1-01-01-000)

White Wine French(1-01-02-001) : 지역별로 구분
Red Wine(1-01-03-002)

① 음료관리의 절차와 양식을 간단히 할 수 있다.
② 재고파악을 용이하게 한다.
③ 음료의 구매와 청구를 할 때 이름대신 code number를 이용함으로서 시간 절약이 된다.
④ 음료저장고(cave)의 내부구역을 각 item에 부여한 code number순으로 배치함으로서 분석에 도움을 준다.
⑤ 음료관리를 용이하게 할 수 있다.

나. 음료판매시의 분류

① Call Brand : 고객이 주문할 때 특정 Brand를 지칭하는 경우
② Pouring Brand : 고객이 주문할 때 특정 Brand를 찾지 않을 경우에는 각 GRP중에서 싼 item과 중간item을 준비하는 것이 일반적이다.

다. 구매관리

적량, 적시, 적가, 적소에 공급하는 것이 중요
① 구매의사 결정 : 고객의 선호도를 토대로 구매의뢰, 저장품목이 아닌 신규 item의 경우는 식음료 부서장이 의사결정
② 구매시기와 양 : 목표고객과 가격구조, 고객선호도, 유행 item, 자금사정, 공급시장의 여건, 저장 capacity 등을 고려하되 " 모든 고객을 만족시킬 수 없다"는 원칙아래 최종적인 의사를 결정

※ Lead Time(L/T) : 주문 후 공급받을 때까지 걸리는 시간

a. L/T동안의 소비량 계산
예 맥주의 L/T는 10일, 하루 평균 100병 소비
10일 × 100병 = 1,000병
b. 안전(완충)재고를 고려
기회손실을 최소화 하가 위해 보유해야할 재고 : 10%

예 10병 × 10일 = 100병

c. 일회주문시의 양을 결정

예 L/T 10일 동안 준비해야 할 양 : 1,100병(Reordering Point : 재주문점)

L/T까지 요구되는 수량	: 1,000병
현재 보유고	: 1,100병 +
주문량이 도착할 때까지 쓸 수 있는 양	: 1,100병 −
일회 주문할 양	= 1,000병(재주문점)

라. 검수관리

① Purchasing Order(P/O)와 Invoice를 대조

② 음료는 검수 후 직접 생산 또는 판매지점으로 이동해서는 안되며 저장고에 입고하는 것이 원칙

③ 검수 후 곧 생산 또는 판매지점으로 이동해도 먼저 저장고의 목록카드에 기재된 후 음료청구서에 의해 출고되는 형식을 취해야 한다.

마. 입고관리

Cave에 입고 후 변동사항이 각 item별로 계속기록법에 의해 관리, 목록카드를 기초로 재발주가 이루어진다

바. 출고관리

① 각 item에 대한 Par Stock 작성

※P/S : 영업을 개시하기 전에 항상 보유해야할 수량

② 빈병과 새병을 교환

※ Bar의 진열장 설계는 장식, 관리의 두 기능을 동시에 수행할 수 있도록 설계되어야 한다.

사. 재고관리

원가절감에서 가장 중요한 관리로서 소홀히 하면

① 과다 재고보유
② 死藏item의 과다
③ Slow Moving Item(사용빈도)의 보유량 증가
④ 필요한item의 부족 등이 야기된다.

아. 생산지점(조리에 사용되는 음료) 관리

(1) Standard Size설정(잔 판매시)

A. 표준드링크 사이즈
① Shot Glass(눈금의 유무) : 눈금의 가장자리를 기준으로 양 측정
② Gigger : 1oz 또는 1.5oz가 일반적
③ Pourer : 병목에 부착되어 기울이면 정해진 양만 나오도록 고안
④ Automated Dispenser : Button을 Push하면 정해진 양만 나오도록 고안
⑤ 각종 Glass
B. 표준주조표 : 각 업장별로 차이가 있다.

(2) 표준원가의 결정(잔)

A. Straight Drinks의 경우
① Metric System을 액량온스(Fluid Ounce)로 환산

Fluid Ounce(oz)	L/ml Metric System
33.8oz	1L / 1,000ml
25.4oz	750ml(3/4L)
17.0oz	500ml(1/2)
6.8oz	200ml(1/5)
3.4oz	100ml(1/10)
1.7oz	50ml(1/20)

② 750ml가 몇 oz인가를 계산

③ 잔당 표준원가를 계산

B. Mixed Drink & Cocktail - 표준주조표를 사용(Base를 Maker의 권장양 보다 적게 사용)

자. 판매지점(각 업장과 Bar)관리

A. 분류 : ① Front Bar(Service Bar) - 고객과 Bartender가 마주보고 Serving을 주고받음

② Service Bar

③ Event Bar

④ 각 업장

B. 음료관리

① 판매지점에서의 Par Stock관리

영업종료 후 매일 재고조사를 실시하여 기본적으로 보유하던 수량을 익일 영업개시 전에 보충하는 것

② 업장 상호간의 대체

판매지점간에 필요한 음료를 절차와 양식을 통해 주고받는 것

차. 음료의 원가계산

A. 월말 원가계산(재고조사로부터 시작)

1) Cave의 기초재고 가치와 당기구매 가치 계산

기초 재고의 가치(액)	8,000,000
+ 당기 구매의 가치(액)	+ 5,000,000
= 특정달에 사용 가능했던 음료의 가치액	= 13,000,000

2) Cave로부터 출고된 가치 계산

특정달에 사용 가능했던 음료의 가치액	13,000,000
− 기말재고의 가치액	− 6,000,000
= 한달동안에 출고된 음료의 가치액	= 7,000,000

3) 각 판매지점의 재고조사

업장의 기초재고액	1,500,000
− 업장의 기말재고액	− 8,000,000
= 사용한 음료액	= 7,000,000

4) 한달 동안 소비한 음료의 계산

한달 동안 출고된 가치액	7,000,000
+ 업장의 재고조사 결과액	+ 700,000
= 사용한 음료의 가치액	= 7,700,000

B. 표준원가와 실제원가

1) 표준원가(표준주조표에 따라서)

① Matric 액량온스로 환산 1oz = 33.80oz

② 1병의 표준매출액을 계산 = 33,800원

③ 허용치를 고려 : 잔술(인위적 손실과 자연손실을 감안)

2) 혼합음료의 매출추정액 조정

① 매출기록을 통한 혼합음료의 차이에 의한 방법

예 마티니를 만드는데 2oz의 진, 1/2oz의 D/V가 요구된다고 가정(진 스트레이트 -oz당 1,000원, 마티니-2,250원)할 때의 진과 D/V의 계산은 아래와 같다.

Gin의 가치 계산 : 2,000원(2 × 1,000원 = 2,000원)

Dry Vermouth의 가치 계산 : 250원(2,250 - 2,000원 = 250원)

② 평균 표준매출추정액

일정기간 동안 매출기록에서 나온 정보를 이용해서 특정 item 1병에 대한 평균가치를 계산하여 표준 매출추정액으로 이용하는 방법

예 Gin

ⓐ Gin Base의 모든 item나열

ⓑ 각 item의 판매수량 check

ⓒ 각 item마다 Gin의 양 check

ⓓ ⓑ × ⓒ = 총 온스

ⓔ 각 item의 매가 check

ⓕ ⓑ × ⓔ = 총 매출액

ⓖ 총 매출 ÷ 총 온스 = Gin 1oz당 매가 계산

C. 원가보고서 : 각 업장의 보고서를 바탕으로 전체적인 음료 보고서를 작성

3-1. 음료의 자동화 시스템

많은 종류의 전자, 자동 음료 장치는 알코올과 비알콜 음료 둘 다에 이용 가능하다.

이 장치는 각각의 병을 붙이고 필요한 병을 높은 곳에서 쏟아 붓는 개개항목으로부터 판매명부에 자동적으로 연결되어 분배 장치에 이르기까지 다양하다.

좀더 비싼 업소의 경우는 판매원이 적절한 판매키를 누르기 전에 판매 명부에 입력해야만 장치가 작동한다. 1.75리터 정도의 술병은 자물쇠로 잠겨진 멀리 떨어진 창고에 저장될 수 있고 거꾸로 매달릴 수 도 있다. 이렇게 알코올장치를 가진 커다란 술병을 이용함으로써 원가를 절감할 수 있는데 온스 당 단가는 규모가 커질수록 일반적으로 적어지기 때문이다. 위와 같은 절감 효과는 수동시스템에서는 실행할 수 없는데, 유리컵의 무게가 쏟아 붓는걸 어렵게 만들기 때문이다.

이런 장치로 인해 저장장소는 몇 백 피트 되는 곳이나 심지어는 다른 층까지도 가능하다. 하나의 장소에서 다른 몇 개의 바에 서빙 할 수 도 있다. 음료는 구부리기 쉬운 플라스틱 관을 통해 압축되어 진다. 판매 실적은 각각의 독립된 바에서 상표, 바텐더 별로 개별적으로 기록되어 질 수 있다. 리조트에서 운영되는 바의 경우 이동가능하고, 독립적이며, 자체 용기를 가지고 있는 그리고 동력으로 조절되는 바를 설치할 수 있다.

(1) 알코올 음료 자동장치의 이점

· 바텐더가 음료를 엎지르거나 넘치게 또는 모자라게 쏟아 붓는 실수를 줄일 수 있다.

· 알코올 음료의 분실로부터의 손실을 줄일 수 있는데 특히 바 재고창고가 꽤 먼 곳에 설치되어 있고 관리자만 접근할 수 있는 경우에 더욱더 그렇다.
· 음료준비가 보다 더 신속하게 되고, 더 적은 수의 바텐더가 필요하게 된다.
· 바텐더의 교육·훈련을 줄여줄 수 있고 직원의 이직문제가 줄어들 것이다.
· 바턴더에게 요구되는 능숙함이 줄어들게 된다.
· 바의 후위(back-bar) 공간이 넓어진다.
· 이 시스템을 통한 음료제공이 이루어진다면 판매의 통제력이 향상되어 질 것이다. 만약, 이런 상황이 이뤄진다면 중요한 통제문제가 극복될 것이다. 이런 상황에서 관리자는 바텐더 자신이 병을 들고 오는 것에 대해서 걱정할 필요가 없다. 왜냐하면 판매의 기록이 될 것이고 업체는 수익을 올릴 수 있기 때문이다. 따라서 현금 흐름의 통제는 보다 더 쉬워질 것이다.
· 판매된 음료의 종류와 재고에 관한 자료는 끊임없이 업데이트되어 기록되므로 보다 정확한 재고정보를 파악할 수 있다.
· 생맥주의 모니터링과 판매를 이 시스템의 일부분으로 통합할 수 있게 된다.
· 종업원이 가격결정(예로, 정확하게 언제 해피타임이 시작되는가?)을 할 필요가 없다. 새로운 시스템으로 관리자는 바에서 멀리 떨어진 사무실, 통제공간에서 가격을 변화시킬 수 있다.

비록 더 복잡하고 비싼 전자 바 컨트롤 모델이 직접적인 비용을 절감 (예로, 정확하게 음료를 나누고 모든 병에서 음료를 완벽히 빼내는)과 임금비용절감 뿐만 아니라 각 음료의 분배는 멀리 떨어진 판매대에서 개별적으로 기록되기 때문에 결국 알코올 음료의 손실이 최소화로 줄이기 때문에 통제의 용이성과 같은 간접적인 이익을 제공한다할지라도 정직하지 못한 바텐더가 이 시스템에 접근하는 방법을 찾지 못한다고 추정하는 것은 잘못된 생각이다.

바 관리자는 결코 이 장치가 절대적인 통제를 가능케 하고 기타의 통제방법이나 감시가 요구되지 않는다고 가정해서는 안 된다. 이 장치가 설치되어 있는 모든 바에서는 전통적인 통제방법에 지속적으로 의존해야 하고 분배 장치 음료 판매대에서 제공되는 재고정보를 이러한 통제의 부수적인 장치를 통해서 부가적으로 활용해야 한다.

(2) 알코올 음료 자동장치의 단점

- 어떤 면에서는 이 장치는 음료제공을 다소 늦게 만들 수 도 있다.
- 이 장치를 통해서 모든 음료를 생산할 수 없다, 어떤 음료는 여전히 손으로 만들어야 한다.
- 바의 분위기와 고객태도는 이 장치의 사용에 거부감을 가질 수 있다. 특별히 고객은 더 이상 바텐더가 술을 제조하는 모습을 볼 수 없으므로 불평할 수 있다.
- 이 장치가 장착되었을 때 틀림없이 변화에 반대하는 직원이 있을 것이다.
- 이 장치에 기능장애가 있을 시, 수리가 완료될 때까지 수동작에 의한 배분으로의 전환이 가능하다.
- 장치의 수리비를 최초 기계구입가격에 포함시켜서 고려해야 한다.

4. 뷔페주방의 식재료 관리

4-1. 음식의 준비

① 익일의 예약현황을 파악하고 당일 아침 재확인하고 일반고객을 예측하여 음식을 준비한다.

② 식재료 구매요구도 예약내용과 예측·재고를 감안하여 구매하고 수령한다.

③ 계속 사용이 불가한 품목은 예상인원의 절반만 준비하고 나머지는 계속 사용할 수 있는 상태(중간가공) 형태로 떨어지면 즉시 가공될 수 있도록 보존한다.

④ 점심에 사용하고 남은 음식은 거의 저녁에 재사용할 수 있다.

4-2. 변형되어 재생산되는 품목

품 목	재생산 품목
Chicken Glantine(Cold)	호박전, 생선전 옆에 닭고기전으로 변형(더운음식)
사시미용 생선(선도 떨어진 것)	튀김용 또는 전으로 변형(더운음식)
쇠고기 Slice(찬음식)	소스넣어 스튜로 변형(더운음식)
소세지 칠면조고기 슬라이스	잘개썰어 야채와 함께 무쳐 샐러드로 변형
즉석구이 로스트비프 잔조각	스튜로 변경(더운음식)
생과일 깐 것	잘개 썰어 과일칵테일로 변형

4-3. 점심에 사용하고 저녁에 재사용 불가품목

(1) 볶음밥

(2) 스파게티

(3) 김밥

(4) 식초에 버무린 샐러드

4-4. 저녁에 사용하고 다음날 재사용 불가품목

(1) 떡종류 - 꿀떡, 삼색단자

(2) 한식나물류 - 시금치나물, 청포묵, 취나물, 전종류

(3) 샐러드일부 - 쓰다 남은 것 활용한 샐러드, 마요네즈에 무친 샐러드

(4) 수프 일부 - 야채수프, 호박죽, 삭스핀 수프

※ 재사용 불가품목은 항상 예상량보다 약간 적게 준비하는 것을 원칙으로 한다.

5. Butcher Shop의 육류관리

① 한식주방의 일부 국산육류를 제외한 전업장용 육류는 부처 주방을 거쳐서 불출된다.

② 부처 주방에서는 전품목(육류)에 대한 Yield Test가 행하여지고 기록관리 되어야 한다.

③ 전업장에 필요로하는 부위별, 양목별로 Portion화되어 공급되도록 하여야 한다.

④ 전업장에 불출되는 육류는 Interkitchen Transfer 용지에 의해 기록되고 확인하여 1부는 보관하고 1부는 원가관리원에게 제출되어야 한다.

④ 메인에서 사용하는 소스용 또는 연회용 육류는 행사별 사용량을 기록 · 유지 하여야 한다(생산관리대장 기록유지).

6. 원가의 조정(조리과장, 주방장)

① 적정한 재고유지

② 사용하고 남은 음식물 또는 자투리 재료의 재생산

③ Buffet, Reception 등 파티형태별 음식준비의 양 조절(적정량 준비) 과다 하면 원가상승, 과소하면 고객불만

④ 주방내 조리사 취식 절대불가

⑤ 구입가 변동 즉시 파악하여 상승된 품목을 하락된 품목으로 대체 사용유도

⑥ 판매가 할인 지양

⑦ 가격에 적정한 메뉴 작성

⑧ 조리사에게 원가의 중요성 인식, 재료절약

원가개선 업무의 절차 14

1. 개선업무의 개요

1-1. 개선업무의 목적

현재의 호텔 및 외식산업 역시 상승하는 원가와 상품 판매가격의 인상 통제 관계로 기업간의 무한 경쟁과 함께 기업으로서의 적정이익의 확보에 많은 어려움을 겪고 있다. 개선업무란 조직의 구성원인 종업원이 생산하는 상품의 판매원가 구조 및 기업이윤 등 운영상의 모든 상황을 부단히 그리고 조직적으로 개선하는 것을 기본적으로 삼은 경영의 과정이라고 정의될 수 있다. 어떠한 관리체제도 그 체제상의 필수적인 구성요소로써 확고한 개선 절차를 보유치 않고 있다면 완전한 체제로 볼 수 없다. 원가의 개선은 최고 경영자의 일방적인 명령이나 압력만으로 실현될 정도로 수행이 용이한 문제가 아니다. 그의 개선은 고도의 전략적인 기획과 경영의 조직적인 지혜의 동원을 필요로 하는 중대한 문제인 것이다.

어떤 점에서는 이와 같은 개선 절차는 모든 관리과정 중에서 가장 중요한 절차 중 하나이다.

1-2. 개선의 절차

(1) 개선제도의 발달

개선업무의 중요성에 관한 경영자의 인식이 점차 증대되고 있으며 이와 관련하여 경영자의 책임에 대한 인식 역시 증대되고 있음은 개선이 곧 경영의 과정업무 중 가장 중요한 업무의 한 단계이기 때문이다. 이것은 경영의 목표설정, 기획, 조직, 조정 및 관리에 관한 운영책임을 갖기 때문이다.

개선에 대한 경영층의 책임은 보다 체계적이고 개발된 지식을 요하는 것이면서도 실제의 호텔산업계로부터 창출된 것은 현실상으론 아직 없는 상태이다. 그러나 구미에 있어서는 사회심리학자와 산업심리학자, 대학내의 산업학 연구단체와 기업내부의 경영자 상호간에 산학협동을 통한 개선업무 개발활동이 부단히 추진된 결과로 상당한 실적을 이루었고 요약하면 다음과 같다.

(2) 개선에의 참여방법

개선방법을 모색하는데 일반 종업원을 참여시키는 것이 바람직하다는 점이 연구와 실제의 활용을 통해 밝혀졌다. 전 종업원들이 보다 나은 작업 수행방법을 모색하는데 참여할 기회를 허용하여야 될 몇 가지 이유가 있다.

① 각기의 종업원은 그가 하고 있는 업무에 대해 사회내의 다른 누구보다도 잘 알고 있다.

② 그는 다른 누구보다도 그의 업무에 많은 시간을 소비한다.

③ 그 업무를 수행하는 보다 좋은 방법이 있다면 참여의 기회가 주어질 때 그는 그에 대한 훌륭한 아이디어를 창출해 낼 수 있다.

④ 그는 개선에 참여할 권리를 소유한 당사자이다.

⑤ 일반적으로 한 조직의 개선과정에 대한 참여가 활성화될 때 비로소 개개인은 능력에 대한 충분한 신뢰와 함께 자신의 잠재적 능력을 최대한으로 발휘하여 개선을 실제화 시킬 수 있게 된다.

(3) 변화에 대한 저항

개선은 좋은 상태로의 변화를 의미한다. 그러나 이러한 변화에는 종종 저항이 따르다. 그리고 그 저항의 결과는 사외의 내적 인간관계 및 업무추진에 갖가지 혼란을 야기할 수가 있다. 급격한 변화에 대한 저항(Resistance to change) 및 반작용으로 조직성과에 큰 영향을 미치기 때문이다.

그러나 구성원의 대다수가 변화시키고자 하는 조직의 목적을 이해할 수 있게되고 아울러 그 변화의 방법 결정에 참여하게 될 경우에는 저항보다는 개선이 달성되기를 강력히 바라는 협력자가 된다는 점이다.

이러한 인간 심리적 작용을 잘 표현한 것 중에 "사람들이란 자기 힘으로 창조하는 것을 지지한다(People support what they help creat)."는 말이 종종 인용됨에는 충분한 이유가 있다고 본다.

(4) 개선에의 참여효과

각기의 종업원이나 단위의 부서 또는 기업 전체가 협조적인 경영의 여건 하에서 개선에 참여가 이루어진다면 조직과 개인에게 다음의 이점이 실현된다.

① 보다 많은 효율적인 개선이 착상되고 개발된다.

② 착상의 개선안이 실행에 옮겨졌을 때 그의 성공확률이 크게 증대된다.

③ 개개인은 그날그날의 일상적인 책임분량 업무의 피동적 복행으로부터 진정한 소속감, 가치의식에 입각한 능동적 업무수행자로 변화한다.

④ 조직이 보다 건강하고, 보다 행복하고, 보다 생동하는, 적극적 상태로 전환되어 이윤이 증대된다.

1-3. 개선의 통제

개선의 과정은 조직의 구성원에 의하여 구성원들과 함께 구성원인 사람을 위하여 설정되고 유지되어야 한다. 체제가 설정되고 유지되는 방법은 그의 효용과 효과를 결정한다. 식음료 원가에 대한 책임자들은 개선의 기획 및 과정의 절차결정에 참여해야 한다. 그러므로 보다 실제적이고 유효한 개선의 기획과 관리과정이 개발되고 실행될 수 있기 때문이다.

더욱이 원가책임자들은 자기들 스스로가 결정한 표준을 충실히 수행하여야 한다고 스스로 느낄 것이고 소기의 목표를 성취함에 있어서 기획된 관리의 구조를 보다 효과적으로 이용하게 된다.

효과적인 관리체제는 식음료 원가와 관련된 모든 경영활동에 대한 부단한 개선 절차를 포함한다. 그러나 개선방법의 모색은 각기의 원가 책임자와 협의된 협력적 방법만으로 시도되어서는 안된다. 즉 식음료 원가개선의 효율적인 운영에 있어서 고려하여야 할 점은 기술적 문제 못지 않게 조직과 인간관계를 잘 다루어야 한다는 점이다.

이러한 특성을 감안하여 문제에 해결책을 모색하고 업무를 수행하는 보다 나은 방법을 발견하는데 도움이 되는 기술에 관해 기술한다.

2. 개선방법 및 기술

2-1. 개선의 방법

개선의 목표를 설정하여 자료를 수집하고 자료를 분석하고 해결방안의 결론에 도달하는 제반단계적 업무를 효율적으로 수행하기 위하여는 일반적으로 다음의 사항이 고려되어야 한다.

① 문제점은 체계적이고 효과적인 방법으로 접근되고 분석되어야 한다.

② 설정된 과정은 창조적 원칙이 무시될 정도로 기형적인 것이어서는 안된다.

③ 목표가 설정되고 수행절차가 제도화되고 그 결과가 평가되는 일연의 업무는 시간적인 절차에 의하여 실행되어야 한다.

2-2. 개선단계의 도해

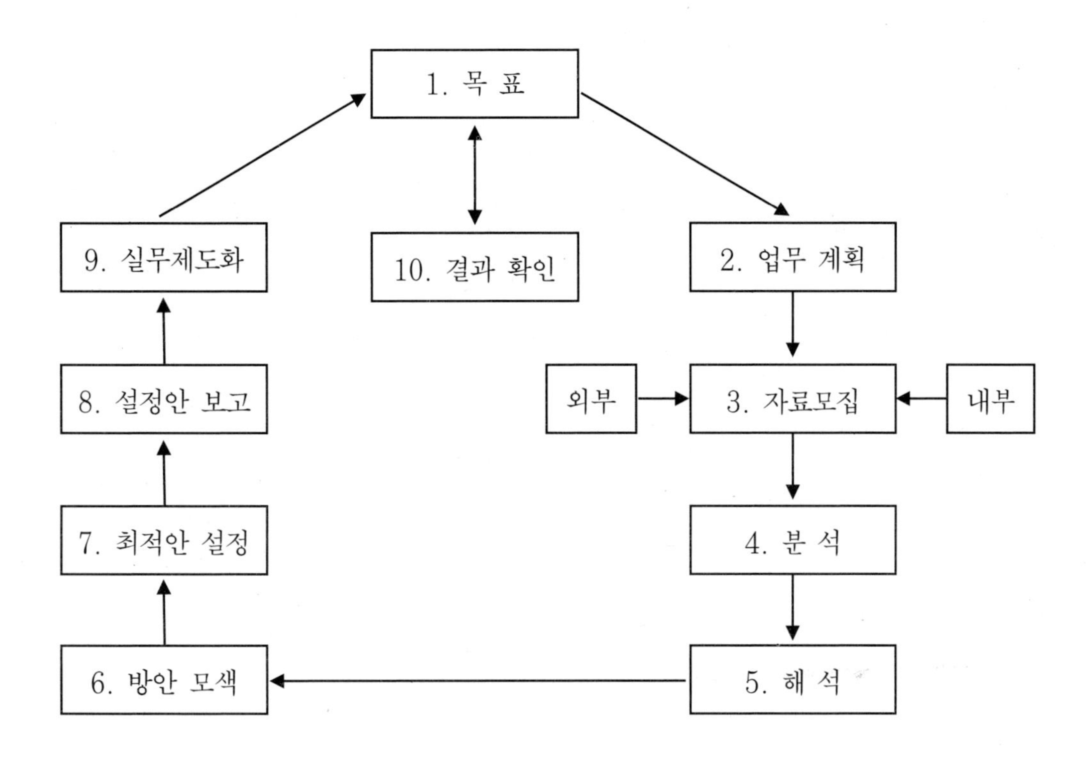

2-3. 개선의 단계업무

가. 단계 1 : 목표의 설정

문제해결의 첫 단계인 개선의 방법을 발견하기 위한 것이다.

① 문제점에 관한 완전하고 정확한 정의와 설명을 요하며,

② 관련의 제반 목표에 대한 기술내용을 공식화하는 것이다.

첫 단계에 신중을 기함으로서 추후에 빚어지는 잘못된 출발과 진행상의 불필요한 작업을 예방하기 위하여, 개선에 참여한 개개의 구성원의 의견이 일치된 목표에 관하여 정확히 기술하여야 한다.

나. 단계 2 : 접근방법의 계획 작성

문제점에 관한 충분한 조사활동을 커버하기 위한 분야별의 계략적 계획을 작성하여 접근방법에 대한 총괄적 평가와 연구에 연관된 제반요소를 종합할 수 있게 된다.

다. 단계 3 : 자료의 수집

자료의 내용을 대별하면 통계적인 것과 관찰적인 것이 있다. 완전하고 편견이 없는 신빙성있는 정보를 수집하기 위해서는 자료의 선별에 최대의 주의가 있어야 하며 그의 발굴은 대내자료와 대외자료로 출처별 분류가 필요하다.

① 외부적 자료 : 성공적인 동종기업, 공급거래자, 연구단체, 대학, 정부자료, 각종출판물 등 직접 및 간접 정보처

② 내부적 자료 : 참여하는 모든 구성원, 기업이 개발한 경험적 또는 지식적인 통계자료, 실적기록 등.

라. 단계 4 : 자료의 분류 및 분석

자료를 적절히 분류 분석하여 개선에 참여하고 있는 각기의 구성원이 정보를 정확히 해석하고, 가능성이 있는 경영의 분야별 요소를 분명히 노출시키는데 시간을 절약하게 하고 또한 보다 타당성있는 평가를 내릴 수 있게 하는 단계이다.

마. 단계 5 : 자료의 해역

여기서 해역이라는 말은 분류된 자료를 계열별로 정리 종합하여 의미있는 용어로 기술하고 이를 연구의 목적에 맞도록 설명한다는 뜻이다. 집단의 판단이 특별한 가치를 갖게 되는 것은 바로 이 단계에서이다. 즉, 수집 분류된 자료는 집단에 의해서 보다 잘 해역될 수 있을 뿐 아니라 창조력 있는 여러 사람의 경험으로부터 창출된 지혜와 착상들은 실제적 해결방안 수립이나 개선의 길로 나아가는데 귀중한 도움이 되기 때문이다.

바. 단계 6 : 가능한 해결방안의 모색

이 단계는 전적으로 가능한 해결방안을 개발하는데 바쳐진다. 이 단계에서는 각기의 잠재의식이 발동하도록 도와줄 필요가 있다. 이 단계에서는 제안된 해결

안의 장단점을 평가하려는 시도를 해서는 안된다. 이 단계의 목적은 문제의 해결방안 또는 개선방법에 관련된 많은 착상을 가능한 많이 기록하기 위한 단계이기 때문이다.

사. 단계7 : 최적의 해결방안 설정

최적의 해결방안 설정은 다양한 조건과 경영현황, 방침 그리고 시기와 시간의 개념 위에서 이루어져야 한다. 평가와 결정은 폭 넓은 구성원의 다수적 사고를 종합하여 이루어질 때 비로소 계층별 구성원의 상호간의 종합적 참여효과가 발생한다.

아. 단계 8 : 제안된 해결방안 또는 개선방법에 관한 보고

이 단계의 처리는 각기의 책임자의 이해를 도울 수 있도록 명확히 기록되어야 하며 그 기록의 목적은 다음과 같다.

첫째, 이 기록은 오해를 피하고 상호간의 이해증진에 도움이 된다.

둘째, 이 기록은 현재의 이용과 미래의 이용에 참고자료가 된다.

셋째, 건의 사항들은 그의 실시여부에 관하여 최종결정을 내리는 개개인들이 그들의 결정에 대한 건전한 근거를 갖도록 제반사항 및 숫자들을 첨부하여 문서화함으로써 유실을 방지한다.

자. 단계 9 : 제안된 개선안의 제도화

제반사항이 개선의 성공을 향해 가장 성숙해 있을 때 실무적으로 제도화할 수 있도록 만반의 준비를 갖추어야 할 것이다. 가능하다면 모든 경우에 개선을 실시하는 최적기에 관하여 이와 관련된 구성원들의 충고와 동의를 구하는 것이 저항의 제거를 위하여 필요하다.

차. 단계 10 : 확인 및 평가

일단 개선의 목표를 설정하고 그의 실행절차를 제도화하면 일정기간을 두고 그의 결과를 평가할 필요가 있다. 개선의 성패사항들이 평가를 통하여 규명됨으로써 장래의 계획에 자료로 사용된다. 이러한 평가의 작업은 몇가지 방법으로 수행할 수 있지만 보다 철저한 평가를 보장하기 위해서는 이를 공식화하여야 할 것이다. 이런 이유로 다수의 기업은 중요사항에 관한 점검목록을 작성 · 사용하며 경우에 따라서는 개선의 진전상태를 조사 · 평가하기 위한 관계자의 회의와 정기적인 보고제도를 활용하기도 한다.

이상의 10단계 업무는 개선을 위하여 수행하는 일련의 업무로써,

① 개선문제에 대한 해결방안을 발견하고,

② 작업방법을 개선하고,

③ 개선 위한 변화를 제도화하고,

④ 변화를 통한 개선의 추진사항을 확인 평가하기 위한 하나의 체계적인 방안을 제시하고 있다.

제시된 원칙 및 접근방법이 중요한 문제만을 거론하고 있으므로 보다 구체적인 요인은 실무자가 보완하여야 되겠지만, 일단은 유효한 방법을 창출하여 식음료 원가관리의 제도적 경영개선에 큰 효과를 가져올 것은 틀림없다 하겠다.

3. 개선의 대상업무

3-1. 식음자재의 조달

(1) 구매업무(Purchasing)

① 식음자재 또는 표준구매명세서의 내역을 연구하라.

② 최상의 자재구입을 위한 시장을 개발 개척하라.

③ 다량구매 자재에 관한 계약협정 개선을 강구하라.

④ 구매사원에 대한 교육훈련을 강화 개선하라.

⑤ 동종업계의 구매가격을 조사 비교하라.

⑥ 공개경쟁입찰 등의 구매방법 개선에 유의하라.

(2) 검수업무(Receiving)

① 검수 사원에 대한 교육훈련을 개선 강화하라.

② 효율분석에 의한 검수방법 및 절차를 개선하라.
③ 검수에 사용되는 기구를 개선하라.
④ 검수장의 설비 및 설계를 개선하라.
⑤ 검수요원에 대한 업무실적을 정기적으로 평가하라.

(3) 창고저장(Storing)

① 창고 담당자에 관한 교육훈련을 개선 강화하라.
② 가치분석에 입각한 저장방법 및 절차개선에 착수하라.
③ 창고의 시실 및 장비를 개선하라.
④ 식음자재에 대한 적정재고 수준을 확보토록 노력하라.
⑤ 창고내의 서류기록업무를 최소화하도록 개선하라.
⑥ 부패, 도난방지책을 강화하라.
⑦ 저장자재에 대한 내부관리 방법을 개선하라.

(4) 출고업무(Issuing)

① 출고방법 및 절차를 개선하라.
② 출고의뢰서의 발행회수를 감소토록 노력하라.
③ 자재출고를 보조하는 설비 및 기구를 설치하라.
④ 출고로부터 사용에 이르는 내부유통을 명확히 하라.
⑤ 장기간 사장 자재에 대한 강제출고를 실시하라.
⑥ 출고시간대를 설정하고 유형별 출고를 제도화하라.
⑦ 서류업무를 단순화하라.

3-2. 조리의 생산관리

(1) 조리준비(기초조리)(Pre Preparation)

① 조리의 조리준비방법을 개선하라.
② 조리기구 및 장비를 교체 개선하라.

③ 식자재의 산출량 제고에 노력하라.
④ 조리사의 교육을 강화 개선하라.

(2) 조리(Preparation)

① 조리의 제도적 개선을 강구하라.
② 상품(조리)의 구성내용을 개선하라
③ 새로운 조리기구 및 장비를 발굴하라.
④ 조리용의 계측기구를 활용하라.
⑤ 조리지시서를 활용하라.
⑥ 조리사 교육을 강화하여 기술을 배양하라.

(3) 분량규격화(Portioning)

① 분량의 분배작업을 명시하라.
② 규격분량의 표준을 개선하라.
③ 산출비율을 측정, 비교 분석하라.
④ 작업장의 환경을 개선하고 위생에 유념하라.
⑤ 계량단위를 통일하고 계량기구를 완비하라.

3-3. 판매 및 관리

(1) 수주와 서비스(Service)

① 대고객 서브(serve)의 방법을 개선하여 반품을 제거하라.
② 운반중의 안전사고를 방지토록 교육하라.
③ 반송품을 활용하는 절차를 강구하라.
④ 서비스 직원의 교육을 강화하라.
⑤ 요리의 청구서를 철저히 관리하라.

(2) 요금의 수납(Accounting and Sales)

① 매상관리를 위한 절차를 연구 개선하라.

② 매상기록 및 검사업무를 간소화하라.
③ 회계절차를 개선하라.
④ 레지스터 등 기계를 개선하라.
⑤ 수납원에 대한 교육을 강화하라.
⑥ 매출액 점검을 제도화하라.

(3) 식자재 원가통제(F&B Cost Control)

① 실제의 식자재 원가산정 및 보고의 절차를 개선하라.
② 표준의 식자재 원가산정 및 보고의 절차를 개선하라.
③ 조리생산 계획의 절차를 개선하라.
④ 조리판매의 분석 및 보고 절차를 개선하라.
⑤ 특별관리를 위한 제반업무를 개선하라.
⑥ 신속한 자료의 개발과 보고로써 일선업무를 보좌하라.
⑦ 회사가 정한 각종의 표준업무에 관한 상태를 점검하라.

4. 품질 및 가격 개선

식자재 가격통제의 2차적 목표로써 수행하여야 할 특별업무에는 생산품인 요리의 품질개선과 식음료 경영의 이익증진에 이바지 할 합리적인 판매가격 책정 업무가 있다.

4-1. 요리의 품질개선

효과적인 식음료 원가통제 업무가 생산품인 요리의 품질개선에 기여하는 방법은
① 표준조리지시서의 설정과 이용 및 그의 개선을 통해서
② 조리방법의 개선에 의해서
③ 효과적인 생산계획 절차를 통한 과잉생산의 방지로써
④ 각종의 측정실험과 연구를 통한 생산성 향상을 통해서

요리를 고객이 원하는 품질수준으로 가장 경제적으로 생산할 수 있도록 조리의 모든 단계에 통계적 원리와 기법을 응용하는 즉, 요리의 통계적 관리로서 품질을 유지하고 개선하게 하는데 있다.

4-2. 가격의 산정

이익증진에 기여할 수 있는 합리적인 가격책정에는 보다 복잡한 요인과 가격산정에 고려해야 될 사항이 있다.

식당에서는 판매하는 특정의 요리에 대한 판매가격의 책정은 다음의 요인에 의하여 결정되어져야 한다.

① 요리의 원자재 원가

② 요리의 조리에 소비된 노무원가

③ 원자재 및 노무비를 공제한 매출총이익(Gross Margin)의 비율 및 크기

④ 요리에 대한 판매성향(인기도 및 수요량)

⑤ 요리에 곁들여 제공되는 부대재료비

⑥ 동종호텔의 동급식당에서의 판매가격(경쟁사의 판매가격)

⑦ 목표이익 달성에 타당한 판매가격

식당에서 판매하는 상품으로서 요리에 대한 가격을 결정하는 방법에 있어서 해당요리를 조리하는데 소요된 노동의 원가를 고려할 필요가 있다는 점에 대해서 근자에 들어 상당한 논란이 있어 왔다.

이와 같은 필요성에 대한 인정은 요리의 원자재 원가에 대한 과도한 강조에서 싹텄다. 한때 많은 식음료산업의 경영자들은 원자재 원가에만 의존한 그밖의 관련된 요인들을 무시하고 판매가격을 결정하는 기법을 사용하여 왔었다. 이점에 관해서 뉴-햄프셔 대학의 Eric B. Orkim은 그의 논문인 "The Integrated Menu Pricing System"에서 이렇게 지적하고 있다.

즉, 일부 식당 운영자들은 식자재 원가에 의존하여 메뉴의 판매가격을 결정하는 시스템에 대한 중대한 맹점을 발견하고, 요리의 생산에 소요된 노동원가를 메뉴의 판매가격 결정에 삽입하는 방법을 채택하기에 이르렀다.

이것은 매우 적절한 조치임에 틀림없다.

노동력은 식당에서 판매되는 모든 요리의 총 원가와 긴밀한 관련을 갖고 있는 만큼 요리에 대한 노동원가의 크기가 메뉴가격 결정에 중요한 요인으로 대두됨은 당연한 결과라 할 수 있다.

판매가격을 책정함에 있어서 특정의 요리 생산에 소비된 식자재 원가만을 고려한다는 것은 역시 현실적인 것이 못된다.

각기의 요리에 대하여 책정되는 판매가격은 그의 제조에 영향을 미치는, 소비된 모든 경제적 가치가 있는 요인들에 대한 평가의 고려로서 가능한 최대의 경영이익의 실현에 기여할 수 있도록 해야 한다.

요리의 판매가격 책정의 종전방식인 백분율만에 의존하기보다는 이익의 크기에 기준하는 종합적 가격결정 방식이 효과적인 방법임은 "백분율을 은행에 예금할 수는 없다"라는 말로 대변할 수 있겠다.

판매가격의 책정에 대한 그 밖의 요인들로써 요리와 서비스의 질적수준과 식당의 장식 및 분위기도 중요한 요인에 속한다.

Maizel은 "식당의 위치, 평판, 고객 및 서비스 능력 등을 가격산정에 고려하여야 한다."고 주장하고 있으며, Coitman은 고객의 불평과 가격경쟁의 조건 등을 염두에 두어야 한다고 주장하면서, 어떤 요리에는 요구되는 전체평균의 원가비율보다 낮은 비율을 또 어떤 요리에는 높은 비율을 적용하여 메뉴가격의 상대적 격차를 조정하여야 한다고 역설한다.

아울러 고려될 문제는 가격책정에서 가격과 가치의 관계가 경시되고 있다는 점이다. 만일 어느 특정식단의 요리의 전반적인 품질이 경쟁업체의 그것보다 우위에 있다면 설사 요리의 생산원가가 동일하더라도 요리에 대한 많은 고객의 수요발생으로 인하여 보다 높은 판매가격의 책정이 가능하게 된다.

따라서, 보다 우수한 품질의 요리가 생산되고 그 요리의 조리과정에서 발생될 수도 있는 불필요한 낭비적 요소를 최소화할 수 있다면, 식음료 경영에 있어서의 최대의 이익확보를 가능하게 할 유리한 판매가격 책정의 기반이 이미 구축되어 있는 셈이다.

효과적인 식음료 원가관리체계의 운용으로서 얻어진 계량적인 데이터와 이와 같은 체제활동의 일부를 형성하는 식음료 개선작업은 효율적인 판매가격의 결정이라는 중요한 경영과제의 해결에 크게 기여할 수 있다.

4-3. 가격결정의 착안사항

① 메뉴 가격결정의 제일 목표는 최대수의 고객으로부터 최대액의 매출을 실현 가능케 하기 위한 가격의 조화를 구축하는데 있다.

② 단골고객에 대한 제일의 예우는 고객이 소비한 금전적 가치에 상응하는 물질(메뉴)과 정신적(서비스) 가치를 공평하게 제공함에 있다.

③ 식사시간에 표출된 공석의 수에 준하여 과감한 변화를 시도하라.

④ 과다한 수준으로 책정된 비싼 메뉴의 가격은 이용객의 수를 감소시킬 수도 있다.

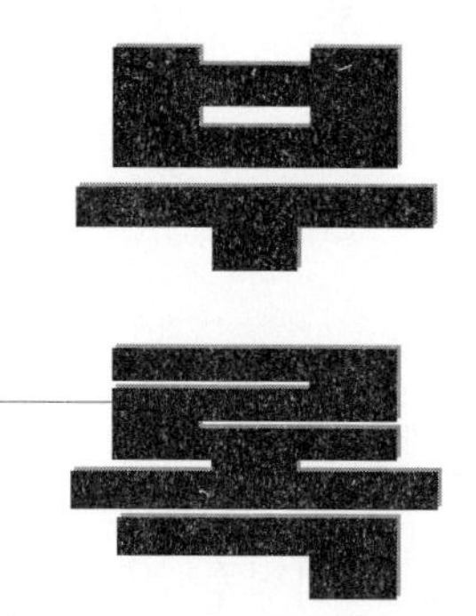

외식산업 관련 상식

외식산업은 대부분이 현금수입업종이므로 국세청의 중점관리 대상업종이다.

통합전산망의 가동과 신용카드 사용의 대중화로 관리를 철저히 하지 않으면 의외로 많은 세금을 부과받을 수도 있다. 따라서 꼭 알아야 할 기본적인 세무상식을 중심으로 살펴보고자 한다.

1. 식품접객업 창업세무

제목	내용
식품접객업	창업세무 사업자등록 안내 과세요율 안내
식품접객업 부가가치세	부가가치세 안내 간이과세제도 간이과세와 일반과세 비교 매입세액공제 및 환급안내
식품접객업 소득세	소득세 안내 간편장부 안내 기장 안내
기타	원천징수 폐업신고

◈ 사업자등록증 발급 ◈

◎ 사업자등록 신청 및 발급

식당을 시작하려면, 관할세무서에 반드시 사업자 등록을 신청해야 한다. 사업자등록은 원칙적으로 사업을 시작한 날로부터 20일내에 구비서류를 갖추어 음식점소재지 관할세무서 납세서비스센터에 신청해야 한다. 20일이 경과한 후 등록을 신청하는 경우에는 가산세의 부담이 있다.

그리고, 사업을 시작하기 전에 사업자등록을 신청할 수도 있다. 사업을 시작하기 전에 구입한 각종 기자재 및 원재료를 구입하면서 세금계산서를 교부받고자 할 경우에는 사업을 개시하기 전 사업자등록을 신청할 수 있다(사업자등록번호를 부여받아야 올바른 세금계산서를 교부받을 수 있으며, 이를 통해 매입세액공제를 받을 수 있다). 단, 이 경우라도 사업자등록신청일 20일이전까지의 매입세액만 공제 받을 수 있다.

◎ 사업자등록시 구비서류

- 사업자등록신청서1부
- 영업신고증 사본1부(영업허가 전에 등록 신청하는 경우에는 영업신고신청서 사본 또는 사업계획서)
- 임대차계약서 사본(또는 상가분양계약서 사본)
- 동업시 동업계약서

◎ 사업자 등록 신청을 하지 않을 경우

① 사업자등록신청을 하기전의 부가가치세 매입세액은 매출세액에서 공제되지 않는다.

② 사업자등록을 하지 않은 개인음식점의 경우 사업개시일로부터 등록을 신청한 날이 속하는 예정신고기간까지의 공급가액(매출액)에 1% 가산세가 부과된다.

◎ 사업자등록 정정신고

① 상호나 업태, 종목 등 사업의 종류를 변경하거나 새로운 사업의 종류를 추가

하는 경우.

② 사업자의 주소 또는 사업장을 이전하는 경우

③ 상속으로 인해 대표자를 변경하는 경우

④ 공동사업자의 구성원 또는 출자지분이 변경되는 경우

종목	코드번호	표준소득률	
		일반(타가)	자가
한식업점	552101	12.6%	16.3%
중국음식점업	552102	19.6%	25.4%
일본음식점업	552103	20.2%	26.2%
서양음식점업	552104	21.2%	27.5%
고급음식점업	552106	25.7%	33.4%
프랜차이즈점업	552107	24.5%	31.7%
간이음식점업	552109	10.5%	13.6%
호프전문점,소주방	552205	19.8%	25.7%
단란주점	552207	41.6%	54%

◈ 과세요율 ◈

◎ 사업자등록 신청시 사업유형, 업태, 종목 선택

사업자등록시 선종한 업태와 종목에 따라 소득세 산출의 기초가 되는 소득율에 차이가 있으므로, 잘못된 업종의 선정은 소득세의 부담을 가중시킬 수 있다.

◎ 2000년도 귀속표준소득율

일반사업자율은 타인의 건물을 임차하여 사업장 임차료를 지급하는 사업자에게 적용되는 기본율이고, 자가사업자율은 자신이 소유하는 사업장에서 사업을 하는 사람에게 적용되는 기본율이다

◎ 사업자등록 신청시 적용받을 과세유형 결정

구분	범위	세액계산
일반과세자	연간매출액 4천8백만원이상	매출에 대한 세율 : 10% 매입세액에 대한 공제: 100%
간이과세자	연간매출액 4천 8백만원 미만	매출에 대한 세율 : 공급대가 X 업종별부가가치세율 X 10% 매입세액에 대한 공제: 매입세액X업종별 부가가치율

(음식점업 부가가치율 : 25%(2001년), 30%(2002년), 35%(2003년), 40%(2004년 이후))

◎ 시설투자와 관련한 부가가치세

* 음식점을 새로이 시작하면 인테리어, 주방시설, 홀시설, 각종 용품, 상가분양 등과 관련하여 거액의 지출이 필요하며, 이에 관련하여 세금계산서를 교부받게 된다. 그래서, 사업개시 후 사업자등록을 하는 것보다 사업개시 전에 사업자등록을 하는 것이 유리하다. 하지만, 간이과세자로부터 구입한 것들에 대해서는 세금계산서를 교부받지 못한다.
* 일반과세자로 사업자등록을 신청해야만 부담한 부가가치세 전액이 환급된다.
* 교부받은 세금계산서에는 이미 10%의 부가가치세가 포함된 경우에는 조기

환급신고를 통하여 수개월내에 환급을 받을 수 있다.

* 일반과세자로 신청하여 환급을 받은 후 2년 또는 5년내에 매출액 감소로 인해 간이과세자로 변경되면 환급받은 금액중 일부를 다시 납부하는 경우가 발생할 수 있다. 이런 경우에는 간이과세포기신고를 하면 환급받은 세액을 다시 납부하지 않아도 된다.

◎ 포괄양도, 양수 방식으로 사업을 시작하는 경우

* 이방식은 종전의 사업자가 운영하던 음식점의 모든 권리와 의무를 승계하는 것으로, 업종의 변경은 할 수 없다. 이때 사업주가 바뀌게 되므로 새롭게 사업자 등록을 신청해야 한다. 하지만, 영업신고시 채권을 구입하지 않아도 된다.
* 만약, 사업양도인이 사업과 관련한 세금 중 체납한 금액이 있는 경우 사업양수인이 납부할 의무가 발생할 수 있다.
* 사업양도인은 사업양도에 따른 부가가치세를 납부하지 않아도 무방하며, 사업양도인이 부가가치세를 납부하지 않는 경우 양수인은 부가가치세를 공제받을 수 없다

2. 식품접객업 부가가치세

◎ 부가가치세란 어떤 세금인가?

부가가치세란, 상품(재화)의 거래나 서비스(용역)의 제공과정에서 얻어지는 부가가치(이윤)에 대하여 과세하는 세금이며 매출세액에서 매입세액을 차감하여 납부하는 것입니다.

부가가치세 = 매출세액 - 매입세액

* 음식업의 경우 부가가치세를 소비자로부터 별도로 받지 않은 경우에는 그 음식요금에 부가가치세가 포함된 것으로 본다.

◎ 부가가치세의 신고납부는?

* 부가가치세는 6개월을 과세기간으로 하여 신고 납부하게 되며 각 과세기간을 다시 3개월로 나누어 중간에 예정신고 기간을 두었습니다.

구분	과세대상기간		신고납부기간	신고대상자
제1기	예정신고	1. 1~3. 31	4. 1~4. 25	신규사업자
1. 1~6. 30	확정신고	1. 1~6. 30	7. 1~7. 25	모든 과세사업자
제2기	예정신고	7. 1~9. 30	10. 1~10. 25	신규사업자
7. 1~12. 31	확정신고	7. 1~12. 3	다음해 1. 1~1. 25	모든 과세사업자

직전 과세기간부터 계속 사업을 영위한 개인사업자는 예정신고없이 세무서에서 고지한 세액만 납부하면 됩니다

◎ 세액안내

구분	범위	세액계산
일반과세자	연간매출액 4천8백만원 이상	매출에 대한 세율 : 10% 매입세액에 대한 공제: 100%
간이과세자	연간매출액 4천8백만원 미만	매출에 대한 세율 : 공급대가 × 업종별부가가치세율 × 10% 매입세액에 대한 공제 : 매입세액×업종별 부가가치율

3. 간이과세제도

사업규모가 상대적으로 작은 사업자에 대한 신고, 납부 절차를 간소화하여 신고에 따른 사업자의 납세편의를 도모하기 위한 제도입니다. 이러한 간이과세자는 일반과세자에 비하여 세율이 더 낮으므로 유리한 면이 있지만,. 매입세액을 일부만을 공제받는 단점이 있습니다. 간이과세자는 세금계산서를 발행할 수 없으며 예정신고는 하지 않고 세무서의 예정고지서에 의해 예정고지세액을 납부합니다.

◎ 간이과세제도의 세액계산

간이과세자는 매출액에 해당 업종의 부가가치율을 적용하고 이 금액에 10%를 곱한 금액이 납부세액이 됩니다.

간이과세자가 매입세금계산서를 받았을 때에는 매입세액의 10%~20%를 공제받을 수 있습니다.

매출액 × 업종별 부가가치율×세율(10%)=간이과세자가 납부할 부가가치세

▼ 음식점업의 부가가치율

2000년 제2기	2001년	2002년	2003년	2004년 이후
20%	25%	30%	35%	40%

◎ 간이과세 적용대상 사업자는?

직전 1년간의 부가가치세를 포함한 공급대가가 4,800만원 미만인 사업자이다.

◎ 부가가치세의 신고 및 납부

간이과세자가 되면 1년에 총 2번의 납세의무를 이행하게되므로 일반과세자에 비하여 매우 간편합니다. . 즉 확정신고만을 이행하면 되는 것입니다. 왜냐하면 1년에 2번은 정부에서 전년도에 납부했던 세금의 1/2를 고지하여주므로 그 금액을 내기만 하고, 다음번에 신고할 때 정산을 하면 되기 때문입니다

◎ 기타

* 영수증교부 - 간이과세자는 일반과세자와는 달리 세금계산서를 발행할 수 없으며 영수증 또는 신용카드매출전표, 금전등록기 계산서를 교부하여야 한다. 거래시 주고받은 영수증, 세금계산서 등은 장부와 함께 5년간 보관하여야 한다.

* 납부의무의 면제 - 간이과세자의 1과세기관에 대한 공급대가가 1,200만원 미만인 경우에는 그 과세기관에 대한 부가가치세 납부의무를 면제하며, 가산세도 부과하지 않는다. 이 경우 부가가치세의 신고의무는 있다.

◎ 간이과세와 일반과세비교

구분	일반과세자	간이과세자
적용대상	* 간이과세를 포기한 사업자 * 1년의 공급대가가 4,800만원이상인 사업자	* 1년의 공급대가가 4,800만원 미만인 사업자.
세액계산	매출액(X) 10% (-) 매입시 받은 세금계산서상의 매입세액 (-) 의제매입세액공제 (-) 신용카드 세액공제	매출액(X) 업종별 부가가치율 (-) 매입시 받은 세금계산서상의 매입세액 (-) 의제매입세액공제 (-) 신용카드 세액공제
공제세액	매입세액 전액공제	교부받은 세금계산서 등에 기재된 매입세액에 대해 당해업종의 부가가치율을 곱하여 계산한 금액
환급	매입세액의 매출세액초과분은 조기, 일반환급	공제세액의 납부세액초과분은 환급하지 않음
신고, 납부	1년에 두번 확정신고, 4월과 7월에 예정고지	일반과세자와 동일
기장의무	* 세금계산서를 주고받아야 한다 * 매입, 매출등 기장의무가 있음	* 영수증을 발급해야한다. * 주고받은 영수증 및 세금계산서만 보관하면 기장한 것으로 봄

4. 매입세액공제 및 환급안내

◎ **매입세액 공제**

① **세금계산서 거래시** - 음식점과 관련하여 일반과세자인 사업자로부터 상품 또는 시설자재 등을 구입하거나, 용역을 제공받았을 경우 거래증빙으로 세금계산서를 교부받으면 세금계산서에 기재된 부가가치세액을 전액공제 또는 환급받을 수 있다.

② **신용카드매출전표 거래시** - 일반과세자인 사업자로부터 상품 등을 구입하고, 공급받은자와 부가가치세액을 별도로 기재하고 공급자가 확인한 신용카드매출전표나 직불카드 영수증을 교부받은 사업자는 매입세액을 공제받을 수 있다.

③ **의제매입세액공제** - 음식점의 경우 면세품(쌀, 어류 등 농, 축, 수, 임산물)을 재료로 하여 이를 판매하는 경우에는 부가가치세가 과세되며, 이러한 업종에 대하여는 당해 매입액의 일정률을 공제해 준다 세금계산서를 교부받지 못한 경우에도 신용카드매출전표, 계산서 등의 관련증빙을 갖추어 신고하면 공제받을 수 있다)

* 의제매입세액 공제액 = 구입액 × 5/105

④ **신용카드 발행세액공제** - 신용카드 매출액의 2%를 납부할 세액에서 공제한다(연간 500만원 한도).

⑤ **매입세액불공제** - 세금계산서를 교부받지 않은 경우나, 세금계산서에 필수기재사항이 누락된 경우에는 매입세액은 공제되지 않는다. 또한 음식점과 직접 관련이 없는 매입세액은 공제되지 않으며, 매입처별 세금계산서 합계표를 제출하지 않거나 불명분한 매입세액 또한 공제되지 않는다.

⑥ 법적으로 매입세액이 공제되지 않는 경우에도 세금계산서는 수취하여야한다. 왜냐하면 부가가치세법상 매입세액이 불공제되는 경우에도 소득세법상은 비용으로 인정되기 때문에 소득세법상 지출증빙의 확보를 위해서 세금계산서가 필요하다.

◎ **일반과세자의 환급**

① 매입세액이 매출세액보다 큰 경우에는 환급세액이 발생하며, 이 경우에는 해당세액을 되돌려 받을 수 있으며, 환급에는 일반환급과 조기환급이 있다.

② 조기환급

환급대상 : 영세율이 적용되는 때

사업설비 신설, 취득, 확장하는 때(음식점의 인테리어, 상가분양 등과 관련한 지출은 조기환급대상이 된다.)

③ 일반환급

환급대상 : 조기환급대상이 아닌 경우로서 매입세액이 매출세액보다 큰 경우.

(각 과세기간별로 확정신고기한 경과 후 30일내에 환급받을 수 있다)

5. 소득세

* 소득세는 개인이 1년간 얻는 소득에 대하여 그 개인인 자연인에게 과세되는 세금입니다. 현행 소득세법은 소득세가 과세되는 소득의 종류를 다음과 같이 구분하고 있습니다.

  종합소득(이자소득, 배당소득, 부동산임대소득, 사업소득, 근로소득, 일시재산소득, 연급소득, 기타소득)과 퇴직소득, 산림소득, 양도소득. 이중에서 일반적으로 사업자와 관계되는 세금은 종합소득에 대한 종합소득세이며, 종합소득세 중에서도 사업소득에 대한 종합소득세입니다.

* 사업소득세는 개인사업자가 과세연도 1. 1～12. 31까지 얻는 연간 소득에 대하여 과세하는 세금으로 다음해 5. 1～5. 31사이에 주소지 관할세무서에 신고, 납부합니다. 그리고 이때 연간 얻는 소득의 계산은 다음과 같이 계산합니다.

  연간 얻는 소득 = 총수입금액 - 필요경비

* 연간소득에 대한 세금을 한번에 납부할 경우 부담이 크기 때문에 사업소득, 부동산 소득에 대하여 중간예납제도를 두어 전년도 납부한 세액을 기준으로

1/2에 해당하는 세액을 매년 11월에 나누어 내도록 하고 있습니다.

따라서, 다음해 5월의 소득세 확정신고시에 연간 총소득에 대한 세금에서 미리 나누어 낸 중간에 납세액을 공제하여 납부하거나 환급받게 되어 있습니다. 또한 세율은 최저 10%에서 최고 40%까지의 4단계 누진세율 구조로 되어 소득이 많은 사람이 더 많은 세금을 내게 됩니다.

* 한편 소득세 자진신고납부의 혜택은 소득공제를 받을 수 있고, 각종의 세액공제 및 감면을 받으며, 가산세를 부담하지 않게 되는 것입니다.
* 부가가치세는 사업장소재지 관할세무서에 신고, 납부해야되지만, 소득세는 주소지 관할세무서에 신고, 납부해야한다.

6. 간편장부

◎ 간편장부 대상자

음식점업의 경우 직전연도 매출액이 1억5천만원미만인 자와 신규로 음식점을 개업한 자이다.

전년도 매출액이 그보다 높은 경우에는 복식부기의무자가 된다. 또한 전년도 매출액이 4,800만원 미만인 자는 소득세법상 소규모 사업자에 해당한다(부가가치세법상은 간이과세자에 해당).

◎ 간편장부를 사용할 경우 혜택은?

① 간편장부를 기장하여 소득세를 신고하는 경우에는 산출세액의 10%를 납부할 세금에서 공제한다(연간 100만원 한도).

② 특별한 사유가 없는 한 2년간 세무조사 면제된다.

③ 비용이 수입을 초과하는 경우에는 결손금으로 인정받아 향후 5년간 이월하여 공제받을 수 있다.

④ 부가가치세신고를 위한 매입, 매출장을 별도로 기장하지 아니하여도 된다.

* 간편장부 기장자가 간편장부와 별도로 보조부를 두거나 추가적인 장부를 비치 · 기장하는 것도 가능하다.

* 간편장부대상자가 간편장부를 기장하지 않는 경우에는 10%의 가산세 부과와 함께 엄격한 세무관리를 받을 수도 있다.

7. 기 장

◎ 기장을 하면

복식기장의무자는 반드시 기장을 하여야 하지만, 그렇지 않은 영세한 사업자의 경우에는 기장을 하는 지 아니면 하지 않아도 되는 지 의문이 생기기 마련입니다.

기장을 하지 않으면 물론 번거롭지 않으므로 일반적으로 선택하기 쉽지만, 기장을 하게되면 납부하는 세금의 액수가 일반적으로 줄어들게 됩니다.

기장을 하지 않는 경우에는 총수입금액에 대하여 과세당국이 애초에 설정해 놓은 표준소득률을 곱하여 그 금액정도를 소득세로 보고 있으나, 이 표준소득률이란 것이 실제로 벌어들인 이득보다는 일반적으로 높게 책정되는 경우가 많으며, 실제로 손실이 발생하였음에도 불구하고 세금을 납부해야 하는 경우가 발생하게 되므로 기장을 하는 것이 절세를 위하여 더 좋은 방법이 됩니다.

◎ 기장을 할 경우의 장점

* 손실이 발생하면 세금을 납부하지 않아도 됨
* 발생한 손실에 5년간 이월하여 공제가능
* 간편장부대상자는 10%세액공제의 혜택

◎ 무기장, 무신고시 가산세와 불이익

* 소득공제와 세액공제, 각종 세액감면을 받을 수 없습니다.
* 다음의 가산세가 부과됩니다.
  - 신고불성실 가산세 : 미달세액의 20%(복식부기의무자가 무신고한 경우에는 가산세대상금액 × 20%와 수입금액 × 7/10,000 중 큰 금액을 적용합니다.)
  - 납부불성실 가산세 : 미달, 미납한세액 × 미납기간 × 5/10,000
* 기장가능한 자가 기장을 하지 않고 무기장으로 신고하면 표준소득률에 10% 할증하여 소득금액을 계산합니다

8. 원천징수와 폐업

(1) 원천징수

원천징수란 상대방의 소득 또는 수입이 되는 금액을 지급할 때 이를 지급하는 자가 그 금액을 받는 사람이 내어야 할 세금을 미리 떼어서 대신 내는 제도로 음식점의 경우에는 종업원에게 지급하는 근로소득과 퇴직소득, 그리고 봉사료가 그 대상이다.

◎ 원천징수한 세액의 신고 및 납부

원천징수 의무자는 원천징수한 소득세를 그 징수일이 속하는 달의 다음달 10일까지 사업장소재지 관할세무서에 신고, 납부해야 한다. 단, 직전연도의 상시 고용인원이 10인 이하인 경우에는 사업장관할 세무서장의 승인을 얻어 원천징수한 소득세를 그 징수일이 속하는 반기의 마지막 달의 다음달 10일까지 납부할 수 있다.

◎ 일용근로자의 원천징수

* 일용근로자란 근로를 제공한 날 또는 시간에 따라 근로대가를 계산하여 받는 자로서 동일한 고용주에게 3월 이상 계속하여 고용되어 있지 않는 자를 말한다.
* 일용근로자의 경우에는 하루 급여액에서 5만원을 제외한 나머지 금액에 10% 세율을 곱하여 계산한 금액에서 근로소득세액 공제(세액의 45%)를 뺀 금액을 원천징수하여 납부하면 된다(별도로 10%의 주민세도 납부해야 함).
* 일 급여가 5만원 이하인 경우에는 이를 경비로 인정받기 위해서는 잡급대장(성명, 주민등록번호, 주소, 일자, 서명을 기재)과 주민등록증 사본 및 주민등록등본을 구비해 놓아야한다. 또한, 일 5만원 이하이기 때문에 원천징수할 세액이 없다고 하더라도 원천징수이행상황신고서에 일용근로자분에 대한 명세를 반드시 기재하여야 급여로 인정받을 수 있다.

◎ 일반종업원의 원천징수

월 급여자의 경우에는 매월 급여를 지급할 때마다 간이세액조견표에 의하여 해당 소득세와 소득세의 10%에 주민세를 떼어 납부하고, 다음해 1월분 급여를 지급할 때 각 종업원의 연간 총급여에 대하여 소득세 기본세율을 적용하여 연말정산을 해야 한다. 또한, 원천징수한 세액과 내역을 원천징수이행상황신고서에 기재하여 다음달 10일까지 신고, 납부해야 한다.

(2) 폐업

◎ 폐업시 세금신고, 납부

① 사업을 시작할 때 사업자등록 신청을 하는 등 각종 신청, 신고를 하였듯이 사업을 그만두는 경우에 그 종결절차를 거쳐야 하며, 그렇지 않으면 커다란 재산상의 손해를 볼 수가 있습니다. 따라서, 사업을 그만두는 경우에는 폐업신고서(1부)를 작성하여 사업자등록과 함께 사업장 관할 세무서에 제출하여야 하며 이때 부가가치세 확정신고도 같이 하여야 한다. 부가가치세 확정신고서에 폐업년월일 및 사유를 기재하고 사업자등록증을 첨부하여 제출하면 폐업신고서를 제출한 것으로 보게 됩니다.

② 폐업하는 사업자의 부가가치세의 확정신고 대상기간은 폐업일이 속하는 과세기간 개시일(1. 1 또는 7. 1)로부터 폐업일까지이며, 폐업일로부터 25일 이내에 이 기간의 영업실적에 대한 부가가치세 확정신고 절차를 이행하고 이에 대한 세금을 내면 됩니다.

③ 위와 같이 휴. 폐업시 부가가치세나 소득세 확정신고를 하면 자기 사업실적을 정확히 신고하여 세무당국의 임의적인 세금부과를 미리 방지할 수 있고, 신고불성실 가산세, 납부불성실 가산세를 부담하지 아니합니다.

◈ 재정 및 세무용어 ◈

•가산세 : 가산세라 함은 세법(국세 또는 지방세)에 규정하는 의무의 성실한 이행을 확보하기 위하여 그 세법(국세 또는 지방세)에 의하여 산출한 세액에 가산하여 징수하는 금액을 말한다.

•과세기간 : 법인이나 개인은 계속적인 활동을 영위해 나아가는 것이므로 그 활동의 성과를 파악하기 위해서는 일정한 시간 단위로 활동기간을 구분할 필요가 있다. 세법에서도 세금을 계산하기 위한 일정한 기간 단위를 두고 있는데 이를 과세기간이라고 한다. 현행 세법상 주요 세목의 과세기간을 보면 부가가치세는 6개월(1월~6월, 7월~12월), 소득세는 1년(1.1~12.31)이며, 법인세의 경우는 1년 이내의 범위에서 당해 법인이 스스로 정한다.

•과세 표준 : 과세 표준이라 함은 직접적으로 세액 산출의 기초가 되는 과세 물건의 수량 또는 금액을 말한다. 소득세의 경우는 소득액, 부가 가치세는 판매된 매출액, 주세는 출고량이 과세 표준이다.

•매입 세액 : 매입 세액은 사업자가 자기의 사업을 위하여 사용하였거나 사용될 재화 또는 용역을 공급받을 때 거래 상대방에게 징수 당한 부가 가치세액을 말한다. 부가 가치세는 매출 세액(매출액×세율)에서 매입 세액을 공제하는 방법으로 세액을 계산하는 것이나, 세금 계산서의 미수취, 미제출 또는 기재사항이 불완전한 경우, 사업과 직접 관련이 없는 지출에 매입 세액 등은 부가 가치세 계산시 매입세액으로 공제받지 못한다.

•세율 : 세액을 구체적으로 결정하기 위하여 과세 표준에 곱하는 비율을 말한다. 종량세의 경우에는 과세의 표준인 수량의 단위에 대하여 금전 또는 백분율에 의한 수량으로 정하고, 종가세인 경우에는 과세 표준인 가격에 대하여 백분율에 의한 금전으로 정한다.

•세입 : 국가 또는 지방 자치 단체에의 1회계 연도에 있어서의 모든 경비를 충당하기 위한 재원으로서 국고에 유입되는 조세, 기타 일체의 현금적 수입을 말한다.

•세출 : 국가 또는 지방 자치 단체의 1회계 연도에 있어서의 모든 수요를 충당하기 위하여 지출하는 일체의 경비이다.

•**신고 납부** : 납세자의 신고에 의하여 과세 표준 확인과 세액 확정의 효과를 주는 납세제도이다. 인정 과세 또는 부과 과세에 상대되는 개념이다.

•**확정 신고** : 개인, 법인을 불문하고 조세 채권 및 채무를 확정하는 법률 행위로서, 신고납세제도에 있어서의 대표적인 납세 방법이다. 이것은 일정 기간 내에 소정의 용지에 소정의 사항을 기재한 확정 신고서를 세무관서에 제출함으로써 이루어진다.

•**간이 계산서** : 부가 가치세가 면제된 재화나 용역을 공급할 때, 공급자는 공급받는 자에게 공급자와 공급받는 자의 사업자 등록 번호, 성명, 공급가액 등을 기재한 '계산서'를 교부하여야 하는데, 그 발행의 편의를 위하여 공급받는 자를 따로 기재하지 않아도 되는 계산서를 간이 계산서라고 한다. 간이 계산서는 거래 상대방이 사업자가 아니고 다수의 소비자를 상대로 하는 간이 계산서는 거래 상대방이 사업자가 아니고 다수의 소비자를 상대로 하는 소액 거래에 주로 사용되며 소매업자, 보험업자, 용역업자 등이 발행한다. "계산서"와 "간이 계산서"는 부가 가치세가 과세되지 않는 '면세 사업자'가 교부하는 영수증이고, "세금계산서"와 "간이 세금 계산서"는 부가 가치세가 과세되는 과세 사업자가 교부하는 영수증이다. "계산서"와 "세금 계산서"는 주로 사업자와 사업자간에 교부하는 정식의 영수증이며, "간이계산서"와 "간이세금 계산서"는 거래 상대방이 소비자인 소액 거래에 주로 사용되는 약식의 영수증이다.

•**간이 세금 계산서** : 간이 세금 계산서라 함은 세금 계산서의 필요적 기재 사항 중 공급받는 자와 부가 가치세를 따로 기재하지 아니한 약식 세금 계산서를 말한다. 이는 주로 사업자가 아닌 다수의 소비자를 상대로 하는 비교적 소액 거래에 사용된다. 금전 등록기 영수증, 승차권, 항공권, 입장권, 신용카드 가맹 사업자가 교부하는 신용카드 매출 전표 등도 넓은 의미의 간이 세금 계산서이다.

•참고문헌•

· 롯데호텔 구매, 검수 매뉴얼.

· 롯데호텔 조리 메뉴얼.

· 메뉴관리론. 나정기, 1998년, 백산출판사

· 실무 식품구매론. 곽성호 외, 2001년, 형설출판사

· 호텔식음료 원가관리. 이정자, 2000년, 형설출판사

· 맥도날드 pos Guide Line program. 2001년, 한국 맥도날드

•저자소개•

강무근(姜茂根)

경희호텔전문대학 전통조리과, 방송통신대학교 가정학과 졸업
미국 CLA호텔경영전문대학 수료
동아대학교 경영대학원 관광경영학전공 경영학 석사
경주대학교 대학원 관광학 박사
국제, 로얄, 롯데호텔에서 조리사, 조리팀장으로 35년 근무
1973년~1991년 청와대 대통령 전담 출입 조리사
시카고힐튼, 동경페시픽, 동경프라자, 동경임페리얼호텔 연수
배화여자대학, 경희호텔전문대학, 춘천여자대학 강사
"2002" 부산 아시안 게임 급식전문위원
현재 양산대학 호텔조리과 부교수(학과장)

조한용(趙漢鏞)

영산대학교 호텔경영학과 졸업
동아대학교 경영대학원 관광경영학전공 수료(경영학 석사)
올림프스, 롯데, 파라다이스호텔에서 조리사, 조리팀장으로 26년 근무
현재 부산여자대학 호텔조리과 교수, 부산외식경영연구소 선임연구원

우문호(禹文鎬)

동아대학교 경영대학 관광경영학과 학사, 석사, 박사
(박사논문 : 거시적 경제환경의 변화가 외식산업에 미치는 영향)
등록 경영지도사(중소기업청 제4133호), 주)동아항공 부산지점 해외여행부 3년 근무
금강산뷔페(500석)창업 및 경영 7년, 대형식당 컨설팅 100 수행
저서, 외식산업론, 주방관리론, 세계의 음식과 문화, 조리경영실무, 주장관리론
현재, 주)경남산업컨설팅 외식사업부 전문위원, 음식업중앙회 부산지부 교육원 강사
부산광역시 뷔페협의회 사무국장, 울산대학교 외식경영자과정 주임교수
부경대, 경성대, 동명정보대, 부산여대, 양산대학 강사
동의대학교 외식산업경영학과 겸임조교수, 부산여자대학 부설 부산외식경영연구소장

권상일(權相日)

제주대학교 경영학과 졸업
경주대학교 산업대학원 석사과정
호텔신라 조리팀 주방장 역임
현재, 영남이공대학 식음료조리계열교수

김경환(金京煥)

부경대학교 산업대학원 석사
전 롯데호텔 부산 조리과장
현, 동의과학대학 식품과학계열 교수
현, 한국조리학회 정회원

개정판

관광외식 원가관리

2001년 8월 30일 초 판 발행
2003년 8월 10일 개정판 발행
2006년 3월 20일 개정2쇄 발행
2006년 8월 30일 개정2쇄 발행
2014년 7월 21일 개정4쇄 발행

저 자 · 강무근 · 조한용 · 우문호 · 권상일 · 김경환

발 행 인 · 김 홍 용
펴 낸 곳 · **도서출판 효 일**
주 소 · 서울특별시 동대문구 용두 2동 102-201
전 화 · 02) 928-6644~5
팩 스 · 02) 927-7703
홈페이지 · www.hyoilbooks.com
e-mail · www.hyoilbooks.com
등 록 · 1987년 11월 18일 제 6-0045 호

값 19,000원

ISBN 89-8489-033-2